W0178144

Arbeitsbuch Marketing-Management und Käuferverhalten

mit Übungsaufgaben, Fallstudien, Musterklausuren und Lösungen

von
Prof. Dr. Willy Schneider
Duale Hochschule Baden-Württemberg, Mannheim

2., vollständig überarbeitete und erweiterte Auflage

Oldenbourg Verlag München

Bibliografische Information der Deutschen Nationalbibliothek

Die Deutsche Nationalbibliothek verzeichnet diese Publikation in der Deutschen
Nationalbibliografie; detaillierte bibliografische Daten sind im Internet über
http://dnb.d-nb.de abrufbar.

© 2012 Oldenbourg Wissenschaftsverlag GmbH
Rosenheimer Straße 145, D-81671 München
Telefon: (089) 45051-0
www.oldenbourg-verlag.de

Lektorat: Thomas Ammon
Herstellung: Constanze Müller
Titelbild: thinkstockphotos.de
Einbandgestaltung: hauser lacour
Gesamtherstellung: Grafik & Druck GmbH, München

Dieses Papier ist alterungsbeständig nach DIN/ISO 9706.

ISBN   978-3-486-71322-0

Vorwort zur 2. Auflage

Das Arbeitsbuch Marketing-Management und Käuferverhalten geht mit der 2., vollständig überarbeiteten und erweiterten Auflage in die nächste Runde. Mit der vorliegenden Publikation wird das Alleinstellungsmerkmal dieses Arbeitsbuchs sowie des zugrunde liegenden Lehrbuchs (Schneider, Willy: Marketing-Management und Käuferverhalten, Oldenbourg-Verlag, München, neuste Auflage), nämlich der duale Ansatz im Sinne einer konsequenten Vernetzung von Theorie und Praxis, weiter geschärft. Zum einen wurden zahlreiche quantitative Fallstudien und Übungsaufgaben entwickelt, um den Transfer des theoretischen Wissens auf praktische Problemstellungen noch stärker zu unterstützen. Zum anderen ist der Umfang des zugrunde liegenden Lehrbuchs mit jeder neuen Auflage angestiegen, so dass auch das Arbeitsbuch entsprechend mitgewachsen ist.

Erstmalig werden Klausuren einschließlich Lösungsskizzen sowie Notenskala angeboten. Diese ermöglichen es dem Leser, den eigenen Wissensstand unter realistischen Prüfungsbedingungen und damit auch unter Zeitdruck zu testen.

Infolge der starken Managementorientierung richtet sich das vorliegende Buch nicht nur an Studierende und Dozenten/innen von Bachelor- und Master-Studiengängen an Universitäten, Fachhochschulen, Dualen Hochschulen und Berufsakademien, sondern auch an Praktiker, die ihr Marketing-Wissen erweitern bzw. auffrischen wollen.

Heidelberg, im Januar 2012   Prof. Dr. Willy Schneider

Vorwort zur 1. Auflage

Das vorliegende Arbeitsbuch bezieht sich auf den Lehrstoff von Schneider, Willy: Marketing-Management und Käuferverhalten, Oldenbourg-Verlag, München, und verfolgt zwei Anliegen: Zum einen soll der Leser durch Wiederholungs- und Testfragen sowie dazugehörige Lösungshinweise sein Wissen überprüfen und sich somit gezielt auf Prüfungen vorbereiten können; zum anderen wird der Lehrstoff anhand von zwei komplexen Fallstudien beleuchtet und vertieft, was nicht zuletzt den späteren Transfer des Wissens auf praktische Problemstellungen unterstützt.

Gliederung und Inhalt des Arbeitsbuches lehnen sich eng an das dazugehörige Lehrbuch an. Konkret entspricht die Gliederung der Übungsaufgaben in zwölf Hauptabschnitte der Gliederung des Lehrbuchs. Dem Leser bietet dies die Möglichkeit, sich zunächst den Stoff durch die Lektüre des Lehrbuchs anzueignen und sodann sein Wissen anhand der entsprechenden Kurzfragen zu überprüfen.

In den anschließenden Fallstudien „*Schaufelbräu* Bier" und „*Pronto Pizza*" kann der Leser sein erlangtes Wissen auf zwei komplexe Praxisfälle anwenden, was den Transfer sowie die Vernetzung des Erlernten fördert. Der Aufbau der Fallstudien orientiert sich ebenfalls an der Struktur des dazugehörigen Lehrbuchs und damit am entscheidungsorientierten Ansatz. Die Fallstudie „*Schaufelbräu* Bier" umfasst Aufgabenstellungen, die von der Marketingforschung über die Zielbildung bis hin zur Entwicklung von Strategien und deren Umsetzung durch das Marketing-Mix reichen. Die Fallstudie „*Pronto Pizza*" fokussiert auf die Marketingforschung und damit auf die Analyse des Käuferverhaltens.

Sämtliche Kurzfragen eignen sich für den Kurzfragenteil einer schriftlichen Prüfung und lassen sich konsequenterweise relativ schnell bearbeiten. Die Aufgaben der Fallstudien „*Schaufelbräu* Bier" und „*Pronto Pizza*" ihrerseits empfehlen sich vom Umfang her für mehrstündige schriftliche Klausuren und Gruppenarbeiten. Konsequenterweise ist den Studierenden eine ausführliche Bearbeitung sowohl der Kurzfragen als auch der Fallstudien als Vorbereitung für schriftliche und mündliche Prüfungen zu empfehlen. Dozenten/innen finden in dem Arbeitsbuch vielfältige Anregungen für die Konzeption eigener Klausuren, Fallstudien und Übungsaufgaben.

Zielgruppe des vorliegenden Buchs sind Studierende und Dozenten/innen von Bachelor- und Masterstudiengängen an Dualen Hochschulen, Universitäten, Fachhochschulen und Berufsakademien.

Heidelberg, im Januar 2008   Prof. Dr. Willy Schneider

Inhalt

1 Übungsteil

1.1 Grundlagen des Marketing

Die folgenden Übungsaufgaben beziehen sich auf **Kapitel 1: Grundlagen**. Dieses Kapitel vermittelt,:

- wie sich das Marketingdenken im Zeitablauf entwickelt hat,
- was Marketing in seinem heutigen Begriffsverständnis bedeutet,
- welche Marketing-Varianten existieren,
- wie eine Marketingkonzeption idealtypisch aufgebaut sein sollte und
- warum Marketinghandeln ethischen Normen unterliegen muss.

1.1.1 Aufgaben

Aufgabe 1.1: Merkmale von Käufer- und Verkäufermärkten

Ordnen Sie die folgenden Begriffe richtig zu!

Überflussgesellschaft, Nachfrageüberhang, Absatz = Engpassfaktor, Erweiterung der Produktionskapazität, Nachfrageweckung und Schaffung dauerhafter Präferenzen, aktive Beschaffung durch die Nachfrager

Verkäufermarkt: ....

....

Käufermarkt: ....

....

Aufgabe 1.2: „Push-and-Pull"-Strategie

Füllen Sie die Lücken im Text mit den richtigen Begriffen aus!

Absatzhelfer, Absatzmittler, Angebotsdruck, Handelswerbung, Media-Werbung, Nachfragesog, Pull-Effekt, Push-Effekt

Um der Übermacht des Handels zu begegnen, betreiben Hersteller stufenübergreifende
…………………………… Diese zielt darauf ab, einen so starken …………………………… beim
Endverbraucher auszulösen, dass die ……………………………… gezwungen sind, die
Ware des Herstellers zu listen. In diesem Falle spricht man von einem so genannten
…………………………………………………………… .

Aufgabe 1.3: Marketingkonzept

Markieren Sie, ob die folgenden Aussagen richtig oder falsch sind!

Historisch betrachtet ist die Entstehung des Marketing eine Konsequenz von Massenarmut
und abnehmender Konkurrenz.   *Richtig* ☐   *Falsch* ☐

Die Entwicklung des Marketing ist mit dem Übergang vom Verkäufer- zum Käufermarkt
eng verbunden.   *Richtig* ☐   *Falsch* ☐

Als Ursprungsland des Marketing gilt zweifellos die USA.   *Richtig* ☐   *Falsch* ☐

Während das Marketing seinen Aufstieg in den USA bereits nach dem Ersten Weltkrieg
erlebte, waren in Deutschland erste Ansätze eines systematischen Marketing erst in den 90er
Jahren des vergangenen Jahrhunderts zu beobachten.   *Richtig* ☐   *Falsch* ☐

Mit dem Aufstieg des Marketing gewinnen die Innensicht des Unternehmens und damit die
Ingenieurwissenschaften an Bedeutung.   *Richtig* ☐   *Falsch* ☐

Mit seinem Aufsatz Marketing-Myopia begründet *Levitt* das Verständnis, dass der Unternehmenserfolg von der Befriedigung der Kundenbedürfnisse abhängt. *Richtig* ☐   *Falsch* ☐

Das Transaktionsmarketing legt den Fokus auf die Neukundenakquisition.
                                                             Richtig ☐   *Falsch* ☐

Vertikales Marketing richtet sich ausschließlich an den Bedürfnissen der Endverbraucher
aus.   *Richtig* ☐   *Falsch* ☐

Marketing als Leitkonzept bzw. Unternehmensphilosophie bedeutet, dass sämtliche Unternehmensaktivitäten konsequent an den Anforderungen der Märkte und hier insbesondere der
Kunden und Wettbewerber auszurichten sind.   *Richtig* ☐   *Falsch* ☐

Im Unterschied zur „klassischen" Absatzwirtschaft versteht sich Marketing als eine betriebliche Funktion „am Ende des Fließbandes", die in der Verwertung von Sach- und Dienstleitungen auf Märkten besteht und Unternehmensfunktionen wie Beschaffung, Produktion, Finanzierung etc. gleich geordnet ist.   *Richtig* ☐   *Falsch* ☐

Die vier „P" im Marketing stehen für <u>P</u>roduct, <u>P</u>rice, <u>P</u>lace, <u>P</u>roposition.
                                                                 Richtig ☐   *Falsch* ☐

Marketing übernimmt in Unternehmen eine Doppelfunktion (sog. Januskopf des Marketing), in dem es einmal als gleichberechtigte Funktion neben Beschaffung, Lagerhaltung, Rechnungswesen etc. steht und zum anderen als Leitkonzept dient.   *Richtig* ☐   *Falsch* ☐

Aufgabe 1.4: Das Fünf-Kräfte-Modell von *Porter*

Markieren Sie, ob die folgenden Aussagen richtig oder falsch sind!

Nach dem Fünf-Kräfte-Modell von *Porter* stehen Unternehmen auf der vertikalen Ebene in einem Spannungsfeld zwischen ihren Abnehmern und ihren Konkurrenten.
                                                                 Richtig ☐   *Falsch* ☐

Liegt das Machtübergewicht bei den Lieferanten, werden diese ihre Preise erhöhen und damit die Profitabilität des Abnehmers verringern.   *Richtig* ☐   *Falsch* ☐

Auf der horizontalen Ebene konkurrieren Unternehmen mit derzeitigen und potenziellen Wettbewerbern sowie den Anbietern von Komplementärprodukten.   *Richtig* ☐   *Falsch* ☐

Je höher der Wettbewerbsdruck auf der horizontalen Ebene ist, desto weniger muss ein Unternehmen in Marketing sowie Forschung & Entwicklung investieren sowie die Preise reduzieren.   *Richtig* ☐   *Falsch* ☐

Aus Anbietersicht zählen zu einem relevanten Markt sämtliche Güter, die eine niedrige Kreuzpreiselastizität aufweisen.   *Richtig* ☐   *Falsch* ☐

Die Kreuzpreiselastizität bringt zum Ausdruck, um wie viel Prozent der Absatz von Produkt B steigt bzw. sinkt, wenn der Preis von Produkt A um ein Prozent steigt bzw. sinkt.
                                                                 Richtig ☐   *Falsch* ☐

Je höher der Wettbewerbsdruck auf der horizontalen und vertikalen Ebene ist, desto schwieriger gestaltet es sich für Unternehmen, einen hohen Return on Investment zu erwirtschaften.
                                                                 Richtig ☐   *Falsch* ☐

Aufgabe 1.5: Reifegrade bzw. Entwicklungsstadien des Marketingkonzepts

Ordnen Sie die folgenden Konzepte den entsprechenden Annahmen zu!

Marketingkonzeption im engeren Sinne (= Bedarfsorientierung), Marketingkonzeption im weiteren Sinne (= Social Marketing), Produktkonzeption, Verkaufskonzeption

- ....: Konsumenten kaufen nur bei erheblichem Interesse. Aus diesem Grund muss mittels des Kommunikationsmanagement das Interesse am Leistungsangebot geweckt und gesteigert werden.

- ....: Es besteht eine Lücke zwischen kurzfristigen Einzelinteressen und langfristigen Kollektivinteressen, die es zu schließen gilt. Konsequenterweise werden sämtliche Bezugsgruppen des Unternehmens in die Überlegungen einbezogen.

- ....: Konsumenten haben bestimmte Wünsche, die es zu befriedigen gilt. Im Fokus steht demnach die Zufriedenheit der Kunden.

- ....: Der Nachfrager muss das erwerben, was Unternehmen am Markt anbieten. Konsequenterweise konzentrieren sich die Marketingtreibenden auf eine Verbesserung der Produktqualität.

Aufgabe 1.6: Deepening and Broadening the Marketing-Concept

Ordnen Sie die folgenden Erscheinungsformen des Marketing richtig zu!

Generic-Marketing, internes Marketing, Non-Profit-Marketing, Ökomarketing, Societal Marketing, Sozio-Marketing

- Broadening = ………………………………………………………………………...
- Deepening = ………………………………………………………………………….

Aufgabe 1.7: Erscheinungsformen des Marketing

Ordnen Sie die folgenden Erscheinungsformen des Marketing den entsprechenden Kategorien zu!

Beschaffungsmarketing, Dienstleistungsmarketing, Direct-Marketing, Generic-Marketing, Global-Marketing, Handelsmarketing, One-to-One-Marketing, Strategisches Marketing

- Objekt, für das Marketing betrieben wird: ....
- Geographischer Raum, in dem Marketing betrieben wird: ....
- Institution bzw. Wirtschaftsstufe, die Marketing betreibt: ....
- Zeitliche Reichweite und unternehmenspolitische Wirksamkeit: ....

- Breite der Marktbearbeitung (= Zielgruppengenauigkeit): ....

- Art der Kontaktaufnahme zu den Abnehmern: ....

- Primär betroffene Unternehmensfunktion: ....

- Selbstverständnis der Marketingtreibenden: ....

Aufgabe 1.8: Erscheinungsformen des Marketing

Markieren Sie, ob die folgenden Aussagen richtig oder falsch sind!

Von Sozio-Marketing spricht man, wenn gesellschaftliche Anliegen bzw. soziale Ziele mit Hilfe des Marketingansatzes erreicht werden sollen.   *Richtig* □   *Falsch* □

Broadening the Marketing-Concept bedeutet, den Marketinggedanken auf verschiedene Unternehmensbereiche auszudehnen.   *Richtig* □   *Falsch* □

Möchte ein Unternehmen oder eine Institution Ideen oder Ansichten vermitteln, so spricht man von Societal Marketing.   *Richtig* □   *Falsch* □

Im Zuge eines Domestic-Marketing beschränkt sich das Marketing auf den Heimatmarkt.
     Richtig □   *Falsch* □

Beim „One-to-One-Marketing" wird für eine Gruppe von Kunden ein spezifisches Marketingpaket geschnürt.   *Richtig* □   *Falsch* □

Generic- und Meta-Marketing basieren auf der Annahme, dass sämtliche Austauschprozesse zwischen Menschen unter Marketinggesichtspunkten zu beleuchten sind.
     Richtig □   *Falsch* □

Das Generic Concept of Marketing begegnet der Kritik, dass Marketing zu dominant sowie allumfassend sein wolle und damit an Präzision verliere.   *Richtig* □   *Falsch* □

Das Generic Concept of Marketing trägt dazu bei, dass sich auch nicht-kommerzielle Einrichtungen wie Behörden und Hochschulen dazu veranlasst sehen, marktorientiert zu agieren.
.   *Richtig* □   *Falsch* □

Das Social-Marketing berücksichtigt gesellschaftliche Bedürfnisse im Rahmen von Marketing-Konzepten.   *Richtig* □   *Falsch* □

Demarketing zielt auf die Steigerung des Konsums mittels Marketinginstrumenten.
     Richtig □   *Falsch* □

Das Konzept des internen Marketing orientiert sich gleichzeitig an internen und externen Kunden.   *Richtig* □   *Falsch* □

Aufgabe 1.9: Aufbau einer Marketing-Konzeption

Bringen Sie die folgenden Bausteine einer Marketing-Konzeption in die richtige Reihenfolge!

Ergebnisorientierte Marketing-Kontrolle, Marketing-Forschung, Marketing-Mix, Marketing-Strategien, Marketing-Ziele

(1) ....

(2) ....

(3) ....

(4) ....

(5) ....

Aufgabe 1.10: Elemente des Marketing-Mix

Ordnen Sie die folgenden Aufgaben anhand ihrer Nummern den richtigen Marketing-Mix-Bereichen zu!

(1) Absatzfinanzierung, (2) Direktkommunikation, (3) Event-Marketing, (4) freiwillige Garantieleistungen, (5) Incoterms, (6) Innovation, (7) Kalkulation, (8) Kundendienst, (9) Ladengestaltung, (10) Leasing, (11) Lieferungs- und Zahlungsbedingungen, (12) Markentransfer, (13) Markierung, (14) Messen/Ausstellungen, (15) Mischkalkulation, (16) Öffentlichkeitsarbeit, (17) Preisdifferenzierung, (18) Product Placement, (19) Produktelimination bzw. -auslistung, (20) Produktmodifikation, (21) Rabattgewährung, (22) Redistribution, (23) Skontierung, (24) Sortimentsbreite und –tiefe, (25) Space Management, (26) Sponsoring, (27) Standortwahl, (28) Submission, (29) Veiling, (30) Verkaufsförderung, (31) Verpackungsgestaltung, (32) Versteigerung, (33) Wahl der Vertriebspartner, (34) Werbung, (35) WKZ, (36) Valutierung

- Produkt-, Programm- bzw. Sortimentsmanagement: ....

- Kontrahierungsmanagement: ....

- Vertriebsmanagement: ....

- Kommunikationsmanagement: ....

Aufgabe 1.11: Marketing und Ethik

Markieren Sie, ob die folgenden Aussagen richtig oder falsch sind!

Die Marketing-Ethik befasst sich ausschließlich mit den Ansprüchen der Mitglieder der Mikro-Umwelt.   *Richtig* ☐   *Falsch* ☐

Die Marketing-Ethik regelt das Verhalten der Marketingtreibenden im rechtsfreien Raum.
Richtig □ *Falsch* □

Die Gesinnungsethik lässt Einstellungen sowie Motive außen vor und beurteilt Verhalten ausschließlich anhand der Folgen für die Gesellschaft. *Richtig* □ *Falsch* □

Verhalten wird unter gesinnungs- und erfolgsethischen Gesichtspunkten immer gleich beurteilt. *Richtig* □ *Falsch* □

Wechselt eine Public-Relations-Agentur, die jahrelang die Tabakindustrie beraten hat, das Lager und entwickelt nunmehr eine Anti-Raucher-Kampagne, ist die unter gesinnungsethischen Gesichtspunkten zu befürworten, unter erfolgsethischen Gesichtspunkten jedoch zu verwerfen. *Richtig* □ *Falsch* □

Bei der geplanten Obsoleszenz werden beim Herstellprozess bewusst Schwachstellen in das Produkt eingebaut und/oder Rohstoffe von schlechter Qualität eingesetzt.
Richtig □ *Falsch* □

Bei der funktionellen Obsoleszenz kann das Produkt durch neue Anforderungen (etwa von Komplementärprodukten) nicht mehr in vollem Umfang genutzt werden.
Richtig □ *Falsch* □

Bei der technischen Obsoleszenz wird ein Produkt nicht mehr präferiert bzw. nachgefragt, weil es an Attraktivität bzw. Popularität eingebüßt hat und deshalb nicht mehr „ein vogue" ist. *Richtig* □ *Falsch* □

Anbieter verfolgen Obsoleszenzstrategien u. a. deshalb, um in gesättigten Märkten zu wachsen. *Richtig* □ *Falsch* □

Ombudsmen haben die Aufgabe, Konflikte zwischen Anbieter und Nachfrager unter flankierender Einbeziehung von Gerichten zu lösen. *Richtig* □ *Falsch* □

Die sog. Robinsonlisten zählen zu den vom Gesetzgeber veranlassten Einschränkungen des Marketingspielraums einer Branche. *Richtig* □ *Falsch* □

1.1.2 Lösungen

Lösungen Aufgabe 1.1: Merkmale von Käufer- und Verkäufermärkten

- Verkäufermarkt: … *Nachfrageüberhang, Erweiterung der Produktionskapazität, aktive Beschaffung durch die Nachfrager …*
- Käufermarkt: … *Überflussgesellschaft, Absatz = Engpassfaktor, Nachfrageweckung und Schaffung dauerhafter Präferenzen …*

Lösungen Aufgabe 1.2: „Push-and-Pull"-Strategie

Um der Übermacht des Handels zu begegnen, betreiben Hersteller stufenübergreifende … *Media-Werbung* … Diese zielt darauf ab, einen so starken … *Nachfragesog* … beim Endverbraucher auszulösen, dass die … *Absatzmittler* … gezwungen sind, die Ware des Herstellers zu listen. In diesem Falle spricht man von einer so genannten … *Pull-Effekt* ….

Nicht eingesetzt: *Absatzhelfer, Angebotsdruck, Handelswerbung, Push-Effekt.*

Lösungen Aufgabe 1.3: Marketingkonzept

Falsch, Richtig, Richtig, Falsch, Falsch, Richtig, Richtig, Falsch, Richtig, Falsch, Falsch, Richtig

Lösungen Aufgabe 1.4: Das Fünf-Kräfte-Modell von *Porter*

Falsch, Richtig, Falsch, Falsch, Falsch, Richtig, Richtig

Lösungen Aufgabe 1.5: Reifegrade bzw. Entwicklungsstadien des Marketingkonzepts

- … *Verkaufskonzeption* …: Konsumenten kaufen nur bei erheblichem Interesse. Aus diesem Grund muss mittels des Kommunikationsmanagement das Interesse am Leistungsangebot geweckt und gesteigert werden.

- … *Marketingkonzeption im weiteren Sinne (= Social Marketing)* …: Es besteht eine Lücke zwischen kurzfristigen Einzelinteressen und langfristigen Kollektivinteressen, die es zu schließen gilt. Konsequenterweise werden sämtliche Bezugsgruppen des Unternehmens in die Überlegungen einbezogen.

- … *Marketingkonzeption im engeren Sinne (= Bedarfsorientierung)* …: Konsumenten haben bestimmte Wünsche, die es zu befriedigen gilt. Im Fokus steht demnach die Zufriedenheit der Kunden.

- ... *Produktkonzeption* ...: Der Nachfrager muss das erwerben, was Unternehmen am Markt anbieten. Konsequenterweise konzentrieren sich die Marketingtreibenden auf eine Verbesserung der Produktqualität.

Lösungen Aufgabe 1.6: Deepening and Broadening the Marketing-Concept

- Broadening = ... *Sozio-Marketing, Non-Profit-Marketing, Generic-Marketing* ...

- Deepening = ... *Societal Marketing, Ökomarketing, internes Marketing* ...

Lösungen Aufgabe 1.7: Erscheinungsformen des Marketing

- Objekt, für das Marketing betrieben wird: ... *Dienstleistungsmarketing* ...

- Geographischer Raum, in dem Marketing betrieben wird: ... *Global-Marketing* ...

- Institution bzw. Wirtschaftsstufe, die Marketing betreibt: ... *Handelsmarketing* ...

- Zeitliche Reichweite und unternehmenspolitische Wirksamkeit: ... *Strategisches Marketing* ...

- Breite der Marktbearbeitung (= Zielgruppengenauigkeit): ... *One-to-One-Marketing* ...

- Art der Kontaktaufnahme zu den Abnehmern: ... *Direct-Marketing* ...

- Primär betroffene Unternehmensfunktion: ... *Beschaffungsmarketing* ...

- Selbstverständnis der Marketingtreibenden: ... *Generic-Marketing* ...

Lösungen Aufgabe 1.8: Erscheinungsformen des Marketing

Richtig, Falsch, Falsch, Richtig, Falsch, Richtig, Richtig, Falsch, Richtig, Falsch, Falsch

Lösungen Aufgabe 1.9: Aufbau einer Marketing-Konzeption

(1) *Marketing-Forschung*, (2) *Marketing-Ziele*, (3) *Marketing-Strategien*, (4) *Marketing-Mix*, (5) *ergebnisorientierte Marketing-Kontrolle*

Lösungen Aufgabe 1.10: Elemente des Marketing-Mix

- Produkt-, Programm- bzw. Sortimentsmanagement: … *(4) freiwillige Garantieleistungen, (6) Innovation, (8) Kundendienst, (12) Markentransfer, (13) Markierung, (19) Produktelimination bzw. -auslistung, (20) Produktmodifikation, (24) Sortimentsbreite und –tiefe, (31) Verpackungsgestaltung …*

- Preismanagement: … *(1) Absatzfinanzierung, (5) Incoterms, (7) Kalkulation, (10) Leasing, (11) Lieferungs- und Zahlungsbedingungen, (15) Mischkalkulation, (17) Preisdifferenzierung, (21) Rabattgewährung, (23) Skontierung, (28) Submission, (29) Veiling, (32) Versteigerung, (35) WKZ, (36) Valutierung …*

- Vertriebsmanagement: … *(9) Ladengestaltung, (22) Redistribution, (25) Space Management, (27) Standortwahl, (33) Wahl der Vertriebspartner …*

- Kommunikationsmanagement: … *(2) Direktkommunikation, (3) Event-Marketing, (14) Messen/Ausstellungen, (16) Öffentlichkeitsarbeit, (18) Product Placement, (26) Sponsoring, (30) Verkaufsförderung, (34) Werbung …*

Lösungen Aufgabe 1.11: Marketing und Ethik

Falsch, Richtig, Falsch, Falsch, Falsch, Richtig, Richtig, Falsch, Richtig, Falsch, Falsch

1.2   Konsumentenverhalten

Die folgenden Übungsaufgaben beziehen sich auf **Kapitel 2: Konsumentenverhalten**. Dieses Kapitel vermittelt,:

- was man unter Konsumentenverhalten versteht,
- welche Typen von Kaufentscheidungen sich identifizieren lassen,
- wie sich Konsumentenverhalten theoretisch erklären lässt,
- welche Faktoren das Konsumentenverhalten beeinflussen und
- welche aktuellen Entwicklungen im Konsumentenverhalten zu beobachten sind.

1.2.1   Aufgaben

Aufgabe 2.1: Arten von Kaufentscheidungen

Markieren Sie, ob die folgenden Aussagen richtig oder falsch sind!

Folgt man den Konzepten des Generic- und Meta-Marketing, zählen Patienten und Wähler, nicht aber Museumsbesucher und Spender zur Gruppe der Konsumenten.
Richtig ☐   *Falsch* ☐

Käufer und Verbraucher sind immer identisch.   *Richtig* ☐   *Falsch* ☐

Im Falle des Erwerbs von Babywindeln sind Käufer und Verbraucher nicht identisch.
Richtig ☐   *Falsch* ☐

Bei Privatpersonen gibt es keine Mehrpersonenentscheidungen.   *Richtig* ☐   *Falsch* ☐

In Organisationen gibt es nur Mehrpersonenentscheidungen.   *Richtig* ☐   *Falsch* ☐

Der Homo oeconomicus verfügt über vollkommene Markttransparenz. *Richtig* ☐   *Falsch* ☐

Folgt man dem Bild des Homo oeconomicus, müsste bei gleicher Produktqualität und unbegrenzter Produktionskapazität die Marke mit den niedrigsten Preisen sämtliche Marktanteile auf sich vereinen.   *Richtig* ☐   *Falsch* ☐

Der Homo oeconomicus überzeugt durch seine Realitätsnähe.   *Richtig* ☐   *Falsch* ☐

Extensive Kaufentscheidungen betreffen hochwertige Produkte und kehren in regelmäßigen Abständen wieder.   *Richtig* ☐   *Falsch* ☐

Habituelle Kaufentscheidungen sind gewohnheitsmäßige Käufe, bei denen der Konsument ein geringes Kaufrisiko empfindet.   *Richtig* ☐   *Falsch* ☐

Bei limitierten Käufen handelt die Person stets markentreu.   *Richtig* ☐   *Falsch* ☐

Seltene Käufe, bei denen der Konsument keine Informationen über das Evoked Set besitzt und deshalb nicht lange nach Informationen sucht, heißen extensive Kaufentscheidungen.

Richtig ☐   *Falsch* ☐

Ein Impulskauf hat die Eigenschaften, dass er ungeplant ist sowie schnell und unbewusst abläuft.   *Richtig* ☐   *Falsch* ☐

Aufgabe 2.2: Extensive, habituelle, limitierte und impulsive Kaufentscheidungen

Ordnen Sie die folgenden Kaufsituationen den jeweiligen Kaufentscheidungen zu!

Anschaffung einer Ferienwohnung, Bier/Limonade, Geldbeutel aus einer Schüttplatzierung, Sportschuhe

- Extensive Kaufentscheidung: ....

- Limitierte Kaufentscheidung: ....

- Habituelle Kaufentscheidung: ....

- Impulsive Kaufentscheidung: ....

Aufgabe 2.3: Convenience, Shopping und Speciality Goods

Markieren Sie, ob die folgenden Aussagen richtig oder falsch sind!

Konsumenten minimieren den Beschaffungsaufwand, wenn sie Shopping Goods kaufen.

Richtig ☐   *Falsch* ☐

Waren des täglichen Bedarfs heißen auch Convenience Goods.   *Richtig* ☐   *Falsch* ☐

Käufer von Speciality Goods treffen die Entscheidung kollektiv.   *Richtig* ☐   *Falsch* ☐

Käufer von Convenience Goods kennen das Produkt zumeist sehr genau, da sie sich viel Zeit zur Informationssuche nehmen.   *Richtig* ☐   *Falsch* ☐

Im Falle von Convenience Goods liegt bereits ein Entscheidungsprogramm vor.

Richtig ☐   *Falsch* ☐

Speciality Goods binden die Mittel des Konsumenten in hohem Maße. *Richtig* ☐   *Falsch* ☐

Convenience Goods dienen dem demonstrativen Konsum.   *Richtig* ☐   *Falsch* ☐

Convenience Goods werden nur selten gekauft.   *Richtig* ☐   *Falsch* ☐

Bei Speciality Goods sammelt der Verbraucher umfangreiche Informationen im Vorfeld des Kaufs. *Richtig* ☐ *Falsch* ☐

Bei Convenience Goods verfügt der Konsument über umfangreiche Erfahrungen. *Richtig* ☐ *Falsch* ☐

Convenience Goods zeichnen sich durch hohes Involvement der Verbraucher aus. *Richtig* ☐ *Falsch* ☐

Aufgabe 2.4: Eigenschaften von Convenience, Shopping und Speciality Goods

Ordnen Sie die folgenden Eigenschaften den jeweiligen Produkttypen zu!

(1) geringer Beschaffungsaufwand, (2) geringes Involvement, (3) gute Produktkenntnis, (4) mittleres finanzielles Risiko, (5) niedriger Anschaffungspreis, (6) sehr hohes finanzielles Risiko, (7) starkes Informationsbedürfnis, (8) starkes Interesse, (9) unklare Vorstellung vom Produkt

- Convenience Goods: ....
  ....

- Shopping Goods: ....
  ....

- Speciality Goods: ....
  ....

Aufgabe 2.5: Low-, High- und Medium-Involvement-Kaufentscheidungen

Markieren Sie, ob die folgenden Aussagen richtig oder falsch sind!

Von Involvement spricht man im Marketing, wenn der Konsument einen starken Bezug zwischen sich und einem Produkt feststellt. *Richtig* ☐ *Falsch* ☐

Low-Involvement-Entscheidungen zeichnen sich durch ein geringes subjektives Kaufrisiko aus. *Richtig* ☐ *Falsch* ☐

Im Falle von High-Involvement-Entscheidungen nutzt der Verbraucher Heuristiken. *Richtig* ☐ *Falsch* ☐

Low-Involvement-Entscheidungen weisen einen hohen Bezug zu Persönlichkeit und Lebensstil auf. *Richtig* ☐ *Falsch* ☐

High-Involvement-Entscheidungen dienen dazu, die eigene Persönlichkeit zu demonstrieren.
Richtig ☐   *Falsch* ☐

Bei Low-Involvement-Entscheidungen fokussiert sich der Verbraucher auf Schlüsselinformationen.
Richtig ☐   *Falsch* ☐

Aktivierung und Involvement der Kaufentscheidung stehen in einem negativen Zusammenhang.
Richtig ☐   *Falsch* ☐

Im Falle von High-Involvement-Entscheidungen zeichnet sich die Unternehmenskommunikation durch einen geringen Informationsgehalt aus.
Richtig ☐   *Falsch* ☐

Bei High-Involvement-Produkten sucht der Verbraucher aktiv nach Informationen.
Richtig ☐   *Falsch* ☐

Bei Low-Involvement-Produkten üben Bezugsgruppen und soziales Umfeld einen großen Einfluss aus.
Richtig ☐   *Falsch* ☐

Aufgabe 2.6: Behaviorismus und Neobehaviorismus

Markieren Sie, ob die folgenden Aussagen richtig oder falsch sind!

Im von *Watson* begründeten Behaviorismus spielen Begriffe wie „Bewusstsein", „Wille", „Fühlen", „Denken" eine zentrale Rolle.
Richtig ☐   *Falsch* ☐

Im Behaviorismus zählen zu den Stimuli nicht nur externe Reize, sondern beispielsweise auch interne Reize wie Magenknurren.
Richtig ☐   *Falsch* ☐

Der von *Hull* begründete Neobehaviorismus berücksichtigt nicht direkt beobachtbare hypothetische Konstrukte.
Richtig ☐   *Falsch* ☐

Das S-R-Modell basiert auf dem Neobehaviorismus.
Richtig ☐   *Falsch* ☐

Im Neobehaviorismus spielt die Aktivierung keine Rolle.
Richtig ☐   *Falsch* ☐

Der Behaviorismus basiert auf dem Paradigma vom uniform und instinktgesteuert auf Reize reagierenden Menschen.
Richtig ☐   *Falsch* ☐

Der Neobehaviorismus erklärt individuell unterschiedliches Verhalten bei identischen Reizen mittels interner Variablen.
Richtig ☐   *Falsch* ☐

Der von *Skinner* begründete Radikale Behaviorismus basiert auf der Annahme, dass Verhalten durch die auf eine Reaktion folgenden Konsequenzen in Form einer Belohnung oder Bestrafung beeinflusst wird.
Richtig ☐   *Falsch* ☐

Die klassische Konditionierung basiert auf dem Muster „Stimulus $\Rightarrow$ Response $\Rightarrow$ Consequence".
Richtig ☐   *Falsch* ☐

Die instrumentelle Konditionierung basiert auf dem Muster „Stimulus $\Rightarrow$ Response $\Rightarrow$ Consequence".
                                                                          Richtig □   *Falsch* □

Aufgabe 2.7: SR- und SOR-Modelle

Markieren Sie, ob die folgenden Aussagen richtig oder falsch sind!

SOR steht für Stimulus Operation Response.   *Richtig* □   *Falsch* □

SOR-Modelle lassen sich in Total- und Partialmodelle untergliedern. *Richtig* □   *Falsch* □

Beim SOR-Modell werden intervenierende Variablen des Käuferverhaltens nicht beachtet.
                                                                          Richtig □   *Falsch* □

Stochastische Prozessmodelle zählen zu den SOR-Modellen.   *Richtig* □   *Falsch* □

Regressionsanalytische Modelle zählen zu den SOR-Modellen. *Richtig* □   *Falsch* □

Das SR-Modell basiert auf der psychologischen Forschungsrichtung des Behaviorismus.
                                                                          Richtig □   *Falsch* □

SOR-Modelle basieren auf einer naturwissenschaftlichen Forschungstradition.
                                                                          Richtig □   *Falsch* □

SR-Modelle brechen den „schwarzen Kasten" auf und versuchen, einen Einblick in das Bewusstsein der Konsumenten zu vermitteln.   *Richtig* □   *Falsch* □

Partialmodelle stellen ein hypothetisches Konstrukt in den Mittelpunkt der Betrachtung.
                                                                          Richtig □   *Falsch* □

Stochastische Prozessmodelle verstehen die Kaufentscheidung als Zufallsmechanismus.
                                                                          Richtig □   *Falsch* □

Regressionsanalytische Modelle fokussieren sich auf die spezifische Wahrscheinlichkeit, mit der ein Verbraucher auf einen Stimulus reagiert.   *Richtig* □   *Falsch* □

Im Falle regressionsanalytischer Modelle werden Stimulus (= abhängige Variable) und Response (= unabhängige Variable) mathematisch miteinander verknüpft. *Richtig* □   *Falsch* □

Hypothetische Konstrukte bezeichnen die im Menschen ablaufenden aktivierenden und kognitiven Prozesse, die wiederum bestimmte Reize auslösen.   *Richtig* □   *Falsch* □

Die Totalmodelle des Konsumentenverhaltens sind empirisch nur schwer zugänglich, was ihre Praxisrelevanz erheblich einschränkt.   *Richtig* □   *Falsch* □

Aufgabe 2.8: SOR-Modelle

Ordnen Sie die folgenden Begriffe den jeweiligen Bereichen zu!

(1) Bedingungen am Point-of-Sale, (2) besondere Produkteigenschaften, (3) Bezugsgruppen, (4) Einstellung, (5) Emotion, (6) Informationen aus dem sozialen Umfeld, (7) Informations-aufnahme, (8) Informationsspeicherung, (9) Informationsverarbeitung, (10) Jahreszeit, (11) Kauf, (12) Kultur, (13) Motiv, (14) Mund-zu-Mund-Werbung, (15) Preise, (16) Serviceleis-tungen, (17) soziale Schicht, (18) Subkultur, (19) Verkaufsförderung, (20) Warenplatzierung, (21) Werbung, (22) Wetter, (23) Zufriedenheit

- Stimulus: ....

  ....

- Organismus: ....

  ....

- Response: ....

  ....

Aufgabe 2.9: Das Modell zur Erklärung des Konsumentenverhaltens von *Howard* und *Sheth*

Markieren Sie, ob die folgenden Aussagen richtig oder falsch sind!

Beim Modell zur Erklärung des Konsumentenverhaltens von *Howard* und *Sheth* handelt es sich um ein Partialmodell. *Richtig* ☐ *Falsch* ☐

Das Modell zur Erklärung des Konsumentenverhaltens von *Howard* und *Sheth* basiert auf dem S-R-Paradigma. *Richtig* ☐ *Falsch* ☐

Impulsive Entscheidungen bleiben im Modell zur Erklärung des Konsumentenverhaltens von *Howard* und *Sheth* unberücksichtigt. *Richtig* ☐ *Falsch* ☐

Im Gegensatz zu den hypothetischen Konstrukten handelt es sich bei den Outputvariablen um empirisch zugängliche Größen. *Richtig* ☐ *Falsch* ☐

Zu den hypothetischen Konstrukten zählen die Wahrnehmungs-, nicht aber die Lernkon-strukte. *Richtig* ☐ *Falsch* ☐

Zu den hypothetischen Konstrukten zählen die Lern-, nicht aber die Wahrnehmungskon-strukte. *Richtig* ☐ *Falsch* ☐

Zu den hypothetischen Konstrukten zählen weder die Wahrnehmungs- noch die Lernkon-strukte. *Richtig* ☐ *Falsch* ☐

Zu den hypothetischen Konstrukten zählen sowohl die Wahrnehmungs- als auch die Lernkonstrukte.   *Richtig* ☐   *Falsch* ☐

Signikative Informationen sind Stimuli, die durch bildliche und sprachliche Informationen ausgelöst werden.   *Richtig* ☐   *Falsch* ☐

Im vorliegenden Modell sind Inputvariablen und Stimuli synonyme Begriffe.

Richtig ☐   *Falsch* ☐

Zu den Inputvariablen zählen ausschließlich kaufrelevante Informationen, die der Käufer von Unternehmen bezieht.   *Richtig* ☐   *Falsch* ☐

Aufgabe 2.10: Das Modell zur Erklärung des Konsumentenverhaltens von *Blackwell/Engel/Miniard*

Markieren Sie, ob die folgenden Aussagen richtig oder falsch sind!

Ein Bedürfnis entsteht entweder durch die Verschlechterung des bisherigen Zustands (etwa wenn ein Produkt aufgebraucht oder nicht mehr funktionsfähig ist) oder durch die Veränderung des Idealzustands (beispielsweise infolge der Einführung eines neuen und qualitativ besseren Produkts).   *Richtig* ☐   *Falsch* ☐

Bei der Informationssuche stehen dem Konsumenten ausschließlich externe Quellen zur Verfügung.   *Richtig* ☐   *Falsch* ☐

Der Konsument entscheidet sich entweder für das billigste oder für das qualitativ beste Produkt.   *Richtig* ☐   *Falsch* ☐

Am POS entscheidet sich der Konsument immer für das während der Vor-Kauf-Bewertung ausgewählte Produkt.   *Richtig* ☐   *Falsch* ☐

Erscheint dem Konsumenten das erworbene Produkt attraktiver als nicht gewählte Optionen, können kognitive Dissonanzen entstehen.   *Richtig* ☐   *Falsch* ☐

Hohe Zufriedenheit und geringe Nachkaufdissonanz verstärken eine positive Einstellung gegenüber dem gewählten Produkt und erhöhen die Wahrscheinlichkeit für dessen Wiederkauf.   *Richtig* ☐   *Falsch* ☐

Unzufriedenheit bzw. hohe Nachkaufdissonanzen bewirken eine negative Einstellung gegenüber dem Produkt und verringern damit die Wahrscheinlichkeit einer erneuten externen Informationssuche.   *Richtig* ☐   *Falsch* ☐

Aufgabe 2.11: Ausgewählte Theorien des Konsumentenverhaltens

Ordnen Sie die folgenden Theorien den richtigen Kategorien zu!

(1) Attributionstheorien, (2) Assimilations-Kontrast-Theorie, (3) Equity- bzw. Gerechtigkeits-Theorie, (4) Kontrasttheorien, (5) Lerntheorien, (6) Risikotheorie, (7) Soziale Austauschtheorie, (8) Theorie der kognitiven Dissonanz

- Theorien des intrapersonalen Gleichgewichts: ....

  ....

  ....

- Theorien der interpersonellen Austauschbeziehung: ....

  ....

  ....

- Theorien der Verhaltensbeurteilung: ....

  ....

  ....

Aufgabe 2.12: Theorien des Konsumentenverhaltens

Markieren Sie, ob die folgenden Aussagen richtig oder falsch sind!

Die Theorien des interpersonalen Gleichgewichts erklären Verhalten mit dem Bestreben der Menschen, ein inneres Gleichgewicht herzustellen bzw. zu erhalten. *Richtig* ☐ *Falsch* ☐

Die Theorie der kognitiven Dissonanz zählt zu den Theorien des intrapersonalen Gleichgewichts. *Richtig* ☐ *Falsch* ☐

Die Theorie der kognitiven Dissonanz basiert auf der Annahme, dass Dissonanz als angenehmer Zustand empfunden wird, den es aufrechtzuerhalten gilt. *Richtig* ☐ *Falsch* ☐

Anbieter können u. a. durch freiwillige „Bei-Unzufriedenheit-zurück"-Garantien zur Dissonanzvermeidung bzw. –reduktion beitragen. *Richtig* ☐ *Falsch* ☐

Erfährt der Verbraucher, dass Produkte von Wettbewerbern dem erworbenen Produkt unterlegen sind, steigert dies seine Dissonanz. *Richtig* ☐ *Falsch* ☐

Umso weniger Erfahrungen der Konsument mit dem entsprechenden Produkt gesammelt hat, desto geringer ist die Wahrscheinlichkeit von kognitiven Dissonanzen. *Richtig* ☐ *Falsch* ☐

Missbilligung durch das soziale Umfeld steigert das kognitive Ungleichgewicht. *Richtig* ☐ *Falsch* ☐

Um kognitive Dissonanzen abzubauen, kann der Konsument das betreffende Unternehmen zukünftig meiden.   *Richtig* ☐   *Falsch* ☐

Kontrasttheorien basieren auf der Annahme, dass Individuen im Falle von Unstimmigkeiten dazu tendieren, diese zu verringern.   *Richtig* ☐   *Falsch* ☐

Mit der Kontrasttheorie lässt sich erklären, warum die reale die subjektiv wahrgenommene Wartezeit an der Kasse übersteigt.   *Richtig* ☐   *Falsch* ☐

Die Assimilations-Kontrast-Theorie geht davon aus, dass die Größe der Diskrepanz zwischen zwei Kognitionen den Ausschlag für die kognitive Reaktion eines Menschen gibt.
                                                                                            Richtig ☐   *Falsch* ☐

Im Falle der Assimilation werden zwei Eindrücke geringer angesehen als es den objektiven Gegebenheiten entspricht.   *Richtig* ☐   *Falsch* ☐

Preissenkungen sollten grundsätzlich in den Kontrastbereich vordringen.
                                                                                            Richtig ☐   *Falsch* ☐

Preiserhöhungen sollten grundsätzlich in den Kontrastbereich vordringen.
                                                                                            Richtig ☐   *Falsch* ☐

Preisschwellen fallen in den Assimilationsbereich.   *Richtig* ☐   *Falsch* ☐

Würde man mit einer anvisierten Preiserhöhung in den Kontrastbereich vordringen, böte es sich an, den Preis indirekt zu erhöhen, in dem bei konstantem Preis die Packungsgröße verkleinert wird.   *Richtig* ☐   *Falsch* ☐

Durch die Umstellung von D-Mark auf Euro dürfte der Assimilationsbereich der Konsumenten größer geworden sein.   *Richtig* ☐   *Falsch* ☐

Mit dem Kontrastierungseffekt lässt sich erklären, warum der zentrale Unterschied zwischen erfolgreichen und nicht erfolgreichen Unternehmen nicht im Anteil zufriedener, sondern im Anteil begeisterter Kunden liegt.   *Richtig* ☐   *Falsch* ☐

Das funktionale Risiko eines Produktkaufs besteht darin, dass man dadurch gegen Normen verstößt oder nicht die erwartete Anerkennung seiner Umgebung erhält.
                                                                                            Richtig ☐   *Falsch* ☐

Das finanzielle Risiko liegt darin, dass man das gleiche Produkt an einem anderen Ort und/oder zu einem anderen Zeitpunkt günstiger erwerben kann.   *Richtig* ☐   *Falsch* ☐

Funktionale Risiken lassen sich dadurch abbauen, dass sich der Konsument an Meinungsführern orientiert.   *Richtig* ☐   *Falsch* ☐

Mittels Preis-Garantien lässt sich das soziale Risiko verringern.   *Richtig* ☐   *Falsch* ☐

Durch umfangreiche Informationen im Vorfeld lässt sich das funktionale, nicht aber das finanzielle Risiko reduzieren.   *Richtig* ☐   *Falsch* ☐

Das finanzielle Risiko lässt sich durch den Kauf des billigsten Produkts reduzieren.

Richtig ☐   *Falsch* ☐

Durch den Kauf des teuersten Produkts will der Verbraucher das funktionale Risiko eines Produkts verringern, in dem er den Preis als Indikator für Qualität heranzieht.

Richtig ☐   *Falsch* ☐

Folgt man den Überlegungen der sozialen Austauschtheorie, bleibt der Kunde einem Unternehmen solange treu, wie seine Aufwendungen die Erträge übersteigen, die er im Gegenzug erhält.   *Richtig* ☐   *Falsch* ☐

Nach der Equity- bzw. Gerechtigkeits-Theorie spürt ein Konsument Spannungen, wenn er das Verhältnis von Aufwand und Ertrag als unfair (etwa höherer Preis für gleiche Leistung oder gleicher Preis für geringere Leistung) empfindet.   *Richtig* ☐   *Falsch* ☐

Klassische Konditionierung bezeichnet das Lernen durch Kopplung von Stimuli.

Richtig ☐   *Falsch* ☐

Als Begründer der operanten Konditionierung gilt Pawlow mit seinem Hundeexperiment.

Richtig ☐   *Falsch* ☐

Kroeber-Riel konnte in seinem *Hoba*-Seifen-Experiment den Effekt der operanten Konditionierung nachweisen.   *Richtig* ☐   *Falsch* ☐

Während die operante Konditionierung bei der Entstehung von Stimulus-Response-Verknüpfungen aus die Stimulus-Komponente fokussiert, rückt die klassische Konditionierung die Response-Komponente in den Vordergrund, indem sie Lernen als Konsequenz des Verhaltens interpretiert   *Richtig* ☐   *Falsch* ☐

Die *Skinner*-Box ist ein Käfig, in dem die Versuchstiere lernen, auf einen bestimmten Hebel zu drücken, um eine Belohnung zu erhalten (z. B. Futter) bzw. eine Bestrafung zu vermeiden (etwa Elektroschock, Wasserspritzer).   *Richtig* ☐   *Falsch* ☐

Die *Skinner*-Box dient dazu, den Effekt der klassischen Konditionierung nachzuweisen.

Richtig ☐   *Falsch* ☐

Das Lernen am Modell tritt umso intensiver auf, je höher Prestige sowie soziale Macht der beobachteten Person und je größer Selbstschätzung und/oder die zum Modell bestehende Distanz des Beobachters ausgeprägt sind.   *Richtig* ☐   *Falsch* ☐

Kognitives Lernen basiert auf der Annahme, dass Lernen aufgrund des Erkennens der jeweiligen Zusammenhänge und damit durch Aufspüren von Mittel-Zweck-Beziehungen erfolgt.

Richtig ☐   *Falsch* ☐

Attributionstheorien gehen davon aus, dass die für ein beobachtetes Ereignis bzw. Verhalten wahrgenommenen Ursachen weitgehend davon unabhängig sind, wie man darauf reagiert.

Richtig ☐   *Falsch* ☐

Interne Attribuierung liegt vor, wenn Eigenschaften des Handelnden als Ereignisursache gesehen werden. *Richtig* ☐ *Falsch* ☐

Aufgabe 2.13: Determinanten des Konsumentenverhaltens

Ordnen Sie die folgenden Determinanten den richtigen Kategorien zu!

(1) Bezugsgruppen, (2) Einstellung, (3) Emotion, (4) Informationsaufnahme, (5) Informationsspeicherung, (6) Informationsverarbeitung, (7) Jahreszeit, (8) Kultur, (9) Logo, (10) Motivation, (11) Out-of-Stock-Situation, (12) Rabatt, (13) soziale Schicht, (14) Subkultur, (15) Verkostung, (16) Warenplatzierung, (17) Wetter, (18) Zeitfaktor (= Dringlichkeit des Bedarfs), (19) Zufriedenheit, (20) Zweck des Erwerbs (= persönliche Nutzung des Produkts versus Geschenk)

- Anbieterbezogene Determinanten: ....

  ....

- Soziale Determinanten: ....

  ....

- Situative Determinanten: ....

  ....

- Aktivierende Prozesse: ....

  ....

- Kognitive Prozesse: ....

  ....

Aufgabe 2.14: Stufenmodell aktivierender Prozesse

Füllen Sie die offenen Positionen mit den richtigen Begriffen aus!

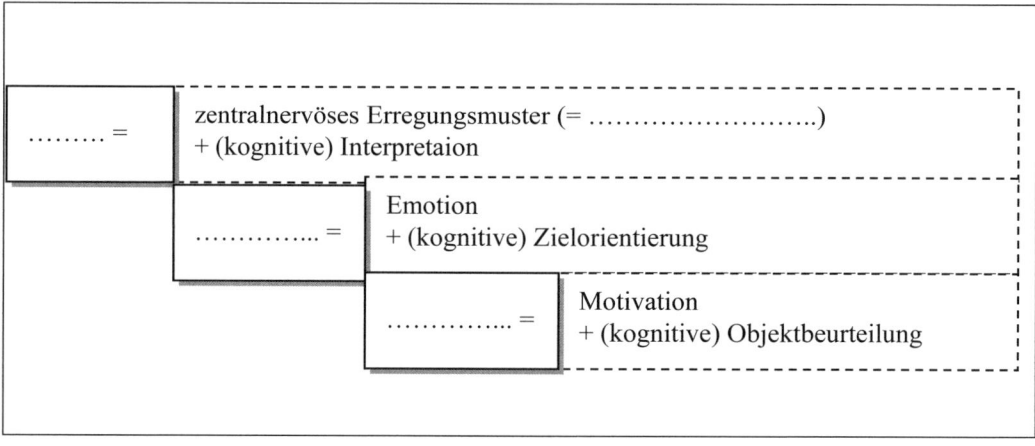

Aufgabe 2.15: Aktivierende Prozesse

Markieren Sie, ob die folgenden Aussagen richtig oder falsch sind!

Unter Aktivierung versteht man sämtliche Vorgänge, die mit inneren Erregungen verbunden sind und menschliches Verhalten antreiben. *Richtig* ☐ *Falsch* ☐

Aktivierende und kognitive Prozesse laufen unabhängig voneinander ab.
Richtig ☐ *Falsch* ☐

Durch den Einsatz des Marketinginstrumentariums kann im Extremfall Überaktivierung erzeugt werden, was sich leistungsmindernd auf den Verbraucher auswirkt.
Richtig ☐ *Falsch* ☐

Bei den kognitiven Reizen handelt es sich um sog. Schlüsselreize, die biologisch vorprogrammierte Reaktionen auslösen, weitgehend automatisch ablaufen und gedanklich nicht kontrolliert werden können. *Richtig* ☐ *Falsch* ☐

Mit tonischer Aktivierung bezeichnet man kurzfristige Aktivierungsschwankungen als Folge bestimmter Stimuli (etwa Werbung). *Richtig* ☐ *Falsch* ☐

Mittels Hautwiderstandsmessungen lässt sich die Stärke der Aktivierung, nicht aber deren Qualität messen. *Richtig* ☐ *Falsch* ☐

Aufgabe 2.16: Emotion

Markieren Sie, ob die folgenden Aussagen richtig oder falsch sind!

Im Falle der subjektiven Erlebnismessung erfasst man die Intensität der Emotion mittels Indikatoren wie Herzrate, Blutdruck bzw. -volumen, elektrodermale Reaktionen (z. B. Hautwiderstand) sowie Gehirnströme (EEG).   *Richtig* ☐   *Falsch* ☐

Emotionen können die Kaufbereitschaft positiv beeinflussen, da eine positive Stimmung gemeinhin als selektiver Filter der Informationsaufnahme gilt.   *Richtig* ☐   *Falsch* ☐

Emotionale Reize entlasten die kognitiv-rationale Informationsverarbeitung und wirken damit der Informationsüberlastung des Konsumenten entgegen.   *Richtig* ☐   *Falsch* ☐

Mittels Werbung lassen sich im Grundnutzen heterogene Produkte emotional standardisieren.   *Richtig* ☐   *Falsch* ☐

Der Stimmungskongruenzeffekt besagt, dass sich Menschen in guter Stimmung leichter überzeugen als solche in schlechter Stimmung.   *Richtig* ☐   *Falsch* ☐

Die Hautwiderstandsmessung gehört zu den Methoden der Messung des Ausdrucksverhaltens.   *Richtig* ☐   *Falsch* ☐

Aufgabe 2.17: Motivation

Markieren Sie, ob die folgenden Aussagen richtig oder falsch sind!

Unter Motivation fasst man die kognitive Beurteilung eines Gegenstandes.
Richtig ☐   *Falsch* ☐

Zu den physiologischen Motiven zählen Sicherheit, Liebe und Selbstentfaltung.
Richtig ☐   *Falsch* ☐

Sekundäre Motive werden im Zuge des Sozialisationsprozesses erlernt.
Richtig ☐   *Falsch* ☐

Nach *Maslow* gilt das Prinzip der relativen Vorrangigkeit in der Motivaktualisierung, das besagt, dass die nächst höhere Stufe der Bedürfnispyramide nicht erklommen werden kann, solange die Bedürfnisse der darunter liegenden Ebene nicht befriedigt sind.
Richtig ☐   *Falsch* ☐

Nach *Herzberg* tragen die Motivatoren dazu bei, Unzufriedenheit abzubauen.
Richtig ☐   *Falsch* ☐

Der Snob-Effekt beschreibt das Phänomen, dass bei Produkten die Nachfrage im Falle von Preissenkungen steigt.   *Richtig* ☐   *Falsch* ☐

Aufgabe 2.18: Konflikte zwischen Motiven

Benennen Sie die im Folgenden charakterisierten Motiv-Konflikte!

- ....: Der Zielzustand, der die Befriedigung eines Motivs ermöglicht, verhindert die Befriedigung eines anderen Motivs.

- ....: Zwei Motive mit unterschiedlicher Handlungsorientierung und gleicher Intensität werden aktiviert.

- ....: Der Konsument muss sich zwischen zwei ungeliebten Optionen entscheiden.

Aufgabe 2.19: Einstellungen

Was versteht man unter der EV-Hypothese? Welche Faktoren schwächen den unterstellten Zusammenhang? Veranschaulichen Sie Ihre Ausführungen jeweils anhand eines Beispiels (stichwortartig). Und wann korrelieren Einstellung und Kaufverhalten positiv miteinander?

....

....

....

....

....

....

....

....

....

....

....

....

....

....

....

Aufgabe 2.20: Zufriedenheit

Markieren Sie, ob die folgenden Aussagen richtig oder falsch sind!

Zufriedenheit ist das Ergebnis eines Informationsverarbeitungsprozesses, bei dem die Erwartungen mit den objektiven Gegebenheiten verglichen werden.   *Richtig* ☐   *Falsch* ☐

Unzufriedenheit entsteht durch zu hohe Erwartungen des Kunden, eine zu geringe Leistung des Unternehmens oder eine Kombination aus beiden.   *Richtig* ☐   *Falsch* ☐

Während (Un-)Zufriedenheit durchaus spekulativer Natur sein kann, muss im Falle von Einstellungen eine konkrete Erfahrung mit einem Objekt vorliegen.   *Richtig* ☐   *Falsch* ☐

Die Zufriedenheit gilt im Vergleich zur Einstellung als zeitlich instabiler.

Richtig ☐   *Falsch* ☐

Variety-Seeking bezeichnet das Phänomen, dass Konsumenten aufgrund von Sicherheitsbedenken nach Abwechslung suchen.   *Richtig* ☐   *Falsch* ☐

Im Falle von Zufriedenheit bzw. Begeisterung nimmt die Preissensibilität im Zeitverlauf zu.

Richtig ☐   *Falsch* ☐

Aufgabe 2.21: Informationsaufnahme

Markieren Sie, ob die folgenden Aussagen richtig oder falsch sind!

Die Informationsaufnahme zählt zu den aktivierenden Prozessen.   *Richtig* ☐   *Falsch* ☐

Meinungsführer aus dem sozialen Umfeld zählen zu den interessengebundenen Informationsquellen.   *Richtig* ☐   *Falsch* ☐

Zeitschriften von Testinstituten zählen zu den nicht-interessengebundenen Informationsquellen.   *Richtig* ☐   *Falsch* ☐

Beim Komplexitätsansatz wird Informationsbeschaffung als Strategie der Risikoreduzierung verstanden.   *Richtig* ☐   *Falsch* ☐

Nach dem allgemeinen Gedächtnismodell sucht der Verbraucher aktiv nach externen Informationen, wenn er den internen Informationsvorrat als unzureichend empfindet.

Richtig ☐   *Falsch* ☐

Aufgabe 2.22: Ablauf einer Kaufentscheidung

Bringen Sie die Markensets in die Reihenfolge, wie sie der Konsument gedanklich ordnet, wenn er ein Produkt kaufen möchte!

Awareness Set, Available Set, Evoked Set, Processed Set

(1)   ....

(2)   ....

(3)   ....

(4)   ....

Aufgabe 2.23: Informationsverarbeitung und Kaufentscheidungsregeln

Markieren Sie, ob die folgenden Aussagen richtig oder falsch sind!

Bei der Informationsverarbeitung wird zwischen interner und externer Informationsverarbeitung unterschieden.   *Richtig* ☐   *Falsch* ☐

Heuristiken sind vereinfachende Regeln, die es dem Verbraucher erleichtern sollen, zu einem Qualitätsurteil zu gelangen.   *Richtig* ☐   *Falsch* ☐

Die nicht-kompensatorischen Heuristiken basieren auf der Annahme, dass negative durch positive Eigenschaften eines Produkts ausgeglichen werden können. *Richtig* ☐   *Falsch* ☐

Zu den nicht-kompensatorischen Heuristiken zählen das Auswahlmodell und das Beurteilungsmodell.   *Richtig* ☐   *Falsch* ☐

Bei den nicht-kompensatorischen Regeln kann eine attributspezifische Schwäche bereits dazu führen, dass ein Produkt aussortiert wird.   *Richtig* ☐   *Falsch* ☐

Gemäß der Attribut-Dominanzregel werden die Produkte paarweise nach relevanten Eigenschaften miteinander verglichen und letztlich das Produkt ausgewählt, welches am häufigsten besser abschneidet.   *Richtig* ☐   *Falsch* ☐

Aufgabe 2.24: Kognitive Beurteilungsprogramme zur Reduktion des psychischen Aufwands bei der Entscheidungsfindung

Ordnen Sie die folgenden Beurteilungsprogramme den jeweiligen Aussagen zu!

Attributdominanz, Halo-Effekt, Irradiation, Selektivität

- ....: Das gesamte Image eines Produkts wird von der Wahrnehmung eines Merkmals bestimmt. Hierbei handelt es sich um sog. Schlüsselinformationen wie Markenname, Preis oder Urteil der *Stiftung Warentest*.

- ....: Ein bereits gefälltes Urteil strahlt auf sämtliche Eigenschaften des Produkts aus.

- ....: Hierbei wird die Wahrnehmung dahingehend verzerrt, dass ein Attribut (z. B. die Farbe eines Lebensmittels) auf ein anderes (z. B. den vermuteten Geschmack) ausstrahlt.

- ....: Konsumenten ignorieren ihnen unwichtige Reize automatisch.

Aufgabe 2.25: Informationsspeicherung

Markieren Sie, ob die folgenden Aussagen richtig oder falsch sind!

Unter Lernen versteht man eine relativ kurzfristig andauernde Verhaltensänderung als Ergebnis von Erfahrungen und Beobachtung.   *Richtig* ☐   *Falsch* ☐

Dem Lernen kommt insbesondere bei extensiven und impulsiven Kaufentscheidungen eine zentrale Rolle zu.   *Richtig* ☐   *Falsch* ☐

Die Kapazität des sensorischen Speichers ist sehr groß, seine Speicherdauer hingegen nur sehr gering.   *Richtig* ☐   *Falsch* ☐

Da die Kapazität des sensorischen Speichers sehr beschränkt ist, werden die Informationen schließlich gelöscht oder in den Langzeitspeicher übertragen.   *Richtig* ☐   *Falsch* ☐

Im Langzeitspeicher werden die Reize entschlüsselt, interpretiert und organisiert.   *Richtig* ☐   *Falsch* ☐

1.2.2   Lösungen

Lösungen Aufgabe 2.1: Arten von Kaufentscheidungen

Falsch, Falsch, Richtig, Falsch, Falsch, Richtig, Richtig, Falsch, Falsch, Richtig, Falsch, Falsch, Richtig

Lösungen Aufgabe 2.2: Extensive, habituelle, limitierte und impulsive Kaufentscheidungen

- Extensive Kaufentscheidung: … *Anschaffung einer Ferienwohnung …*

- Limitierte Kaufentscheidung: … *Sportschuhe …*

- Habituelle Kaufentscheidung: … *Bier/Limonade …*

- Impulsive Kaufentscheidung: … *Geldbeutel aus einer Schüttplatzierung …*

Lösungen Aufgabe 2.3: Convenience, Shopping und Speciality Goods

Falsch, Richtig, Richtig, Falsch, Richtig, Richtig, Falsch, Falsch, Richtig, Richtig, Falsch

Lösungen Aufgabe 2.4: Eigenschaften von Convenience, Shopping und Speciality Goods

- Convenience Goods: … *(1) geringer Beschaffungsaufwand, (2) geringes Involvement, (3) gute Produktkenntnis, (5) niedriger Anschaffungspreis …*

- Shopping Goods : … *(4) mittleres finanzielles Risiko, (9) unklare Vorstellung vom Produkt …*

- Speciality Goods: … *(6) sehr hohes finanzielles Risiko, (7) starkes Informationsbedürfnis, (8) starkes Interesse …*

Lösungen Aufgabe 2.5: Low-, High- und Medium-Involvement-Kaufentscheidungen

Richtig, Richtig, Falsch, Falsch, Richtig, Richtig, Falsch, Falsch, Richtig, Falsch

Lösungen Aufgabe 2.6: Behaviorismus und Neobehaviorismus

Falsch, Richtig, Richtig, Falsch, Falsch, Richtig, Richtig, Richtig, Falsch, Richtig

Lösungen Aufgabe 2.7: SR- und SOR-Modelle

Falsch, Richtig, Falsch, Falsch, Falsch, Richtig, Falsch, Falsch, Richtig, Richtig, Falsch, Falsch, Falsch, Richtig

Lösungen Aufgabe 2.8: SOR-Modelle

- Stimulus: ... *(1) Bedingungen am Point-of-Sale, (2) besondere Produkteigenschaften, (3) Bezugsgruppen, (6) Informationen aus dem sozialen Umfeld, (10) Jahreszeit, (12) Kultur, (14) Mund-zu-Mund-Werbung, (15) Preise, (16) Serviceleistungen, (17) soziale Schicht, (18) Subkultur, (19) Verkaufsförderung, (20) Warenplatzierung, (21) Werbung, (22) Wetter ...*

- Organismus: ... *(4) Einstellung, (5) Emotion, (7) Informationsaufnahme, (8) Informationsspeicherung, (9) Informationsverarbeitung, (13) Motiv, (23) Zufriedenheit ...*

- Response: ... *(11) Kauf, (14) Mund-zu-Mund-Werbung ...*

Lösungen Aufgabe 2.9: Das Modell zur Erklärung des Konsumentenverhaltens von *Howard* und *Sheth*

Falsch, Falsch, Richtig, Richtig, Falsch, Falsch, Falsch, Richtig, Falsch, Richtig, Falsch

Lösung Aufgabe 2.10: Das Modell zur Erklärung des Konsumentenverhaltens von *Blackwell/Engel/Miniard*

Richtig, Falsch, Falsch, Falsch, Falsch, Richtig, Falsch

Lösungen Aufgabe 2.11: Ausgewählte Theorien des Konsumentenverhaltens

- Theorien des intrapersonalen Gleichgewichts: ... *(2) Assimilations-Kontrast-Theorie, (4) Kontrasttheorien, (6) Risikotheorie, (8) Theorie der kognitiven Dissonanz ...*

- Theorien der interpersonellen Austauschbeziehung: ... *(3) Equity- bzw. Gerechtigkeits-Theorie, (7) Soziale Austauschtheorie ...*

- Theorien der Verhaltensbeurteilung: ... *(1) Attributionstheorien, (5) Lerntheorien ...*

Lösungen Aufgabe 2.12: Theorien des Konsumentenverhaltens

Falsch, Richtig, Falsch, Richtig, Falsch, Falsch, Richtig, Richtig, Falsch, Falsch, Richtig, Richtig, Richtig, Falsch, Falsch, Richtig, Richtig, Richtig, Falsch, Richtig, Falsch, Falsch, Falsch, Richtig, Richtig, Falsch, Richtig, Richtig, Falsch, Falsch, Richtig, Richtig, Falsch, Falsch, Richtig, Falsch, Richtig

Lösungen Aufgabe 2.13: Determinanten des Konsumentenverhaltens

- Anbieterbezogene Determinanten: ... *(9) Logo, (12) Rabatt, (15) Verkostung, (16) Warenplatzierung* ...

- Soziale Determinanten: ... *(1) Bezugsgruppen, (8) Kultur, (13) soziale Schicht, (14) Subkultur...*

- Situative Determinanten: ... *(7) Jahreszeit, (11) Out-of-Stock-Situation, (17) Wetter, (18) Zeitfaktor (= Dringlichkeit des Bedarfs), (20) Zweck des Erwerbs (= persönliche Nutzung des Produkts versus Geschenk)* ...

- Aktivierende Prozesse: ... *(2) Einstellung, (3) Emotion, (10) Motivation,(19) Zufriedenheit* ...

- Kognitive Prozesse: ... *(4) Informationsaufnahme, (5) Informationsspeicherung, (6) Informationsverarbeitung* ...

Lösungen Aufgabe 2.14: Stufenmodell aktivierender Prozesse

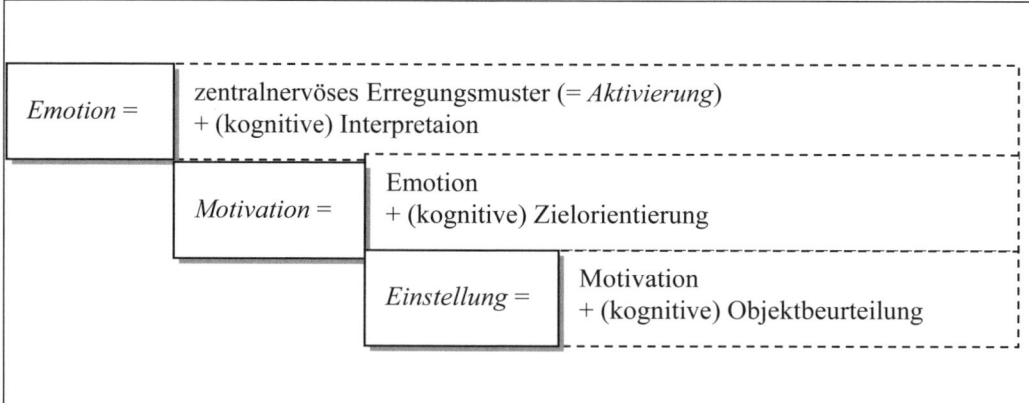

Lösungen Aufgabe 2.15: Aktivierende Prozesse

Richtig, Falsch, Falsch, Falsch, Falsch, Richtig

Lösungen Aufgabe 2.16: Emotion

Falsch, Richtig, Richtig, Falsch, Richtig, Falsch

Lösungen Aufgabe 2.17: Motivation

Falsch, Falsch, Richtig, Richtig, Falsch, Falsch

Lösungen Aufgabe 2.18: Konflikte zwischen Motiven

- … *Appetenz-Aversions-Konflikt* …: Der Zielzustand, der die Befriedigung eines Motivs ermöglicht, verhindert die Befriedigung eines anderen Motivs.

- … *Appetenz-Appetenz-Konflikt* …: Zwei Motive mit unterschiedlicher Handlungsorientierung und gleicher Intensität werden aktiviert.

- … *Aversions-Aversions-Konflikt* …: Der Konsument muss sich zwischen zwei ungeliebten Optionen entscheiden.

Lösungen Aufgabe 2.19: Einstellungen

E-V-Hypothese: Einstellungen bestimmen das Verhalten. In der Empirie konnte jedoch lediglich ein unbefriedigender Einstellungs-Verhaltens-Zusammenhang festgestellt werden, was sich am Beispiel des Umweltschutzes unmittelbar nachvollziehen lässt. In Untersuchungen bekundet die weit überwiegende Mehrzahl der Befragten immer wieder, wie wichtig ihnen Umweltschutz sei. Das ökologische Verhalten dieser Menschen (etwa Mülltrennung, Nutzung öffentlicher Verkehrsmittel, Kauf ökologischer Produkte) sieht im Regelfall jedoch eher entgegengesetzt aus.

Als wesentliche Gründe für den unzureichenden Zusammenhang zwischen Einstellung und Verhalten können genannt werden:

- *Spezifitätsproblematik
Beispielsweise kann ein Verbraucher generell eine positive Einstellung zu Wein bekunden, trotzdem wird er im spezifischen Fall einen pfälzischen Wein nicht konsumieren.*

- *Nichtberücksichtigung sozialer Faktoren
Soziale Normen und Erwartungen stehen nicht immer mit den persönlichen Einstellungen im Einklang. Hierdurch kann es zu Abweichungen von dem Verhalten kommen, welches aufgrund der Einstellungen eines Menschen erwartet wird. Beispielsweise bevorzugt ein*

Mitarbeiter legere Kleidung, muss jedoch aufgrund bestehender Regeln im Büro Anzug und Krawatte tragen.

- *Nichtberücksichtigung situativer Faktoren*
  Sonderangebote, beschränkte Verfügbarkeit, Verkaufsförderung am Point-of-Sale können das ursprünglich mit der Einstellung konforme Verhalten modifizieren.

- *Nichtberücksichtigung psychologischer Faktoren*
  Das Konstrukt Einstellung berücksichtigt bestimmte Determinanten des Verhaltens wie Aufmerksamkeit, intellektuelles Niveau, Lernfähigkeit, Erfahrung etc. nicht oder allenfalls unzureichend.

- *Restriktionen*
  Budgetrestriktionen („Zu wenig Geld, um einen positiv eingeschätzten Porsche zu kaufen") und/oder gesetzliche Verbote (z. B. Kauf von Drogen) verhindern, dass Einstellungen in Verhalten umgesetzt werden können.

- *Informationsverlust durch Operationalisierung*
  Bei der Messung von Einstellungen sind Vereinfachungen erforderlich, wodurch ein Informationsverlust entsteht. Außerdem werden im Regelfall nur einzelne Einstellungen gemessen, deren interaktive Verknüpfung hingegen wird nicht selten vernachlässigt.

Bezüglich der E-V-Hypothese konnten Fazio/Zanna nachweisen, dass Einstellung und Kaufverhalten positiv korrelieren, wenn:

- *er seine Entscheidung bewusst gedanklich steuert (so bei extensiven und limitierten Entscheidungen),*

- *der Konsument bei seiner Kaufentscheidung hoch involviert ist (sog. High-Involvement-Entscheidung),*

- *die gemessene Einstellung und das Verhalten den gleichen Allgemeinheitsgrad aufweisen (Korrespondenzhypothese) und/oder*

- *die Einstellung auf Erfahrung basiert, gedanklich hoch verfügbar und stabil ist.*

Vor dem Hintergrund der skizzierten Unzulänglichkeiten plädieren die Kritiker der Einstellungs-Verhaltens-Hypothese auf einen Verzicht des Einstellungsbegriffs zugunsten des Konstrukts Kaufabsicht.

Lösungen Aufgabe 2.20: Zufriedenheit

Falsch, Richtig, Falsch, Richtig, Falsch, Falsch

Lösungen Aufgabe 2.21: Informationsaufnahme

Falsch, Falsch, Richtig, Falsch, Richtig

Lösungen Aufgabe 2.22: Ablauf einer Kaufentscheidung

(1) Available Set, (2) Awareness Set, (3) Processed Set, (4) Evoked Set

Lösungen Aufgabe 2.23: Informationsverarbeitung und Kaufentscheidungsregeln

Falsch, Richtig, Falsch, Falsch, Richtig, Richtig

Lösungen Aufgabe 2.24: Kognitive Beurteilungsprogramme zur Reduktion des psychischen Aufwands bei der Entscheidungsfindung

- ... *Attributdominanz* ...: Das gesamte Image eines Produkts wird von der Wahrnehmung eines Merkmals bestimmt. Hierbei handelt es sich um sog. Schlüsselinformationen wie Markenname, Preis oder Urteil der *Stiftung Warentest*.

- ... *Halo-Effekt* ...: Ein bereits gefälltes Urteil strahlt auf sämtliche Eigenschaften des Produkts aus.

- ... *Irradiation* ...: Hierbei wird die Wahrnehmung dahingehend verzerrt, dass ein Attribut (z. B. die Farbe eines Lebensmittels) auf ein anderes (z. B. der vermutete Geschmack) ausstrahlt.

- ... *Selektivität* ...: Konsumenten ignorieren ihnen unwichtige Reize automatisch.

Lösungen Aufgabe 2.25: Informationsspeicherung

Falsch, Falsch, Richtig, Falsch, Falsch

1.3   Verhalten gewerblicher Käufer

Die folgenden Übungsaufgaben beziehen sich auf **Kapitel 3: Verhalten gewerblicher Abnehmer**. Dieses Kapitel vermittelt,:

- welche generellen und spezifischen Besonderheiten das organisationale Beschaffungsverhalten aufweist,
- welche Typen organisationaler Kaufentscheidungen sich identifizieren lassen und
- wie sich organisationales Beschaffungsverhalten theoretisch erklären lässt.

1.3.1   Aufgaben

Aufgabe 3.1: Generelle Besonderheiten des organisationalen Beschaffungsverhaltens

Markieren Sie, ob die folgenden Aussagen richtig oder falsch sind!

Geschäftliche Transaktionen sind häufig sehr komplex und nehmen ein finanzielles Ausmaß an, was dazu führt, dass an ihnen i. d. R. mehrere Personen aus verschiedenen Bereichen des Unternehmens mit unterschiedlichen Interessen teilnehmen.   *Richtig* ☐   *Falsch* ☐

Organisationale Käufe sind immer Kollektiventscheidungen.   *Richtig* ☐   *Falsch* ☐

Ablauf und Inhalt der Phasen einer organisationalen Kaufentscheidung sind i. d. R. formal festgelegt.   *Richtig* ☐   *Falsch* ☐

Der organisationale Kaufentscheidungsprozess ist im Vergleich zu den Entscheidungen privater Haushalte im Regelfall stärker emotional geprägt, läuft aber in keinem Fall ohne rationale Erwägungen ab.   *Richtig* ☐   *Falsch* ☐

Verkäufer und Käufer im B2B-Bereich unterscheiden sich hinsichtlich Informationsstand und Professionalität im Regelfall weniger als im B2C-Bereich.   *Richtig* ☐   *Falsch* ☐

Im B2B- und B2G-Bereich kommt dem Transaktionsmarketing eine zentrale Rolle zu.
          Richtig ☐   *Falsch* ☐

Aufgabe 3.2: Strukturelle Unterschiede zwischen Investitionsgüter- und Konsumgütermärkten

Ordnen Sie die folgenden Begriffe den jeweiligen Märkten zu!

Auftragsfertigung, Bedarfsträger nicht einzeln bekannt, derivativer Bedarf, formalisierte Entscheidungsfindung, geringes Informationsbedürfnis, keine direkte Hersteller-Kunden-Beziehung, Massenfertigung, originärer Bedarf

- Investitionsgütermarkt (z. B. Produktionsanlage):

  ....

  ....

- Konsumgütermarkt (z. B. Schokoriegel):

  ....

  ....

Aufgabe 3.3: Spezifische Besonderheiten des organisationalen Beschaffungsverhaltens

Markieren Sie, ob die folgenden Aussagen richtig oder falsch sind!

Die Kaufentscheidung von Industrieunternehmen zeichnet sich im Regelfall durch hohe Bedarfsspezialisierung und damit eine unpräzise Vorstellung über das zu erwerbende Produkt bzw. die gewünschte Dienstleistung aus.   *Richtig* ☐   *Falsch* ☐

Eingeschränktes Planungs- sowie Informationsverhalten und damit begrenzte Kaufentscheidungsprozesse sind typisch für die Kaufentscheidungen von Industrieunternehmen.
                                                               Richtig ☐   *Falsch* ☐

Am Entscheidungsprozess zum Erwerb von Investitionsgütern sind im Regelfall kaufmännische und technische Spezialisten beteiligt, was ein erhebliches Konfliktpotential in sich birgt.
                                                               Richtig ☐   *Falsch* ☐

Bei der Beschaffungsentscheidung von Handelsunternehmen handelt es sich grundsätzlich um einen extensiven Prozess, der durch regelmäßige Sortimentskontrollen abgesichert wird.
                                                               Richtig ☐   *Falsch* ☐

Habitualisierte Entscheidungsprozesse fallen im Handel bei der Aufnahme neuer Produkte (= Neulistung) bzw. Eliminierung vorhandener Produkte (= Auslistung) sowie beim Erwerb von Investitionsgütern an.   *Richtig* ☐   *Falsch* ☐

Die Entscheidungsfindung bei der Listung neuer Produkte verlagert sich zunehmend zu den Filialen des Handels.   *Richtig* ☐   *Falsch* ☐

Infolge der zunehmenden Bedeutung des sog. Push-Effekts dominieren bei Einkaufsentscheidungen des Handels zunehmend die Vertriebsexperten.   *Richtig* ☐   *Falsch* ☐

Insgesamt werden die Entscheidungen im Handel vergleichsweise schnell getroffen, da mit ihnen „weichere" Konsequenzen als bei Industrieunternehmen verbunden sind.

Richtig ☐   *Falsch* ☐

Handelsunternehmen können das Risiko einer Fehlentscheidung durch die Bestellung großer Mengen verringern.   *Richtig* ☐   *Falsch* ☐

Bei der Ausschreibung erstellen die Anbieter ein sog. Leistungsverzeichnis, in dem die angebotene Leistung genau spezifiziert wird.   *Richtig* ☐   *Falsch* ☐

Ein zentrales Merkmal von Ausschreibungen ist, dass sie immer öffentlich stattfinden.

Richtig ☐   *Falsch* ☐

Bei der öffentlichen Ausschreibung erhält grundsätzlich das Unternehmen den Zuschlag, welches das preisgünstigste Angebot unterbreitet hat.   *Richtig* ☐   *Falsch* ☐

Die Ausschreibung ist ein Instrument, das im Sinne des Niederstwertprinzips, dem Öffentliche Einrichtungen unterliegen, den Wettbewerb unter den Anbietern einschränkt.

Richtig ☐   *Falsch* ☐

Aufgabe 3.4: Typen organisationaler Kaufentscheidungen

Ordnen Sie die folgenden Kaufsituationen aus dem B2B-Bereich den jeweiligen Kaufentscheidungen zu!

Erwerb einer neuen EDV-Anlage, Nachbestellung bereits gelisteter Ware, Umstellung von manuellem Kassiersystem auf Scanner-Kasse

*   Erstkauf: ....

*   Modifizierter Wiederholungskauf: ....

*   Reiner Wiederholungskauf: ....

Aufgabe 3.5: Typen organisationaler Kaufentscheidungen

Markieren Sie, ob die folgenden Aussagen richtig oder falsch sind!

Eine extensive Kaufentscheidung bei privaten Haushalten hat ähnliche Merkmale wie ein modifizierter Wiederholungskauf bei Unternehmen.   *Richtig* ☐   *Falsch* ☐

Reine Wiederholungskäufe bei Organisationen entsprechen habitualisierten Kaufentscheidungen bei privaten Haushalten.   *Richtig* ☐   *Falsch* ☐

Reine Wiederholungskäufe sind eher unkomplizierte Entscheidungen für das Einkaufsgremium, da Gate-Keeper, User, Decider, Influencer und Approver nur noch in begrenztem Maße tätig werden müssen. *Richtig* ☐ *Falsch* ☐

Der modifizierte Wiederholungskauf von Unternehmen entspricht einer limitierten Kaufentscheidung von privaten Haushalten, d. h. eine ähnliche Situation war bereits vorhanden. *Richtig* ☐ *Falsch* ☐

Aufgabe 3.6: Erklärungsansätze des organisationalen Beschaffungsverhaltens

Markieren Sie, ob die folgenden Aussagen richtig oder falsch sind!

Der Organisationale Ansatz beschäftigt sich mit dem Einfluss der Eigenschaften von Verkäufern und Käufern. *Richtig* ☐ *Falsch* ☐

Matching-Studien gehen davon aus, dass eine Transaktion dann erfolgreich verläuft, wenn sich Käufer und Verkäufer bezüglich ökonomischer, sozialer, psychischer und physischer Merkmale ähnlich sind. *Richtig* ☐ *Falsch* ☐

Der Organisationale Ansatz fokussiert auf die Rollen, welche die Personen im Buying-Center (= Einkaufsgremium) und im Selling-Center (= Verkaufsgremien) einnehmen. *Richtig* ☐ *Falsch* ☐

Beim Strukturellen Ansatz werden Aspekte der Aufbau-, nicht aber der Ablauforganisation in die Analyse einbezogen. *Richtig* ☐ *Falsch* ☐

Der Prozessuale Ansatz analysiert die Phasen des Transaktionsprozesses sowie den Aufbau von Geschäftsbeziehungen. *Richtig* ☐ *Falsch* ☐

Der Prozessuale Ansatz nimmt eine statische Perspektive ein. *Richtig* ☐ *Falsch* ☐

Bei den Monoorganisationalen Ansätzen bleiben die Interaktionsprozesse zwischen Anbieter und Nachfrager außen vor. *Richtig* ☐ *Falsch* ☐

Totalmodelle zielen darauf ab, sämtliche Faktoren, welche die organisationale Kaufentscheidung beeinflussen, zu erfassen und zu analysieren. *Richtig* ☐ *Falsch* ☐

Aufgabe 3.7: Das Promotoren-Opponenten-Modell

Markieren Sie, ob die folgenden Aussagen richtig oder falsch sind!

Beim Promotoren-Opponenten-Modell handelt es sich um ein Monoorganisationales Partialmodell. *Richtig* ☐ *Falsch* ☐

Während die Opponenten einen Erstkauf unterstützen und damit eine Veränderung fördern, handelt es sich bei den Promotoren um Mitarbeiter, welche einen solchen Wandel verhindern, verzögern oder zumindest nur teilweise akzeptieren wollen. *Richtig* ☐ *Falsch* ☐

Machtopponenten behindern Entscheidungen aufgrund ihrer hierarchischen Position.

Richtig ☐   *Falsch* ☐

Machtpromotoren nehmen eine hohe hierarchische Position im Unternehmen ein.

Richtig ☐   *Falsch* ☐

Machtpromotoren fokussieren sich bei ihrer Entscheidungsfindung weniger auf die Konsequenzen der Entscheidung für das Unternehmen als Ganzes als vielmehr auf technisch-organisatorische Details.   *Richtig* ☐   *Falsch* ☐

Fachpromotoren verfügen über eine von der Hierarchie unabhängige Fachautorität.

Richtig ☐   *Falsch* ☐

Die Prozessopponenten schließlich sind für die administrativen Abläufe zuständig, d. h. sie sorgen dafür, dass Entscheidungen in einer Organisation durchgesetzt werden.

Richtig ☐   *Falsch* ☐

Fachpromotoren sind mit den formalen und informellen unternehmensinternen Prozessen sehr vertraut.   *Richtig* ☐   *Falsch* ☐

Aufgabe 3.8: Das *Webster-Wind*-Modell

Markieren Sie, ob die folgenden Aussagen richtig oder falsch sind!

Das Modell von *Webster/Wind* ist den Multiorganisationalen Totalmodellen zuzurechnen.

Richtig ☐   *Falsch* ☐

Lieferanten, Abnehmer und Konkurrenten zählen zur Makro-Umwelt des Unternehmens.

Richtig ☐   *Falsch* ☐

Als Buying-Center bezeichnet man die Gruppe von Personen innerhalb einer Organisation, die für die Beschaffung zuständig ist.   *Richtig* ☐   *Falsch* ☐

Auf der Ebene der interpersonellen Faktoren gilt es, die psychologischen Merkmale des Einkäufers zu ergründen.   *Richtig* ☐   *Falsch* ☐

Das *Webster/Wind*-Modell unterscheidet zwischen Task-, welche die Beschaffungsentscheidung beeinflussen, und Non-Task-Variablen, die keinen Einfluss ausüben.

Richtig ☐   *Falsch* ☐

Eine zentrale Schwäche des *Webster/Wind*-Modells liegt darin, dass es keinen wesentlichen Beitrag zur Systematisierung der Vielzahl zu berücksichtigter Determinanten der organisationalen Beschaffungsentscheidung leistet.   *Richtig* ☐   *Falsch* ☐

Beim Ansatz von *Webster/Wind* handelt es sich um ein deterministisches Modell.

Richtig ☐   *Falsch* ☐

Aufgabe 3.9: Mitglieder des Buying-Center

Benennen Sie die Rollen der folgenden Personen im Buying-Center!

* Aufsichtsrat = ...

* Assistent der Geschäftsleitung = ...

* Chefeinkäufer = ...

* Externe Berater = ...

* Geschäftsführer = ...

* Interne Unternehmensberatung = ...

* Nutzer = ...

1.3.2   Lösungen

Lösungen Aufgabe 3.1: Generelle Besonderheiten des organisationalen Beschaffungs-verhaltens

Richtig, Falsch, Richtig, Falsch, Richtig, Falsch

Lösungen Aufgabe 3.2: Strukturelle Unterschiede zwischen Investitionsgüter- und Konsumgütermärkten

- Investitionsgütermarkt (z. B. Produktionsanlage): *… Auftragsfertigung, derivativer Bedarf, formalisierte Entscheidungsfindung …*

- Konsumgütermarkt (z. B. Schokoriegel): *… Bedarfsträger nicht einzeln bekannt, geringes Informationsbedürfnis, keine direkte Hersteller-Kunden-Beziehung, Massenfertigung, originärer Bedarf …*

Lösungen Aufgabe 3.3: Spezifische Besonderheiten des organisationalen Beschaffungs-verhaltens

Falsch, Falsch, Richtig, Falsch, Falsch, Falsch, Falsch, Richtig, Falsch, Falsch, Falsch, Richtig, Falsch

Lösungen Aufgabe 3.4: Typen organisationaler Kaufentscheidungen

- Erstkauf: *… Umstellung von manuellem Kassiersystem auf Scanner-Kasse …*

- Modifizierter Wiederholungskauf: *… Erwerb einer neuen EDV-Anlage …*

- Reiner Wiederholungskauf: *… Nachbestellung bereits gelisteter Ware …*

Lösungen Aufgabe 3.5: Typen organisationaler Kaufentscheidungen

Falsch, Richtig, Richtig, Richtig

Lösungen Aufgabe 3.6: Erklärungsansätze des organisationalen Beschaffungsverhaltens

Falsch, Richtig, Richtig, Falsch, Richtig, Falsch, Richtig, Richtig

Lösungen Aufgabe 3.7: Das Promotoren-Opponenten-Modell

Richtig, Falsch, Falsch, Richtig, Falsch, Richtig, Falsch, Falsch

Lösungen Aufgabe 3.8: Das Webster-Wind-Modell

Falsch, Falsch, Richtig, Falsch, Falsch, Falsch, Falsch

Lösungen Aufgabe 3.9: Mitglieder des Buying-Center

- Aufsichtsrat = … *Approver* …

- Assistent der Geschäftsleitung = … *Gate-Keeper* …

- Chefeinkäufer = … *Buyer* …

- Externe Berater = … *Influencer* …

- Geschäftsführer = … *Decider* …

- Interne Unternehmensberatung = … *Influencer* …

- Nutzer = … *User* …

1.4   Marketing-Forschung

Die folgenden Übungsaufgaben beziehen sich auf **Kapitel 4: Marketing-Forschung**. Dieses Kapitel vermittelt,:

- was man unter Marketing-Forschung versteht,
- mit welchen Objekten sich die Marketing-Forschung beschäftigt,
- was Charakteristika sowie Stärken und Schwächen von Fremd- und Eigenforschung sowie von Sekundär- und Primärforschung sind,
- wie eine empirische Erhebung idealtypisch ablaufen muss, wobei detailliert auf Messung, Stichprobenziehung, Datengewinnung, Feldphase sowie Datenanalyse eingegangen wird, und
- was eine Prognose ist und welche Varianten existieren.

1.4.1   Aufgaben

Aufgabe 4.1: Marketing-Forschung versus Marktforschung

Füllen Sie die Lücken in der folgenden Tabelle mit den passenden Begriffen aus.

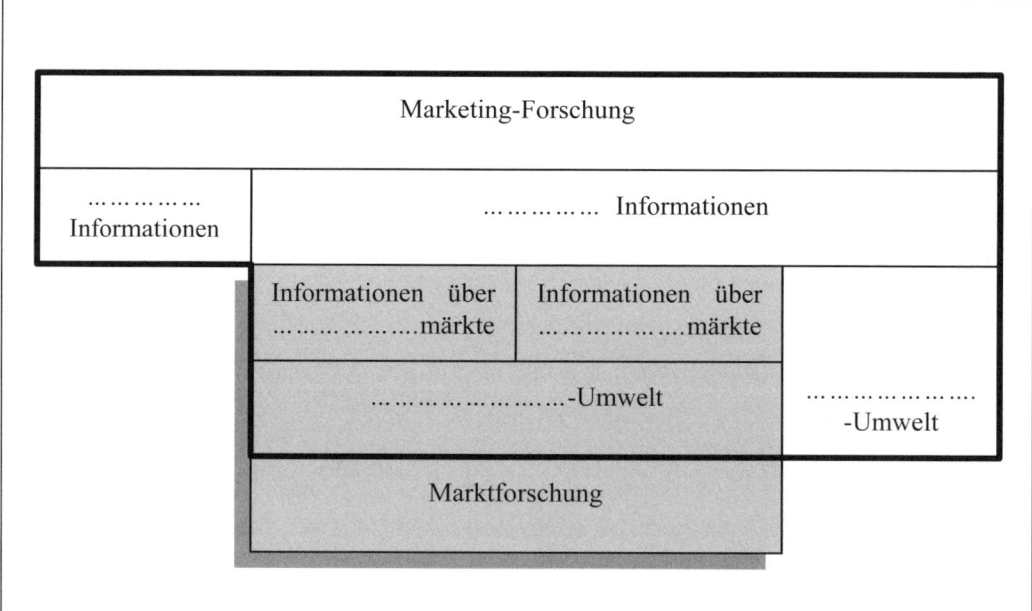

Aufgabe 4.2: Marketing- vs. Marktforschung

Markieren Sie, ob die folgenden Aussagen richtig oder falsch sind!

Marktforschung und Marketing-Forschung sind Synonyme.   *Richtig* ☐   *Falsch* ☐

Die Marketing-Forschung umfasst ein weiteres Aufgabenfeld als die Marktforschung.

Richtig ☐   *Falsch* ☐

Die Marktforschung hat zur Aufgabe, Informationen über die Mikro- und Makro-Umwelt eines Unternehmens zu gewinnen und auszuwerten.   *Richtig* ☐   *Falsch* ☐

Die Marketing-Forschung bedient sich auch unternehmensinterner Informationen.

Richtig ☐   *Falsch* ☐

Marketing-Forschung bezeichnet den systematischen Prozess der Sammlung und Auswertung von Informationen über Beschaffungs- und Absatzmärkte und die Makro-Umwelt des Unternehmens sowie den Innenbereich des Unternehmens als Grundlage für Marketing-Entscheidungen.   *Richtig* ☐   *Falsch* ☐

Sowohl die Marketing- als auch die Marktforschung ziehen ausschließlich die Absatzseite eines Unternehmens in Betracht.   *Richtig* ☐   *Falsch* ☐

Die explorative Komponente der Marketing-Forschung umfasst die Aufdeckung von Ursache-Wirkungs-Zusammenhängen zwischen Variablen.   *Richtig* ☐   *Falsch* ☐

Die normative Komponente der Marketing-Forschung besteht aus der Entwicklung von Gestaltungsempfehlungen.   *Richtig* ☐   *Falsch* ☐

Aufgabe 4.3: Typen von Studien

Füllen Sie die Lücken im Text mit den entsprechenden Begriffen aus.

- .... Studien dienen dazu, ein Problem zu erkennen und zu strukturieren.

- .... Studien sollen ein Problem systematisch erfassen und beschreiben.

- .... Studien unterstützen darin, Ursache/Wirkungsbeziehungen zu erkennen.

- .... Studien dienen der Entwicklung von Gestaltungsempfehlungen.

Aufgabe 4.4: Mikro- versus Makro-Umwelt

Markieren Sie, ob die folgenden Aussagen richtig oder falsch sind!

Die Kunden gehören zur Mikro-Umwelt des Unternehmens.   *Richtig* ☐   *Falsch* ☐

Die Konkurrenten und der Handel gehören zur Makro-Umwelt des Unternehmens.

Richtig ☐   *Falsch* ☐

Rahmenbedingungen wie Konjunktur, langfristiges Wachstum und Volkseinkommen zählen zur sozio-kulturellen Komponente der Unternehmensumwelt.   *Richtig* ☐   *Falsch* ☐

Wenn Unternehmen ihre Makro-Umwelt berücksichtigen, beziehen sie auch die physische und die politisch-rechtliche Umwelt ein.   *Richtig* ☐   *Falsch* ☐

Die Makro-Umwelt setzt sich aus allen Bereichen zusammen, die zwar den Erfolg eines Unternehmens tangieren, von diesem selbst aber nicht oder nur in vernachlässigbarem Ausmaß beeinflusst werden können.   *Richtig* ☐   *Falsch* ☐

Die technologische Komponente der Makro-Umwelt umfasst die Bereiche der Prozess-, Produkt- und Sozialinnovationen.   *Richtig* ☐   *Falsch* ☐

Zur Mikro-Umwelt eines Unternehmens gehören die Absatzhelfer, nicht aber die Absatzmittler.   *Richtig* ☐   *Falsch* ☐

Im Innenbereich fällt der Marketing-Forschung die Aufgabe zu, Informationen über andere Unternehmen zu gewinnen.   *Richtig* ☐   *Falsch* ☐

Im Zuge einer Chancen-Risiken-Analyse werden die Ressourcen eines Unternehmens in Relation zu den bzw. dem wichtigsten Konkurrenten untersucht und bewertet.

Richtig ☐   *Falsch* ☐

Die Befunde der Stärken/Schwächen- und Chancen/Risiko-Analyse können in einer Key-Issue-Matrix zusammengeführt werden.   *Richtig* ☐   *Falsch* ☐

SWOT-Analyse steht für Strengths, Weaknesses, Opinions, Threats.   *Richtig* ☐   *Falsch* ☐

Aufgabe 4.5: Aufbau einer Key-Issue-Matrix

Füllen Sie die Lücken in der folgenden Matrix mit den passenden Begriffen aus.

	....	....
Marktchancen	....	....
....	....	Meiden

Aufgabe 4.6: Fremd- versus Eigenforschung

Markieren Sie, ob die folgenden Aussagen richtig oder falsch sind!

Eigenforschung ist grundsätzlich kostengünstiger als Fremdforschung. *Richtig* ☐   *Falsch* ☐

Für die Fremdforschung sprechen die im Vergleich zur Eigenforschung größere Vertrautheit mit dem Problem sowie die höhere Diskretion über die Untersuchungsergebnisse.

Richtig ☐   *Falsch* ☐

Für die Eigenforschung spricht der uneingeschränkte Verbleib der Kenntnisse, Forschungserfahrungen und Erste-Hand-Erfahrungen im eigenen Unternehmen.   *Richtig* ☐   *Falsch* ☐

Eigenforschung empfiehlt sich insbesondere bei der Ermittlung von Primärdaten.

Richtig ☐   *Falsch* ☐

Bei der Eigenforschung verfügt die Geschäftsführung über größere Möglichkeiten, den Ablauf der Untersuchung zu beeinflussen und zu kontrollieren.   *Richtig* ☐   *Falsch* ☐

Die Einbindung in ein Forschungsprojekt bietet die Chance, den Mitarbeitern ein Job-Enrichment zu vermitteln.   *Richtig* ☐   *Falsch* ☐

Für die Fremdforschung sprechen die Möglichkeit, Betriebsblindheit der Forschenden zu vermeiden und aktuelles Fachwissen zu nutzen.   *Richtig* ☐   *Falsch* ☐

Wenn die Erforschung des Marktes von Marktforschungsinstituten durchgeführt wird, müssen Auswertung und Vorbereitung zur Entscheidungsfindung nicht mehr durch innerbetriebliche Stellen begleitet werden.   *Richtig* ☐   *Falsch* ☐

Feldinstitute haben sich darauf spezialisiert, Primärdaten zu erheben und auszuwerten.

Richtig ☐   *Falsch* ☐

Vollserviceanbieter offerieren neben der Datenerhebung auch eine Plausibilitätsprüfung sowie strukturierte Auswertungen mit den sich daraus ergebenden Empfehlungen für die endgültige Entscheidungsfindung.   *Richtig* ☐   *Falsch* ☐

Bestandteile des Research-Briefing sind u. a. die Formulierung des Problemhintergrundes der Marktforschungsstudie sowie die Verständigung über Budget und Zeitrahmen.

Richtig ☐   *Falsch* ☐

Action-Standards sind Maßnahmen, die je nach Befund eines Marktforschungsprojekts ins Auge gefasst werden.   *Richtig* ☐   *Falsch* ☐

Mit ihrem Zwischenbericht informieren die Vertreter des Marktforschungsinstituts über den Stand des Projekts, wobei sich zu diesem Zeitpunkt keine Möglichkeit mehr bietet, Korrekturen durchzuführen.   *Richtig* ☐   *Falsch* ☐

Die Vertreter des Marktforschungsinstituts überlassen es grundsätzlich dem Auftraggeber, zum Abschluss eines Projekts die Ergebnisse einer Studie auf wenige Kernaussagen zu verdichten.   *Richtig* ☐   *Falsch* ☐

Aufgabe 4.7: Primär- versus Sekundärforschung

Markieren Sie, ob die folgenden Aussagen richtig oder falsch sind!

Im Zuge der Primärforschung stehen hauptsächlich Befragung und Desk Research zur Verfügung.   *Richtig* □   *Falsch* □

Sekundärforschung beschränkt sich auf interne Informationsquellen.   *Richtig* □   *Falsch* □

Field Research bedeutet, Daten, die zuvor bereits für einen ähnlichen Zweck in einem Versuchsfeld erhoben wurden, nochmals auszuwerten,   *Richtig* □   *Falsch* □

Die Befragung ist im Marketing ein im Vergleich zu anderen Erhebungsmethoden unbedeutendes Verfahren zur Informationsgewinnung.   *Richtig* □   *Falsch* □

Im Zuge der Primärforschung wird auf bereits vorhandenes Datenmaterial zurückgegriffen.
                                                                                            Richtig □   *Falsch* □

Die Sekundärforschung hat die Beschaffung und Analyse neuer, bisher am Markt nicht bekannter Daten zum Gegenstand.   *Richtig* □   *Falsch* □

Als Vorteile der Sekundärforschung gelten die damit verbundene Zeit- und Kostenersparnis.
                                                                                            Richtig □   *Falsch* □

Ein Nachteil der Sekundärforschung liegt darin, dass die problemrelevanten Daten u. U. nicht oder nur in zu stark aggregierter Form verfügbar sind.   *Richtig* □   *Falsch* □

Sekundärinformationen sind zumeist quantitativer Natur.   *Richtig* □   *Falsch* □

Im Zuge der Primärforschung stellt sich das Problem, dass auch Konkurrenten auf diese externen Datenquellen zugreifen können.   *Richtig* □   *Falsch* □

Aufgabe 4.8: Hauptgütekriterien einer empirischen Untersuchung

Füllen Sie die Lücken im Text mit den entsprechenden Begriffen aus.

- .... charakterisiert das größtmögliche Ausschalten von Gefühlen, Vorurteilen und Wünschen, um so Ergebnisse wertfrei und damit unabhängig vom Beobachter zu erzielen.

- .... gibt an, inwieweit bei Wiederholung einer Untersuchung unter gleichen Rahmenbedingungen das gleiche Messergebnis erzielt würde.

- .... gibt an, ob und wie genau ein Verfahren tatsächlich das misst, was es messen will.

Aufgabe 4.9: Der Ablauf eines Marktforschungsprojekts

Bringen Sie die folgenden Phasen eines Marktforschungsprojekts in die idealtypische Reihenfolge!

Analyse der Daten; Bestimmung der Untersuchungsziele und der Zielgruppe; detaillierte Ausgestaltung des Untersuchungsansatzes; Dokumentation und Präsentation der Befunde; Durchführung der Untersuchung; explorative Voruntersuchung

(1) ....

(2) ....

(3) ....

(4) ....

(5) ....

(6) ....

Aufgabe 4.10: Messniveaus und Messwerteigenschaften

Benennen Sie die Messniveaus der folgenden Beispiele!

Beispiele	Messniveau
Geschlecht (männlich/weiblich)	....
Jahresumsatz	....
Marke X gefällt mir weniger gut als Marke Y.	....
Kalenderzeit ab Christi Geburt	....
Betriebstyp (Discounter/Verbrauchermarkt/Supermarkt)	....
Alter	....

Aufgabe 4.11: Messniveaus und Messwerteigenschaften

Ordnen Sie den folgenden Messwerteigenschaften die entsprechenden Messniveaus zu.

Beschreibung der Messwerteigenschaften	Messniveau
Absoluter Nullpunkt: Neben Abstandsbestimmung können auch Messwertverhältnisse berechnet werden.	....
Klassifikation: Die Messwerte zweier Untersuchungseinheiten sind identisch oder nicht identisch.	....
Rangordnung: Messwerte lassen sich auf einer Merkmalsdimension als kleiner/größer/gleich einordnen.	....
Rangordnung und Abstandsbestimmung: Die Abstände zwischen Messwerten können angegeben werden.	....

Aufgabe 4.12: Messniveaus und Informationsgehalt

Bringen Sie die Ihnen geläufigen Messniveaus bezüglich der Zunahme des Informationsgehaltes in eine Reihenfolge (Rang 1 = höchster Informationsgehalt, Rang 4 = niedrigster Informationsgehalt)!

Intervallniveau, Nominalniveau, Ordinalniveau, Rationiveau

(1) ....

(2) ....

(3) ....

(4) ....

Aufgabe 4.13: Messniveau

Markieren Sie, ob die folgenden Aussagen richtig oder falsch sind!

Je höher das Skalenniveau ist, desto größer ist der Informationsgehalt der betreffenden Daten und desto mehr Rechenoperationen sowie statistische Maße lassen sich auf die Daten anwenden.   *Richtig* ☐   *Falsch* ☐

Es ist generell möglich, Daten von einem niedrigeren auf ein höheres Skalenniveau zu transformieren. *Richtig* ☐ *Falsch* ☐

Die Transformation von Daten auf ein niedrigeres Skalenniveau geht mit einem Verlust an Information einher. *Richtig* ☐ *Falsch* ☐

Nominal-, Ordinal- und Intervallskala werden als nichtmetrische Skalen, die Ratioskala als metrische Skala bezeichnet. *Richtig* ☐ *Falsch* ☐

Der Einsatz einer Nominalskala stellt die einfachste Form des Messens dar.
Richtig ☐ *Falsch* ☐

Im Gegensatz zu nominalen Daten erlauben ordinale Daten Aussagen über Differenzen bzw. Abstände (z. B. großer versus kleiner Temperaturunterschied). *Richtig* ☐ *Falsch* ☐

Aufgrund der Fixierung des Nullpunktes besitzt bei verhältnisskalierten Daten nur der Quotient bzw. das Verhältnis (Ratio) Aussagekraft, nicht aber die Differenz. *Richtig* ☐ *Falsch* ☐

Infolge der Annahme gleicher Skalenabstände dürfen intervallskalierte Daten (etwa Temperatur in Grad Celsius) subtrahiert werden. *Richtig* ☐ *Falsch* ☐

Aufgabe 4.14: Nominalskala

Nur eine der folgenden Antworten ist richtig.

Bei der Nominalskala …

versucht man, semantisch gleiche Abstände zwischen den Antworten zu bilden.
Richtig ☐ *Falsch* ☐

gibt es einen „absoluten Nullpunkt". *Richtig* ☐ *Falsch* ☐

ist zwischen den einzelnen Antworten keine Abstufung möglich. *Richtig* ☐ *Falsch* ☐

handelt es sich um eine metrische Skala. *Richtig* ☐ *Falsch* ☐

Aufgabe 4.15: Stichprobenziehung

Markieren Sie, ob die folgenden Aussagen richtig oder falsch sind!

Die Grundgesamtheit ist die Gesamtmenge der Untersuchungseinheiten einer Stichprobe.
Richtig ☐ *Falsch* ☐

Eine Stichprobe ist dann repräsentativ, wenn alle untersuchungsrelevanten Merkmale der Erhebungseinheiten annähernd so wie in der Grundgesamtheit verteilt sind.
Richtig ☐ *Falsch* ☐

Eine Stichprobe ist repräsentativ, wenn alle Untersuchungsobjekte in der Grundgesamtheit und in der Stichprobe übereinstimmen.   *Richtig* ☐   *Falsch* ☐

Auf der Straße werden zufällig vorbeilaufende Passanten zu einem Thema befragt. Die so gewonnene Stichprobe nennt man Zufallsstichprobe.   *Richtig* ☐   *Falsch* ☐

Geringe Rücklaufquoten schränken die Repräsentativität von Fragebogenerhebungen ein.
Richtig ☐   *Falsch* ☐

Nach dem Zufallsprinzip hat jedes Element der Grundgesamtheit eine von Null verschiedene Wahrscheinlichkeit, in die Stichprobe zu gelangen.   *Richtig* ☐   *Falsch* ☐

Eine Vollerhebung empfiehlt sich bei einer überschaubaren Grundgesamtheit, wie dies im Konsumgüterbereich normalerweise der Fall ist.   *Richtig* ☐   *Falsch* ☐

Die nichtzufallsgesteuerten Auswahlverfahren lassen sich in eine willkürliche und eine bewusste Auswahl unterscheiden.   *Richtig* ☐   *Falsch* ☐

Bei der willkürlichen Auswahl geht man nicht aufs Geratewohl vor, sondern es liegt ein Erhebungsplan vor.   *Richtig* ☐   *Falsch* ☐

Basiert die Teilerhebung auf der Kenntnis über die Struktur einer Grundgesamtheit, spricht man von einer bewussten Auswahl.   *Richtig* ☐   *Falsch* ☐

Quota-Verfahren und Cut-Off-Verfahren zählen zu den nichtzufallsgesteuerten Auswahlverfahren.   *Richtig* ☐   *Falsch* ☐

Als Nachteile des Quota-Verfahrens gelten die subjektive Festlegung der Quotenmerkmale sowie das schwierige Auffinden von Restquoten.   *Richtig* ☐   *Falsch* ☐

Beim Cut-Off-Verfahren werden nur die wichtigsten Elemente (beispielsweise Kunden ab einem bestimmen Auftragsvolumen) in die Stichprobe einbezogen.   *Richtig* ☐   *Falsch* ☐

Das Cut-Off-Verfahren hat sich insbesondere im Konsumgütermarketing und im Handelsmarketing, nicht aber im Investitionsgütermarketing bewährt.   *Richtig* ☐   *Falsch* ☐

Zufallsgesteuerte Auswahlverfahren basieren auf der Grundidee, dass jedes Element eine berechenbare, von Null verschiedene Wahrscheinlichkeit haben muss, in die Stichprobe zu gelangen.   *Richtig* ☐   *Falsch* ☐

Die Systematische Auswahl mit Zufallsstart (sog. Herausgreifen des n-ten Falls) zählt zu den nichtzufallsgesteuerten Auswahlverfahren.   *Richtig* ☐   *Falsch* ☐

Das Klumpenverfahren eignet sich bei Grundgesamtheiten, die hierarchisch aufgebaut sind (etwa Verkaufsregion, einzelner Vertreter in dieser Region, Kunden der jeweiligen Vertreter).   *Richtig* ☐   *Falsch* ☐

Aufgrund einer unpräzisen Definition des Untersuchungsziels und/oder einer unklaren Abgrenzung der Grundgesamtheit entstehen Planungsfehler in der Stichprobenziehung.
Richtig ☐   *Falsch* ☐

Planungsfehler sind im Wesentlichen auf mangelhafte Fragebogengestaltung, unzureichendes Auswahlverfahren und Auswahl schlecht qualifizierter bzw. unehrlicher Interviewer zurückzuführen. *Richtig* ☐ *Falsch* ☐

Unter systematischen Fehlern versteht man sämtliche Unzulänglichkeiten, die aufgrund Art und/oder Durchführung der Erhebung entstehen. *Richtig* ☐ *Falsch* ☐

Unter Stichprobenfehlern versteht man Verzerrungseffekte aufgrund von falschen Auskünften (etwa sozial erwünschtes Antwortverhalten) sowie Ausfällen (z. B. haben Berufstätige keine Zeit, beim Einkauf in der Mittagspause für ein 10minütiges Interview zur Verfügung zu stehen). *Richtig* ☐ *Falsch* ☐

Je größer die Stichprobe ist, desto größer ist die Gefahr, die tatsächliche Meinung der Grundgesamtheit zu verfehlen. *Richtig* ☐ *Falsch* ☐

Sachliche Fehler sind auf mangelnde Reliabilität zurückzuführen. *Richtig* ☐ *Falsch* ☐

Stichprobenfehler sind auf mangelnde Validität zurückzuführen. *Richtig* ☐ *Falsch* ☐

Aufgabe 4.16: Festlegung des Stichprobenumfangs

Ein Verlag hat ein neues Marketing-Buch des Bestseller-Autors *Schneider* auf den Markt gebracht. Zur Ankurbelung des Absatzes wurde eine Anzeige in der Zeitschrift „Marketing-Excellence" geschaltet. Um den Erfolg der geschalteten Werbung zu überprüfen, soll eine schriftliche Befragung (erwartete Rücklaufquote: 20 %) unter den Abonnenten (Grundgesamtheit: 10.000) durchgeführt werden mit dem Ziel zu ermitteln, wie viele von ihnen sein Buch erworben haben. Das Ergebnis soll mit 95,5 % Wahrscheinlichkeit gültig sein und der Fehler höchstens ± 5 % betragen. Wie viele Abonnenten sind zu befragen?

Aufgabe 4.17: Befragung

Markieren Sie, ob die folgenden Aussagen richtig oder falsch sind!

Die am weitesten verbreitete Form der Feldforschung ist die Befragung.
Richtig ☐ *Falsch* ☐

Fragen zur Person (etwa soziodemographische, ökonomische oder geographische Eigenschaften) sollten idealtypisch am Anfang eines Fragebogens positioniert werden.
Richtig ☐ *Falsch* ☐

Als Vorteile offener Fragen sind das Aufspüren neuer Aspekte sowie keine Verzerrung der Antworten durch vorgegebene Antwortkategorien zu nennen. *Richtig* ☐ *Falsch* ☐

Bei geschlossenen Fragen erschwert die Vielzahl an Antworten die Auswertung der Daten.
Richtig ☐ *Falsch* ☐

Als Vorteil der mündlichen Befragung ist u. a. zu nennen, dass der Befragte ausreichend Zeit zum Nachdenken hat.   *Richtig* ☐   *Falsch* ☐

Bei der schriftlichen Befragung entsteht kein Interviewer-Einfluss.   *Richtig* ☐   *Falsch* ☐

Bei der In-Hall-Befragung sucht der Interviewer die Auskunftsperson zu Hause auf und führt dort die Befragung durch.   *Richtig* ☐   *Falsch* ☐

Bei der mündlichen Befragung ist die Auskunftsbereitschaft größer als bei der schriftlichen Befragung, nicht zuletzt deshalb, weil der Interviewer psychologische Hemmschwellen und Zweifel der Befragten im direkten Gespräch ausräumen kann.   *Richtig* ☐   *Falsch* ☐

Als Nachteile der mündlichen Befragung gelten der hohe Kosten- und Zeitaufwand sowie die Gefahr eines Interviewer-Bias.   *Richtig* ☐   *Falsch* ☐

Das standardisierte Interview eignet sich insbesondere für die Befragung von Experten sowie Vertretern höherer Hierarchieebenen.   *Richtig* ☐   *Falsch* ☐

Beim freien Interview liegen Formulierung und Reihenfolge der Fragen sowie das Hinzufügen von Erläuterungen weitgehend im Ermessensspielraum des Interviewers.

Richtig ☐   *Falsch* ☐

Die telefonische Befragung eignet sich immer dann, wenn nur wenige, leicht zu beantwortende Fragen gestellt werden, in deren Mittelpunkt eher Fakten denn die persönliche Sphäre des Befragten stehen.   *Richtig* ☐   *Falsch* ☐

CAPI steht für Computer Assisted Personal Interviewing.   *Richtig* ☐   *Falsch* ☐

CSAQ steht für Computerized Selfadvertised Questioning.   *Richtig* ☐   *Falsch* ☐

Fehlen einzelne Angaben der Probanden in einem Fragebogen, so bezeichnet man diese als Missing-Values.   *Richtig* ☐   *Falsch* ☐

Qualitative Daten werden mit Hilfe geschlossener Fragen erhoben.   *Richtig* ☐   *Falsch* ☐

Aufgabe 4.18: Interview

Nur eine der folgenden Antworten ist richtig.

Bei einem Interview …

spielt das Befragungsumfeld keine Rolle.   *Richtig* ☐   *Falsch* ☐

ist es ein Vorteil, wenn der Interviewer die Antworten vorausahnen kann.

Richtig ☐   *Falsch* ☐

sollten die Fragen nicht abgelesen, sondern vom Interviewer selbständig formuliert werden.

Richtig ☐   *Falsch* ☐

sollte der soziale Interaktionsprozess zwischen Interviewer und Interviewtem möglichst wenig Einfluss auf das Ergebnis ausüben. Richtig ☐ Falsch ☐

Aufgabe 4.19: Soziale Erwünschtheit

Nur eine der folgenden Antworten ist richtig.

Soziale Erwünschtheit in der Marketing-Forschung …

tritt vergleichsweise häufig bei schriftlichen Befragungen auf. *Richtig* ☐ *Falsch* ☐

kann Befragungsergebnisse verfälschen. *Richtig* ☐ *Falsch* ☐

ist ausschließlich bei Probanden aus niedrigen sozialen Schichten zu beobachten.
Richtig ☐ *Falsch* ☐

beschreibt die verfälschte Darstellung und Interpretation von Untersuchungsergebnissen.
Richtig ☐ *Falsch* ☐

Aufgabe 4.20: Befragung

Markieren Sie, ob die folgenden Aussagen richtig oder falsch sind!

Online-Befragungen bietet keine Möglichkeit, die Spontaneität der Probanden zu überprüfen.
Richtig ☐ *Falsch* ☐

Online-Befragungen ermöglichen eine vergleichsweise einfache und kostengünstige Datenauswertung durch Kombination von Umfrage-Software und Analyseprogrammen.
Richtig ☐ *Falsch* ☐

Bei Online-Befragungen besteht die Gefahr der unzureichenden Repräsentativität aufgrund (noch) inhomogener Verbreitung des Internet. *Richtig* ☐ *Falsch* ☐

Bei der Omnibusbefragung handelt es sich um eine Mehrthemenbefragung, bei der Fragen verschiedener Auftraggeber in einem Fragebogen zusammengefasst werden.
Richtig ☐ *Falsch* ☐

Die Omnibusbefragung bietet den Vorteil, dass die Zielgruppen der auftraggebenden Unternehmen nicht übereinstimmen müssen. *Richtig* ☐ *Falsch* ☐

Aufgabe 4.21: Aufbau eines Fragebogens

Bringen Sie die folgenden Fragetypen in die idealtypische Reihenfolge beim Aufbau eines Fragebogens!

Kontrollfragen, Sachfragen, Fragen zur Person, Eisbrecherfragen

(1) ....

(2) ....

(3) ....

(4) ....

Aufgabe 4.22: Beobachtung und Experiment

Markieren Sie, ob die folgenden Aussagen richtig oder falsch sind!

Ein wesentlicher Vorteil der verdeckten Beobachtung liegt darin, dass man im Gegensatz zur Befragung nicht auf die Mitarbeit der Probanden angewiesen ist.   *Richtig* ☐   *Falsch* ☐

Komplexere psychische Prozesse und damit in der Regel sämtliche aktivierenden sowie kognitiven Prozesse sind einer Beobachtung unzugänglich.   *Richtig* ☐   *Falsch* ☐

Bei der Kundenbeobachtung handelt es sich immer um eine Laborbeobachtung.

Richtig ☐   *Falsch* ☐

Im Falle der verdeckten Beobachtung besteht die Gefahr, dass der Proband sein normales Verhalten verändert.   *Richtig* ☐   *Falsch* ☐

Ein Experiment ist eine einmalige Messung unter kontrollierten Bedingungen zur Prüfung kausaler Hypothesen.   *Richtig* ☐   *Falsch* ☐

Abhängige Variablen sind die Faktoren, deren Einfluss gemessen werden soll.

Richtig ☐   *Falsch* ☐

Kontrollierte Variablen sind diejenigen Größen, die konstant gehalten werden, um einen möglichen Einfluss auf die unabhängige/n Variable/n zu vermeiden.   *Richtig* ☐   *Falsch* ☐

Störvariablen sind alle Faktoren, die einen Einfluss ausüben, aber im Zuge des Experiments nicht kontrolliert bzw. gesteuert werden können.   *Richtig* ☐   *Falsch* ☐

Auf die Kontrollgruppe wird zu Kontrollzwecken kein Stimulus durch die unabhängige Variable/n ausgeübt.   *Richtig* ☐   *Falsch* ☐

Beim EA-CA-Design erfolgt die Messung der Werte der abhängigen Variablen vor und nach Einsatz der (veränderten) unabhängigen Variablen in Experimentalgruppe und Kontrollgruppe. *Richtig* ☐ *Falsch* ☐

Experimente vom Typ EBA-CBA vergleichen eine Experimental- und eine Kontrollgruppe. *Richtig* ☐ *Falsch* ☐

Experimente vom Typ EBA vergleichen eine Experimental- und eine Kontrollgruppe. *Richtig* ☐ *Falsch* ☐

Unter Markttest versteht man den (probeweisen) Verkauf von neuen, modifizierten oder variierten Produkten unter kontrollierten Bedingungen in einer Reihe ausgewählter Handelsgeschäfte. *Richtig* ☐ *Falsch* ☐

Ein Produkttest ist der probeweise Verkauf von Produkten in kontrollierten Teilabschnitten des Marktes. *Richtig* ☐ *Falsch* ☐

Laborexperimente verfügen im Vergleich zu Feldexperimenten über eine höhere interne Validität, da sie etwaige Störeinflüsse weitgehend ausschalten. *Richtig* ☐ *Falsch* ☐

Die Blickaufzeichnung geht davon aus, dass der Proband während des Lesens einer Anzeige nur bei Saccaden Informationen aufnehmen kann. *Richtig* ☐ *Falsch* ☐

Ein Tachistoskop ist ein Gerät, mit dessen Hilfe einer Testperson Produkte oder Anzeigen in unterschiedlichen Darbietungszeiten – beginnend mit wenigen Millisekunden – vorgeführt werden. *Richtig* ☐ *Falsch* ☐

Mit Hilfe des Tachistoskops lässt sich der Prozess des Entstehens visueller Wahrnehmung (Aktualgenese) sowie des (Wieder-)Erkennens analysieren. *Richtig* ☐ *Falsch* ☐

Mit der Schnellgreifbühne werden vor allem die Anmutungsqualität und die Wahrnehmung des Preis-/ Leistungsverhältnisses von Produkten durch Versuchspersonen geprüft. *Richtig* ☐ *Falsch* ☐

Experimente messen lediglich kurzfristige Wirkungen. Langfristige Konsequenzen, die über den Zeitpunkt bzw. -raum des Experiments hinausreichen, werden nicht erfasst. *Richtig* ☐ *Falsch* ☐

Ein Panel ist eine Längsschnitterhebung. *Richtig* ☐ *Falsch* ☐

Beim Panel können Veränderungen im Zeitverlauf verfolgt werden. *Richtig* ☐ *Falsch* ☐

Beim Panel ist der Reihenfolgeneffekt besonders zu beachten. *Richtig* ☐ *Falsch* ☐

Bei Panel besitzen Auswahlverfahren keine Bedeutung. *Richtig* ☐ *Falsch* ☐

Panels sind Erhebungen, die bei einem konstanten Teilnehmerkreis (Personen, Einkaufsstätten, Unternehmen) in (regelmäßigen) zeitlichen Abständen zu einem identischen Untersuchungsgegenstand durchgeführt werden. *Richtig* ☐ *Falsch* ☐

Beim Haushaltspanel bildet ein Haushalt die zu untersuchende Einheit, wobei der Erweb von Verbrauchs-, nicht aber von Gebrauchsgütern analysiert wird.   *Richtig* ☐   *Falsch* ☐

Im Gegensatz zum Haushaltspanel setzt das Individualpanel beim einzelnen Verbraucher an.
Richtig ☐   *Falsch* ☐

Underreporting bezeichnet das in Haushaltspanels zu beobachtende Phänomen des häufigen Teilnehmerwechsels infolge von Ortswechsel und Austritt aufgrund mangelnder Teilnahmebereitschaft.   *Richtig* ☐   *Falsch* ☐

Paneleffekt bezeichnet das in Haushaltspanels auftretende Phänomen, dass sich im Zeitablauf das ursprüngliche Verbraucherverhalten infolge der Dokumentation der eigenen Konsumausgaben zunehmend verändert.   *Richtig* ☐   *Falsch* ☐

Der EUN-Code kann im Zuge des Scanning, einer speziellen Form der Datengewinnung, genutzt werden.   *Richtig* ☐   *Falsch* ☐

Die EAN Data Matrix besitzt eine wesentlich höhere Informationsdichte pro Fläche als Strichcodes.   *Richtig* ☐   *Falsch* ☐

Im Gegensatz zu Barcodes, die nur in direkter Sichtlinie eines Scanners gelesen werden können, genügt es bei RFID, dass ein Funktag in die Nähe eines geeigneten Lesegerätes gelangt.   *Richtig* ☐   *Falsch* ☐

Im Gegensatz zum EPC-Modell, wo nur der gesamten Produktreihe eine eindeutige Nummer zugeordnet werden kann, ermöglicht EAN eine weltweit eindeutige Identifikation von Paletten, Kartons, Packstücken, Konsumenteneinheiten etc.   *Richtig* ☐   *Falsch* ☐

Aufgabe 4.23: Panel

Was verstehen Sie unter einem Panel? Nur eine der folgenden Antworten ist richtig

Befragung in regelmäßigen Zeitabständen zum gleichen Untersuchungsgegenstand bei einer repräsentativen permanenten Stichprobe.   *Richtig* ☐   *Falsch* ☐

Befragung in unregelmäßigen Zeitabständen zum gleichen Untersuchungsgegenstand bei einer repräsentativen permanenten Stichprobe.   *Richtig* ☐   *Falsch* ☐

Eine einmalige Befragung (Marktanalyse)   *Richtig* ☐   *Falsch* ☐

Keine der obigen Antworten (a–c) ist richtig.   *Richtig* ☐   *Falsch* ☐

Alle der obigen Antworten (a–c) sind richtig.   *Richtig* ☐   *Falsch* ☐

Aufgabe 4.24: Typen informaler Versuchsanlagen

Ordnen Sie die folgenden Typen informaler Versuchsanlagen den entsprechenden Charakteristika zu!

EA-CA, EBA, EBA-CBA, CB-EA

Typ	Charakteristika
....	Messung der Werte der abhängigen Variablen nur nach Einsatz der (veränderten) unabhängigen Variablen in Experimental- und Kontrollgruppe
....	Messung der Werte der abhängigen Variablen vor Einsatz der (veränderten) unabhängigen Variablen in einer Kontrollgruppe und nach Einsatz der (veränderten) unabhängigen Variablen in einer Experimentalgruppe
....	Messung der Werte der abhängigen Variablen vor und nach Einsatz der (veränderten) unabhängigen Variablen in Experimentalgruppe und Kontrollgruppe, die dem Einfluss nicht ausgesetzt war
....	Messung der Werte der abhängigen Variablen vor und nach Einsatz der (veränderten) unabhängigen Variablen in einer Experimentalgruppe

Aufgabe 4.25: Datenanalyse

Ordnen Sie die folgenden Datenanalyseverfahren den richtigen Gruppen zu!

Arithmetischer Mittelwert, Clusteranalyse, Diskriminanzanalyse, Faktorenanalyse, Indexzahlen, Korrelationszusammenhang, Kreuztabellierung, Median, Modus, Prozentzahlen, Varianz, Varianzanalyse

- Univariate Verfahren: ....

- Bivariate Verfahren: ....

- Multivariate strukturprüfende Verfahren: ....

- Multivariate strukturentdeckende Verfahren: ....

Aufgabe 4.26: Univariate Datenanalyseverfahren

Im Rahmen einer anhand einer Notenskala durchgeführten Kundenzufriedenheitsmessung wurde folgende Zahlenreihe ermittelt:

2, 1, 6, 5, 4, 3, 2, 4, 3, 3, 2, 5, 2

Berechnen Sie (a) den Modus, (b) den Median und (c) den arithmetischen Mittelwert!

Aufgabe 4.27: Median

Nur eine der folgenden Antworten ist richtig.

Der Median …

setzt metrisches Skalenniveau voraus.   *Richtig* ☐   *Falsch* ☐

ist der gewichtete Mittelwert.   *Richtig* ☐   *Falsch* ☐

beschreibt die Wahrscheinlichkeit eines Ereignisses.   *Richtig* ☐   *Falsch* ☐

ist unempfindlich gegenüber Ausreißerwerten.   *Richtig* ☐   *Falsch* ☐

Aufgabe 4.28: Strukturprüfende multivariate Analyseverfahren

Füllen Sie die offenen Positionen in der Tabelle mit den passenden Begriffen aus.

		....	
		Metrisches Skalenniveau	....
Abhängige Variable	....	....	Varianzanalyse
	Nominales Skalenniveau	....	....

Aufgabe 4.29: Das Nutzenpotential multivariater Analysemethoden

Ordnen Sie die folgenden multivariaten Analyseverfahren der jeweils entsprechenden Fragestellung zu!

Clusteranalyse, Conjoint Measurement, Diskriminanzanalyse, Faktorenanalyse, Kausalanalyse, Kontingenzanalyse, Logistische Regression, Multidimensionale Skalierung, Regressionsanalyse, Varianzanalyse

Multivariates Analyseverfahren	Anwendungsbeispiel
....	Inwieweit lässt sich die Absatzmenge einer Espresso-Maschine auf Preis und eingesetztes Werbebudget zurückführen?
....	Wie wirken sich alternative Verpackungen und Positionierungen (z. B. Einmal- vs. Zweitplatzierung) auf den Absatz eines Kartoffelchipsmarke aus?
....	Lassen sich Käufer und Nichtkäufer einer bestimmten Biermarke anhand soziodemografischer und psychografischer Kriterien (metrisch skaliert) unterscheiden?
....	Inwieweit besteht zwischen dem Beruf einer Person und dem Kauf eines Produktes ein Zusammenhang?
....	Inwieweit lässt sich die Wiederkaufwahrscheinlichkeit bei Konsumenten auf deren Zufriedenheit und Einkommen zurückführen?
....	Inwieweit tragen alternative Materialien, Formen und Farben zur Präferenz von Produkten bei?
....	Inwieweit hängt die Kundenloyalität von der vom Kunden subjektiv wahrgenommenen Produkt- und Servicequalität eines Anbieters ab?
....	Lässt sich die Vielzahl der in einer Befragung metrisch erhobenen Eigenschaften eines Autos auf wenige zentrale Beurteilungsdimensionen verdichten?
....	Lassen sich Konsumententypen auf Basis psychologischer Eigenschaften von Personen bilden?
....	Wie lassen sich konkurrierende Waschmittelmarken im Wahrnehmungsraum der Konsumenten räumlich positionieren?

Aufgabe 4.30: Prognose

Markieren Sie, ob die folgenden Aussagen richtig oder falsch sind!

Bei der Entwicklungsprognose wird eine Zeitreihe in die Zukunft verlängert, ohne dass die Unternehmung den zu prognostizierenden Sachverhalt (z. B. die Entwicklung der Einwohnerzahl im Absatzgebiet) beeinflussen könnte oder wollte. *Richtig* ☐ *Falsch* ☐

Quantitative Verfahren basieren auf mathematischen Kalkülen und zielen auf eine numerische Ermittlung der zu prognostizierenden Größen ab. *Richtig* ☐ *Falsch* ☐

Bei der Trendextrapolation wird ein Gewichtungsfaktor verwendet. Auf diese Weise wird der Einfluss jüngerer Beobachtungswerte für die Vorhersage relativ stärker berücksichtigt als der Einfluss weiter zurückliegender Werte.   *Richtig* ☐   *Falsch* ☐

Bei der Delphi-Methode handelt es sich um ein quantitatives Prognoseverfahren auf der Basis von Expertenbefragungen, bei dem die jeweiligen Antworten der Befragten ausgewertet, aggregiert und den Betroffenen in anonymer, meist gebündelter Form zurück übermittelt werden.   *Richtig* ☐   *Falsch* ☐

Aufgabe 4.31: Quantitative versus qualitative Prognoseverfahren

Ordnen Sie die folgenden Prognoseverfahren den richtigen Gruppen zu:

Delphi-Methode, exponentielle Glättung, Szenario-Technik, Trendextrapolation

- Quantitative Verfahren: ....

- Qualitative Verfahren: ....

1.4.2   Lösungen

Lösungen Aufgabe 4.1: Marketing- versus Marktforschung

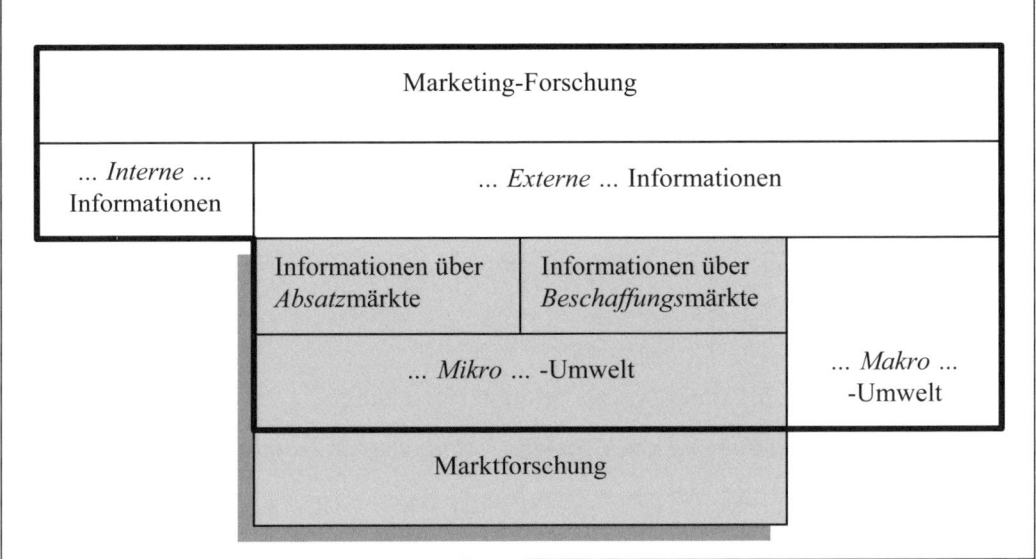

Lösungen Aufgabe 4.2: Marketing- versus Marktforschung

Falsch, Richtig, Falsch, Richtig, Richtig, Falsch, Falsch, Richtig

Lösungen Aufgabe 4.3: Typen von Studien

- ... *Explorative* ... Studien dienen dazu, ein Problem zu erkennen und zu strukturieren.
- ... *Deskriptive* ... Studien sollen ein Problem systematisch erfassen und beschreiben.
- ... *Kausale* ... Studien unterstützen darin, Ursache/Wirkungsbeziehungen zu erkennen.
- ... *Normative* ... Studien dienen der Entwicklung von Gestaltungsempfehlungen.

Lösungen Aufgabe 4.4: Mikro- versus Makro-Umwelt

Richtig, Falsch, Falsch, Richtig, Richtig, Richtig, Falsch, Falsch, Falsch, Richtig, Falsch

Lösungen Aufgabe 4.5: Aufbau einer Key-Issue-Matrix

	... Unternehmensstärken ...	*... Unternehmensschwächen ...*
Marktchancen	*... Ausbauen ....*	*... Aufholen ...*
... Marktrisiken ...	*... Absichern ...*	Meiden

Lösungen Aufgabe 4.6: Fremd- versus Eigenforschung

Falsch, Falsch, Richtig, Falsch, Richtig, Richtig, Richtig, Falsch, Falsch, Richtig, Falsch, Richtig, Richtig, Falsch, Falsch

Lösungen Aufgabe 4.7: Primär- versus Sekundärforschung

Falsch, Falsch, *Falsch, Falsch, Falsch, Richtig, Richtig, Falsch, Falsch*

Lösungen Aufgabe 4.8: Hauptgütekriterien einer empirischen Untersuchung

- *... Objektivität ...* charakterisiert das größtmögliche Ausschalten von Gefühlen, Vorurteilen und Wünschen, um so Ergebnisse wertfrei und damit unabhängig vom Beobachter zu erzielen.
- *... Reliabilität ...* gibt an, inwieweit bei Wiederholung einer Untersuchung unter gleichen Rahmenbedingungen das gleiche Messergebnis erzielt würde.
- *... Validität ...* gibt an, ob und wie genau ein Verfahren tatsächlich das misst, was es messen will.

Lösungen Aufgabe 4.9: Der Ablauf eines Marktforschungsprojekts

(1) *... Bestimmung der Untersuchungsziele und der Zielgruppe ...*

(2) *... Explorative Voruntersuchung ...*

(3) *... Detaillierte Ausgestaltung des Untersuchungsansatzes ...*

(4) *... Durchführung der Untersuchung ...*

(5) *... Analyse der Daten ...*

(6) *... Dokumentation und Präsentation der Befunde ...*

Lösungen Aufgabe 4.10: Messniveaus von Variablen

Beispiele	Messniveau
Geschlecht (männlich/weiblich)	... *Nominalniveau* ...
Jahresumsatz	... *Rationiveau* ...
Marke X gefällt mir weniger gut als Marke Y.	... *Ordinalniveau* ...
Kalenderzeit ab Christi Geburt	... *Intervallniveau* ...
Betriebstyp (Discounter/Verbrauchermarkt/Supermarkt)	... *Nominalniveau* ...
Alter	... *Rationiveau* ...

Lösungen Aufgabe 4.11: Messniveaus und Messwerteigenschaften

Beschreibung der Messwerteigenschaften	Messniveau
Absoluter Nullpunkt: Neben Abstandsbestimmung können auch Messwertverhältnisse berechnet werden.	... *Rationiveau* ...
Klassifikation: Die Messwerte zweier Untersuchungseinheiten sind identisch oder nicht identisch.	... *Nominalniveau* ...
Rangordnung: Messwerte lassen sich auf einer Merkmalsdimension als kleiner/größer/gleich einordnen.	... *Ordinalniveau* ...
Rangordnung und Abstandsbestimmung: Die Abstände zwischen Messwerten können angegeben werden.	... *Intervallniveau* ...

Lösungen Aufgabe 4.12: Messniveaus und Informationsgehalt

(1) ... *Rationiveau* ... (höchster Informationsgehalt)

(2) ... *Intervallniveau* ...

(3) ... *Ordinalniveau* ...

(4) ... *Nominalniveau* ... (geringster Informationsgehalt)

Lösungen Aufgabe 4.13: Messniveau

Richtig, Falsch, Richtig, Falsch, Richtig, Falsch, Falsch, Richtig

Lösungen Aufgabe 4.14: Nominalskala

Falsch, Falsch, Richtig, Falsch

Lösungen Aufgabe 4.15: Stichprobenziehung

Falsch, Richtig, Falsch, Falsch, Richtig, Richtig, Falsch, Richtig, Falsch, Richtig, Falsch, Richtig, Richtig, Falsch, Richtig, Falsch, Falsch, Richtig, Falsch, Richtig, Falsch, Falsch, Richtig, Falsch

Lösungen Aufgabe 4.16: Befragung

Richtig, Falsch, Richtig, Falsch, Falsch, Richtig, Richtig, Falsch, Richtig, Richtig, Falsch, Richtig, Richtig, Richtig, Falsch, Richtig, Falsch

Lösung Aufgabe 4.17: Festlegung des Stichprobenumfangs

Die Stichprobengröße hängt davon ab, wie groß die Grundgesamtheit ist, wie genau das Stichprobenergebnis sein soll und mit welcher Sicherheit die Aussagen zutreffen sollen. Als empfehlenswert hat sich eine Sicherheit von mindestens 95,5 % mit einer Genauigkeit von ± 5 % erwiesen. Die hierfür erforderliche Stichprobengröße errechnet sich nach folgenden Formeln:

Bei einer Grundgesamtheit > 100.000   Bei einer Grundgesamtheit < 100.000

$$n = \frac{t^2 \cdot p \cdot q}{e^2} \qquad\qquad n = \frac{t^2 \cdot p \cdot q \cdot N}{t^2 \cdot p \cdot q + e^2 \cdot (N-1)}$$

n: Stichprobenumfang

t: zulässiger Fehlerbereich (t = 1: 68,3 % Sicherheit; t = 2: 95,5 % Sicherheit;
t = 3: 99,7 % Sicherheit)

p: Anteil der Elemente in der Stichprobe, welche die Merkmalsausprägung aufweisen

q: Anteil der Elemente in der Stichprobe, welche die Merkmalsausprägung nicht aufweisen (da p und q im Voraus nicht bekannt sind, wird der ungünstigste Fall angenommen, nämlich jeweils 50 % [d. h.50 x 50])

N: Grundgesamtheit

e: Genauigkeit

Stichprobenumfang: (2^2 x 0,5 x 0,5 x 10.000) : (2^2 x 0,5 x 0,5 + 0,05 x 0,05 x 9.999) = 10.000 : (1 + 25) = 384

Bei einer Grundgesamtheit von 10.000 Kunden, einer anvisierten Sicherheit von 95,5 % und einer Genauigkeit von $\pm$ 5 % ergibt das einen Stichprobenumfang von 384 Personen. Bei schriftlichen Befragungen ist zudem noch die erwartete Rücklaufquote zu berücksichtigen. Bei einem geschätzten Rücklauf von 20 % sind in unserem Beispiel 1.920 Fragebögen zu versenden, um die gewünschten Ergebnisse zu erzielen.

Lösungen Aufgabe 4.18 : Interview

Falsch, Falsch, Falsch, Richtig

Lösungen Aufgabe 4.19 : Soziale Erwünschtheit

Falsch, Richtig, Falsch, Falsch

Lösungen Aufgabe 4.20 : Befragung

Falsch, Richtig, Richtig, Richtig, Falsch

Lösungen Aufgabe 4.21: Aufbau eines Fragebogens

(1) ... *Eisbrecherfragen* ...

(2) ... *Sachfragen* ...

(3) ... *Kontrollfragen* ...

(4) ... *Fragen zur Person* ...

Lösungen Aufgabe 4.22: Beobachtung und Experiment

Richtig, Richtig, Richtig, Falsch, Falsch, Falsch, Falsch, Richtig, Richtig, Falsch, Richtig, Falsch, Falsch, Falsch, Richtig, Falsch, Richtig, Richtig, Richtig, Richtig, Richtig, Richtig, Falsch, Falsch, Richtig, Falsch, Richtig, Falsch, Richtig, Falsch, Richtig, Richtig, Falsch

Lösungen Aufgabe 4.23: Panel

Richtig, Falsch, Falsch, Falsch, Falsch

Lösungen Aufgabe 4.24: Typen informaler Versuchsanlagen

Typ	Charakteristika
... EA-CA ...	Messung der Werte der abhängigen Variablen nur nach Einsatz der (veränderten) unabhängigen Variablen in Experimental- und Kontrollgruppe
... CB-EA ...	Messung der Werte der abhängigen Variablen vor Einsatz der (veränderten) unabhängigen Variablen in einer Kontrollgruppe und nach Einsatz der (veränderten) unabhängigen Variablen in einer Experimentalgruppe
... EBA-CBA ...	Messung der Werte der abhängigen Variablen vor und nach Einsatz der (veränderten) unabhängigen Variablen in Experimentalgruppe und Kontrollgruppe, die dem Einfluss nicht ausgesetzt war
... EBA ...	Messung der Werte der abhängigen Variablen vor und nach Einsatz der (veränderten) unabhängigen Variablen in einer Experimentalgruppe

Lösungen Aufgabe 4.25: Datenanalyse

- Univariate Verfahren: ... *Arithmetischer Mittelwert, Median, Modus, Varianz, Prozentzahlen, Indexzahlen* ...

- Bivariate Verfahren: ... *Kreuztabellierung, Korrelationszusammenhang* ...

- Multivariate strukturprüfende Verfahren: ... *Varianzanalyse, Diskriminanzanalyse* ...

- Multivariate strukturentdeckende Verfahren: ... *Faktorenanalyse, Clusteranalyse* ...

Lösungen Aufgabe 4.26: Univariate Datenanalyseverfahren

a) Modus: ... *2* ...

b) Median: ... *3* ...

c) Arithmetischer Mittelwert: ... *3,23* ...

Lösungen Aufgabe 4.27: Median

Falsch, Falsch, Falsch, Richtig

Lösungen Aufgabe 4.28: Strukturprüfende multivariate Analyseverfahren

		... *Unabhängige Variable* ...	
		Metrisches Skalenniveau	..*Nominales Skalenniveau*..
Abhängige Variable	..*Metrisches Skalenniveau*..	... *Regressionsanalyse* ...	Varianzanalyse
	Nominales Skalenniveau	... *Diskriminanzanalyse* ...	... *Kontingenzanalyse* ...

Lösungen Aufgabe 4.29: Das Nutzenpotential multivariater Analysemethoden

Multivariates Analyseverfahren	Anwendungsbeispiel
... *Regressionsanalyse* ...	Inwieweit lässt sich die Absatzmenge einer Espresso-Maschine auf Preis und eingesetztes Werbebudget zurückführen?
... *Varianzanalyse* ...	Wie wirken sich alternative Verpackungen und Positionierungen (z. B. Einmal- vs. Zweitplatzierung) auf den Absatz einer Kartoffelchipsmarke aus?
... *Diskriminanzanalyse* ...	Lassen sich Käufer und Nichtkäufer einer bestimmten Biermarke anhand soziodemografischer und psychografischer Kriterien (metrisch skaliert) unterscheiden?
... *Kontingenzanalyse* ...	Inwieweit besteht zwischen dem Beruf einer Person und dem Kauf eines Produktes ein Zusammenhang?
... *Logistische Regression* ...	Inwieweit lässt sich die Wiederkaufwahrscheinlichkeit bei Konsumenten auf deren Zufriedenheit und Einkommen zurückführen?
... *Conjoint Measurement* ...	Inwieweit tragen alternative Materialien, Formen und Farben zur Präferenz von Produkten bei?
... *Kausalanalyse* ...	Inwieweit hängt die Kundenloyalität von der vom Kunden subjektiv wahrgenommenen Produkt- und Servicequalität eines Anbieters ab?
... *Faktorenanalyse* ...	Lässt sich die Vielzahl der in einer Befragung metrisch erhobenen Eigenschaften eines Autos auf wenige zentrale Beurteilungsdimensionen verdichten?
... *Clusteranalyse* ...	Lassen sich Konsumententypen auf Basis psychologischer Eigenschaften von Personen bilden?
... *Multidimensionale Skalierung* ...	Wie lassen sich konkurrierende Waschmittelmarken im Wahrnehmungsraum der Konsumenten räumlich positionieren?

Lösungen Aufgabe 4.30: Prognose

Richtig, Richtig, Falsch, Falsch

Lösungen Aufgabe 431: Quantitative versus qualitative Prognoseverfahren

- Quantitative Verfahren: ... *Trendextrapolation, exponentielle Glättung* ...
- Qualitative Verfahren: ... *Delphi-Methode, Szenario-Technik* ...

1.5   Marketing-Ziele

Die folgenden Übungsaufgaben beziehen sich auf **Kapitel 5: Marketing-Ziele**. Dieses Kapitel vermittelt,:

- was man unter einem Ziel versteht,
- welche Arten von Zielen es gibt,
- welche Aufgaben Ziele in Unternehmen erfüllen,
- welche Beziehungen zwischen Zielen bestehen können,
- welche Anforderungen an die Operationalisierung von Zielen gestellt werden müssen und
- wie Ziele anhand von Kennzahlen konkretisiert werden können.

1.5.1   Aufgaben

Aufgabe 5.1: Zum Begriff eines Ziels

Füllen Sie die Lücken im Text mit den richtigen Begriffen aus!

Istzustände, Marketing-Kontrolle, Marketing-Myopia, Marketingrestriktionen, Marketingstrategien, operativer, Situationsanalyse, Sollzustände, strategischer

Marketing-Ziele sind anzustrebende .... in der Zukunft, die auf der .... sprich Marketing-Forschung basieren, mittels .... sowie deren .... Umsetzung angesteuert werden und damit letztlich den Ausgangspunkt der .... bilden.

Aufgabe 5.2: Arten von Zielen

Ordnen Sie die folgenden Ziele den richtigen Zielkategorien zu! Dabei ist es möglich, dass ein Ziel mehreren Kategorien zugeordnet werden muss.

Absatz, Bekanntheitsgrad, Gewinn, Image, Kostensenkung, Kundenzufriedenheit, mengenmäßiger Marktanteil, Umsatz, Wachstum

- Ökonomische Ziele: ....
- Psychographische Ziele: ....
- Monetäre Ziele: ....
- Nicht-monetäre Ziele: ....

Aufgabe 5.3: Funktion von Zielen

Kreuzen Sie bitte an, ob die folgenden Aussagen richtig oder falsch sind!

Ökonomische Ziele dienen grundsätzlich der Erreichung psychographischer Ziele.

Richtig ☐   *Falsch* ☐

Psychographische Größen gelten als Spätindikatoren für ökonomische (Miss-)Erfolge.

Richtig ☐   *Falsch* ☐

Ziele erfüllen eine Motivationsfunktion, da sie im Sinne einer Leistungsvorgabe Anreize schaffen.   *Richtig* ☐   *Falsch* ☐

Ziele entlasten Vorgesetzte bei der Führung von Mitarbeitern (sog. „Management by Exception").   *Richtig* ☐   *Falsch* ☐

Erst durch das Setzen von Zielen wird die Überprüfung von Handlungsergebnissen möglich.

Richtig ☐   *Falsch* ☐

Das Festlegen von Zielen gewährleistet, dass Entscheidungsträger auf die Durchführung unpopulärer Maßnahmen verzichten.   *Richtig* ☐   *Falsch* ☐

Aufgabe 5.4: Beziehungsgefüge von Zielen auf der vertikalen Ebene

Kreuzen Sie bitte an, ob die folgenden Aussagen richtig oder falsch sind!

Auf der vertikalen Ebene werden sog. Mittel-Zweck-Pyramiden konstruiert, bei denen übergeordnete Ziele stets der Erreichung untergeordneter Zielsetzungen dienen.

Richtig ☐   *Falsch* ☐

Der Unternehmenszweck definiert die Position des Unternehmens in der Gesellschaft, die Prinzipien im Verhalten gegenüber Stake-Holders sowie die Führungsgrundsätze.

Richtig ☐   *Falsch* ☐

Beim Top-Down-Ansatz werden die Ziele auf der obersten Unternehmensebene formuliert und schrittweise als Vorgaben an die nächsten Hierarchiestufen weitergegeben.

Richtig ☐   *Falsch* ☐

Mit Hilfe des Top-Down-Ansatzes lässt sich vermeiden, dass sich die Planung zu eng an den Oberzielen eines Unternehmens ausrichtet.   *Richtig* ☐   *Falsch* ☐

Der Top-Down-Ansatz bindet vergleichsweise wenig Planungskapazität.

Richtig ☐   *Falsch* ☐

Als ein Nachteil des Top-Down-Ansatzes gilt die geringe Motivation der Vertreter unterer Hierarchieebenen.   *Richtig* ☐   *Falsch* ☐

Beim Bottom-Up-Ansatz sind die Ziele der unteren Führungsebenen als Vorgaben für die nächst höhere Hierarchiestufe verbindlich.   *Richtig* ☐   *Falsch* ☐

Als ein Vorteil des Bottom-Up-Ansatzes gilt die Entlastung unterer Hierarchieebenen.
Richtig ☐   *Falsch* ☐

Das Wasserfallverfahren kombiniert Top-Down-Ansatz und Bottom-Up-Ansatz miteinander.
Richtig ☐   *Falsch* ☐

Aufgabe 5.5: Beziehungsgefüge von Zielen auf der horizontalen Ebene

Kreuzen Sie bitte an, ob die folgenden Aussagen richtig oder falsch sind!

Zielbeziehungen können komplementär, konfliktär und indolent sein. *Richtig* ☐   *Falsch* ☐

Auf der horizontalen Ebene lassen sich ausschließlich komplementäre Zielbeziehungen identifizieren.
Richtig ☐   *Falsch* ☐

Zielkomplementarität bedeutet, dass sich das Erreichen eines Zieles positiv auf das Erreichen eines anderen Zieles auswirkt.
Richtig ☐   *Falsch* ☐

Zieldifferenz bedeutet, dass das Erreichen eines Ziels keine Auswirkung auf das Erfüllen eines anderen Zieles hat.
Richtig ☐   *Falsch* ☐

Im Regelfall ist ein Zielkonflikt nicht über den gesamten Entscheidungsbereich gegeben, sondern tritt nur in bestimmten Abschnitten und damit partiell auf.
Richtig ☐   *Falsch* ☐

Zieldominanz bedeutet, dass das als dominant anerkannte Ziel unter der Bedingung einer bestimmten Mindesterfüllung des/r anderen Ziele/s maximiert bzw. minimiert wird.
Richtig ☐   *Falsch* ☐

Zielrestriktion bedeutet, dass das als dominant anerkannte Ziel unter Vernachlässigung sämtlicher anderer Ziele maximiert bzw. minimiert wird.
Richtig ☐   *Falsch* ☐

Im Falle eines Zielschismas wird in Abhängigkeit von der Entscheidungssituation (bzgl. Entscheidungsfeld und/oder -phase) jeweils einem anderen Ziel der Vorzug eingeräumt.
Richtig ☐   *Falsch* ☐

Aufgabe 5.6: Ansatzpunkte zur Bewältigung von Zielkonflikten

Ordnen Sie den folgenden Zielen den jeweils richtigen Begriff zu!

Zieldominanz, Zielrestriktion, Zielschisma

- ....: Maximiere den Gewinn unter der Nebenbedingung, mindestens 50 Mio. Euro Umsatz zu erzielen!

- ....: Maximiere in der Einführungsphase des Produkts den Umsatz und in späteren Phasen des Produktlebenszyklus den Gewinn!

- ....: Maximiere die Eigenkapitalrentabilität!

Aufgabe 5.7: Operationalisierung von Marketing-Zielen

Ordnen Sie den folgenden Zieldimensionen die entsprechenden Inhalte zu!

1. Quartal 2014; 5 Mio. Euro; PKW-Modell X der Marke YZ; Privatkunden jünger als 40 Jahre; Umsatz; Verkaufsgebiet Westeuropa

- Objektbezug: ....

- Zielinhalt: ....

- Zielausmaß: ....

- Zeitbezug: ....

- Segmentbezug: ....

- Räumlicher Bezug: ....

Aufgabe 5.8: Benchmarking

Kreuzen Sie bitte an, ob die folgenden Aussagen richtig oder falsch sind!

Der Begriff Benchmarking stammt aus dem Englischen und hat seinen Ursprung in der Raumfahrt.   *Richtig* ☐   *Falsch* ☐

Benchmarking charakterisiert die Fähigkeit, die eigenen Leistungen und Prozesse mit überlegenen Lösungen anderer Einheiten bzw. Unternehmen zu vergleichen und daraus Verbesserungsmaßnahmen für den eigenen Verantwortungsbereich abzuleiten.

Richtig ☐   *Falsch* ☐

Objekte des Benchmarking sind ausschließlich Produkte und Dienstleistungen.

Richtig ☐   *Falsch* ☐

Beim Generic Benchmarking werden die eigenen Leistungen mit überlegenen Lösungen aus anderen Branchen verglichen.   *Richtig* ☐   *Falsch* ☐

Im Unterschied zum traditionellen Betriebsvergleich operiert das Benchmarking mit Durchschnittskennziffern.   *Richtig* ☐   *Falsch* ☐

Benchmarking fokussiert sich ausschließlich auf den Vergleich mit Unternehmen und Einrichtungen außer Haus.   *Richtig* ☐   *Falsch* ☐

Im Zuge der Benchmarking-Dynamik wird der zeitlichen Entwicklung des Benchmarking-Objekts Rechnung getragen.   *Richtig* ☐   *Falsch* ☐

Je größer der Competitive-Gap ist, desto eher lassen sich die Lösungen des Benchmarking-Partners auf das eigene Unternehmen übertragen. *Richtig* ☐ *Falsch* ☐

Benchmarking gewährleistet, dass ein Unternehmen sämtliche Aktivitäten an den Bedürfnissen der Kunden ausrichtet. *Richtig* ☐ *Falsch* ☐

Benchmarking birgt die Gefahr in sich, die Innovationskraft zu behindern, da die Leistung anderer Unternehmen zum Ausgangspunkt eigener Aktivitäten gemacht wird.
Richtig ☐ *Falsch* ☐

Aufgabe 5.9: Marketing-Kennzahlen

Kreuzen Sie bitte an, ob die folgenden Aussagen richtig oder falsch sind!

Bei Kennzahlen handelt es sich um eine Zusammenfassung von qualitativen betrieblichen Informationen. *Richtig* ☐ *Falsch* ☐

Mit Kennzahlen lassen sich die im Unternehmen anfallenden, häufig kaum mehr überschaubare Datenmengen auf wenige, aussagekräftige Größen verdichten. *Richtig* ☐ *Falsch* ☐

Kennzahlen dienen dazu, die Ergebnisse von Strategien sowie Maßnahmen und damit den Grad der Zielerreichung festzustellen. *Richtig* ☐ *Falsch* ☐

Bewegungskennzahlen lassen sich in Ergebniskennzahlen und Entwicklungskennzahlen differenzieren. *Richtig* ☐ *Falsch* ☐

Im Zuge von Soll-Ist-Vergleichen werden die Kennzahlen von Mitarbeitern, Abteilungen, Filialen, Unternehmen und/oder Branchen einander gegenübergestellt. *Richtig* ☐ *Falsch* ☐

Ein bekannter Vertreter eines Kennzahlensystems ist das RAI (Return After Investment)-Kennzahlensystem. *Richtig* ☐ *Falsch* ☐

Aufgabe 5.10: Marketing-Kennzahlen – Grund- bzw. Absolutzahlen

Ordnen Sie die folgenden Kennzahlen den richtigen Kategorien zu!

Absatz Produkt X, durchschnittlicher Tagesumsatz, Gesamtumsatz, Gewinn

- Einzelzahlen: ....
- Summen: ....
- Differenzen: ....
- Mittelwerte: ....

Aufgabe 5.11: Marketing-Kennzahlen – Verhältniskennzahlen

Ordnen Sie die folgenden Kennzahlen den richtigen Kategorien zu!

Anteil der Stammkunden an sämtlichen Kunden, Gewinnzunahme in % zum Vorjahr, Umsatz pro Kopf

- Beziehungszahlen: ....
- Gliederungszahlen: ....
- Indexzahlen: ....

Aufgabe 5.12: Marketing-Kennzahlen

Ordnen Sie die folgenden Kennzahlen den richtigen Kennzahlen-Kategorien zu!

Absatz, Gewinn, Kosten, Mitarbeiterzahl, Umsatz, Umsatzplus von 5 % bis zum 31.12., Zahl der Filialen

- Mengengrößen: ....
- Wertgrößen: ....
- Zeitgrößen: ....

Aufgabe 5.13: Marketing-Kennzahlen

Ordnen sie die folgenden Kennzahlen den richtigen Kennzahlen-Kategorien zu!

Bekanntheitsgrad, Direkte Produkt Rentabilität, Distributionsquote, Floprate, Kundenloyalität, Umsatz

- Gesamtmixbezogen ökonomisch: ....
- Gesamtmixbezogen qualitativ: ....
- Submixbezogen – Produkt-, Programm- bzw. Sortimentsmanagement: ....
- Submixbezogen – Kontrahierungsmanagement: ....
- Submixbezogen – Vertriebsmanagement: ....
- Submixbezogen – Kommunikationsmanagement: ....

Aufgabe 5.14: Return on Investment

Ein Unternehmen erwirtschaftet mit einem Kapital von 500.000 € bei einem Umsatz von 1.000.000 € einen Gewinn von 25.000 €.

Berechnen Sie RoI und Rückflussdauer. Zeigen Sie des Weiteren auf, wie sich der RoI beeinflussen lässt und wo die Grenzen dieser Kennzahl liegen.

Aufgabe 5.15: Umsatzkennzahlen

Die zur *Metro Gruppe* gehörende *Real GmbH & Co. KG* mit Sitz in Mönchengladbach erwirtschaftete im Jahr XY mit einer durchschnittlichen Anzahl von 66.000 Artikeln einen Umsatz von 8,11 Mrd. €. Sie beschäftigte 29.200 Mitarbeiter. Die 246 SB-Warenhäuser haben eine durchschnittliche Fläche von 7.115 qm.

Berechnen Sie Mitarbeiter- und Flächenproduktivität.

1.5.2   Lösungen

Lösungen Aufgabe 5.1: Zum Begriff eines Ziels

Marketing-Ziele sind anzustrebende ... *Sollzustände* ... in der Zukunft, die auf der ... *Situationsanalyse* ... sprich Marketing-Forschung basieren, mittels ... *Marketingstrategien* ... sowie deren ... *operativer* ... Umsetzung angesteuert werden und damit letztlich den Ausgangspunkt der ... *Marketing-Kontrolle* ... bilden.

Nicht verwendet: *Istzustände, Marketing-Myopia, Marketingrestriktionen, strategischer*

Lösungen Aufgabe 5.2: Arten von Zielen

- Ökonomische Ziele: ... *Absatz, Gewinn, Kostensenkung, mengenmäßiger Marktanteil, Umsatz* ...

- Psychographische Ziele: ... *Bekanntheitsgrad, Image, Kundenzufriedenheit* ...

- Monetäre Ziele: ... *Gewinn, Kostensenkung, Umsatz* ...

- Nicht-monetäre Ziele: ... *Absatz, Bekanntheitsgrad, Image, Kundenzufriedenheit, mengenmäßiger Marktanteil* ...

Lösungen Aufgabe 5.3: Funktion von Zielen

Falsch, Falsch, Richtig, Falsch, Richtig, Falsch

Lösungen Aufgabe 5.4: Beziehungsgefüge von Zielen auf der vertikalen Ebene

Falsch, Falsch, Richtig, Falsch, Falsch, Richtig, Richtig, Falsch, Falsch

Lösungen Aufgabe 5.5: Beziehungsgefüge von Zielen auf der horizontalen Ebene

Falsch, Falsch, Richtig, Falsch, Richtig, Falsch, Falsch, Richtig

Lösungen Aufgabe 5.6: Ansatzpunkte zur Bewältigung von Zielkonflikten

- ... *Zielrestriktion* ...: Maximiere den Gewinn unter der Nebenbedingung, mindestens 50 Mio. Euro Umsatz zu erzielen!

- ... *Zielschisma* ...: Maximiere in der Einführungsphase des Produkts den Umatz und in späteren Phasen des Produktlebenszyklus den Gewinn!

- ... *Zieldominanz* ...: Maximiere die Eigenkapitalrentabilität!

Lösungen Aufgabe 5.7: Operationalisierung von Marketing-Zielen

- Objektbezug: ... *PKW-Modell X der Marke YZ* ...
- Zielinhalt: ... *Umsatz* ...
- Zielausmaß: ... *5 Mio. Euro* ...
- Zeitbezug: ... *1. Quartal 2014* ...
- Segmentbezug: ... *Privatkunden jünger als 40 Jahre* ...
- Räumlicher Bezug: ... *Verkaufsgebiet Westeuropa* ...

Lösungen Aufgabe 5.8: Benchmarking

Falsch, Richtig, Falsch, Richtig, Falsch, Falsch, Richtig, Falsch, Falsch, Richtig

Lösungen Aufgabe 5.9: Marketing-Kennzahlen

Falsch, Richtig, Richtig, Richtig, Falsch, Falsch

Lösungen Aufgabe 5.10: Marketing-Kennzahlen – Grund- bzw. Absolutzahlen

- Einzelzahlen: ... *Absatz Produkt X* ...
- Summen: ... *Gesamtumsatz* ...
- Differenzen: ... *Gewinn* ...
- Mittelwerte: ... *durchschnittlicher Tagesumsatz* ...

Lösungen Aufgabe 5.11: Marketing-Kennzahlen – Verhältniskennzahlen

- Beziehungszahlen: ... *Umsatz pro Kopf* ...
- Gliederungszahlen: ... *Anteil der Stammkunden an sämtlichen Kunden* ...
- Indexzahlen: ... *Gewinnzunahme in % zum Vorjahr* ...

Lösungen Aufgabe 5.12: Marketing-Kennzahlen

- Mengengrößen: ... *Absatz, Mitarbeiterzahl, Zahl der Filialen* ...
- Wertgrößen: ... *Umsatz, Gewinn, Kosten* ...
- Zeitgrößen: ... *Umsatzplus von 5 % bis zum 31.12.* ...

Lösungen Aufgabe 5.13: Marketing-Kennzahlen

- Gesamtmixbezogen ökonomisch: ... *Umsatz* ...

- Gesamtmixbezogen qualitativ: ... *Kundenloyalität* ...

- Submixbezogen – Produkt-, Programm- bzw. Sortimentsmanagement: ... *Floprate* ...

- Submixbezogen – Kontrahierungsmanagement: ... *Direkte Produkt Rentabilität* ...

- Submixbezogen – Vertriebsmanagement: ... *Distributionsquote* ...

- Submixbezogen – Kommunikationsmanagement: ... *Bekanntheitsgrad* ...

Lösung Aufgabe 5.14: Return on Investment

$$\text{RoI} = \frac{\text{Gewinn}}{\text{Umsatz}} \times \frac{\text{Umsatz}}{\text{Gesamtkapital}} \times 100 = \frac{\text{Gewinn}}{\text{Gesamtkapital}} \times 100$$

Der RoI beträgt im vorliegenden Fall 5 %. (= (25.000 € : 1.000.000 €) x (1.000.000 € : 500.000 €) x 100 = ((25.000 € : 500.000 €) x 100).

Dabei wird der Gewinn vor Zinsen und Steuern zugrunde gelegt, das Gesamtkapital berechnet sich aus der Summe von Eigen- und Fremdkapital. Der Return on Investment entspricht damit der Multiplikation von Umsatzrentabilität = (Gewinn : Umsatz) x 100 % mit dem Kapitalumschlag (Umsatz : Gesamtkapital). Damit gibt der RoI an, wie rentabel eine Investition ist.

Weiterhin lässt sich mit Hilfe des RoI berechnen, wie lange es dauert, bis das investierte Kapital wieder erwirtschaftet ist. Hierzu dient folgende Berechnungsformel:

$$\text{Rückflussdauer in Jahren} = \frac{100}{\text{RoI}}$$

Die Rückflussdauer beträgt im vorliegenden fall 20 Jahre (= 100 : 5 %).

Der RoI ist die in den USA gebräuchliche Bezeichnung für die Gesamtkapitalrentabilität, d. h. den Gewinn, den das Unternehmen mit dem eingesetzten Kapital erwirtschaftet. Er wird in Kennzahlensytemen häufig als oberste Kennzahl herangezogen und ist demnach die zentrale Maßgröße für den Unternehmenserfolg. So ist der RoI u. a. die Spitzenkennzahl im Du-Pont-Kennzahlensystem.

Zerlegt man den RoI stufenweise in seine Bestimmungsgrößen, erschließen sich unmittelbare Anknüpfungspunkte, um diesen zu erhöhen:

- Steigerung des Umsatzes:
  Dies kann einmal durch eine Erhöhung des Preises, zum anderen durch eine Steigerung des Absatzes mittels Intensivierung der Marketingaktivitäten (Produkt- bzw. Sortiments-, Preis bzw. Konditionen-, Vertriebs- und Kommunikationsmanagement) bewerkstelligt werden.

- Verringerung des Umlauf- und Anlagevermögens:
  Unter Umlaufvermögen versteht man kurzfristig im Unternehmen verweilende Werte wie Vorräte, fertige Erzeugnisse, Kasse. Anlagevermögen ist langfristig gebundenes Vermögen wie Grundstücke, Gebäude und Maschinen und kann nur mittel- bis langfristig abgebaut werden.

- Senkung der Selbstkosten des Umsatzes durch striktes Kostenmanagement

- Weitere Ansatzpunkte zur Beeinflussung des RoI bieten die bekannten PIMS-Studien (Profit Impact of Market Strategies) des Strategic Planning Institute, Cambridge, Mass., bei denen seit Beginn der siebziger Jahren rund 300 Unternehmen aus verschiedenen Wirtschaftszweigen auf die Ursachen ihres (Miss-)Erfolgs untersucht werden. Hier konnte nachgewiesen werden, dass mit zunehmendem Marktanteil ein höherer RoI einhergeht. Als Ursachen hierfür können die von einem zunehmenden Absatz ausgehenden Wirkungen angeführt werden:
  - Abnahme der Fixkosten pro Stück
  - Zunahme des Know-hows der Mitarbeiter (sog. Erfahrungskurveneffekt)
  - Kostenvorteile im Einkauf aufgrund höherer Mengenrabatte
  - Einsatz effektiverer Technologien ab einem bestimmten Absatzvolumen

- Neben dem Ausbau des Marktanteils wirken sich eine Verbesserung der Qualität der erstellten Produkte bzw. Dienstleistungen sowie eine Optimierung des Herstellungsprozesses positiv auf den RoI aus. Ein hohes Investitionsvolumen hingegen beeinflusst den RoI negativ.

Um den RoI kurzfristig zu verbessern, senken einige Unternehmen ihr Investitionsvolumen. Dies birgt die Gefahr in sich, dass dringend erforderliche Ersatz- und Erweiterungsinvestitionen unterbleiben, was langfristig fatale Folgen für den Unternehmenserfolg haben kann. Weiterhin sagt der RoI nichts über die Verzinsung des Eigenkapitals aus, weil der Gewinn vor Steuern und Zinsen zugrunde gelegt wird.

Lösung Aufgabe 5.15: Umsatzkennzahlen

Der Umsatz wird häufig ins Verhältnis zu anderen Bezugsgrößen (etwa Kunde, Mitarbeiter, Verkaufsfläche) gesetzt. Hierbei gilt allgemein:

$$\text{Umsatzkennzahl} = \frac{\text{Umsatz}}{\text{Bezugsgröße}} \times 100$$

Zur Berechnung von Umsatzkennzahlen werden in der Praxis u. a. folgende Bezugsgrößen herangezogen: Auftrag, Maschinenstunde, Produkt, Verkaufsbezirk/Region, Mitarbeiter, Quadratmeter Verkaufsfläche. Hierzu zählen u. a. die folgenden Kennzahlen.

Umsatzkennzahl	Bezugsgröße	Aussagekraft
Kapitalumschlag	durchschn. Warenbestand zu Einstandspreisen	Gesamtkapitaleffizienz
Lagerumschlag	durchschn. Lagerbestand zu Einstandspreisen	Lagereffizienz
Mitarbeiterproduktivität	durchschnittliche Anzahl der Mitarbeiter	Personaleffizienz
Vertriebspersonal-produktivität	durchschnittliche Anzahl der im Vertrieb Beschäftigten	Vertriebspersonaleffizienz
Flächenproduktivität	Gesamtfläche de Verkaufs-raumes	Raumeffizienz
Regalproduktivität	Verkaufswirksame Fläche (meist Regalfläche)	Verkaufsflächeneffizienz

Im vorliegenden Fall ergibt sich eine Mitarbeiterproduktivität von 277.700 € je Mitarbeiter (= 8,11 Mrd. € : 29.200 Mitarbeiter).

Insgesamt vertreibt *Real* seine Artikel also auf 1.750.290 qm. Daraus errechnet sich eine Flächenproduktivität von 4.633 € pro qm (= 8,11 Mrd. € : 1.750.290 qm).

1.6 Marketing-Strategien

Die folgenden Übungsaufgaben beziehen sich auf **Kapitel 6: Marketing-Strategien**. Dieses Kapitel vermittelt,:

- was man unter einer Strategie versteht und welche Aufgaben einer solchen zufallen,
- welche Strategieoptionen sich bieten,
- durch welche Charakteristika sich die einzelnen Strategien auszeichnen,
- welche Vor- und Nachteile die jeweilige Strategie aufweist und
- welche Instrumente zur Verfügung stehen, um eine geeignete Strategie zu bestimmen.

1.6.1 Aufgaben

Aufgabe 6.1: Arten von Strategien

Markieren Sie, ob die folgenden Aussagen richtig oder falsch sind!

Instrumentbezogene Strategien legen den Fokus auf bestimmte Instrumente des Marketing-Mix, wie beispielsweise die Wahl von Werbeträgern.   *Richtig* ☐   *Falsch* ☐

Marketing-Basisstrategien kombinieren verschiedene Instrumente des Marketing-Mix.
Richtig ☐   *Falsch* ☐

Bei der Penetrationsstrategie handelt es sich um eine Marketing-Basisstrategie.
Richtig ☐   *Falsch* ☐

Bei der „Slice-of-Life"-Strategie handelt es sich um eine instrumentbezogene Strategie.
Richtig ☐   *Falsch* ☐

Strategieantinomie bezeichnet das Phänomen, dass sich Strategien horizontal (= auf einer Ebene) und/oder vertikal (= auf mehreren Ebenen) gegenseitig ausschließen.
Richtig ☐   *Falsch* ☐

Aufgrund von Strategiekomplementarität muss vor einer weiteren Konkretisierung der Strategien eine interne Konsistenzprüfung durchgeführt werden.   *Richtig* ☐   *Falsch* ☐

Es ist nur sinnvoll, komplementäre Strategien in einer Strategiebox zu kombinieren.
Richtig ☐   *Falsch* ☐

Aufgabe 6.2: Inhalt einer Strategie

Markieren Sie, ob die folgenden Aussagen richtig oder falsch sind!

Eine Strategie kann beispielsweise festlegen, ...

... wie man einen neuen Markt erschließt.   *Richtig* ☐   *Falsch* ☐

... wie man sich gegenüber der Konkurrenz verhält.   *Richtig* ☐   *Falsch* ☐

... wie sich das Verhalten der Konsumenten in den nächsten Jahren entwickeln wird.
                                                                 Richtig ☐   *Falsch* ☐

... welche Preis/Mengen-Kombinationen man wählt.   *Richtig* ☐   *Falsch* ☐

Aufgabe 6.3: Typen von Marketing-Basisstrategien

Ordnen Sie den folgenden Marketing-Basisstrategien die entsprechenden Strategietypen zu!

Fokussierung, Horizontale strategische Partnerschaften, Kostenführerschaft, Marktareal-strategie, Marktfeldstrategie, Marktparzellierung, Marktreduzierungsstrategie, Markt-stimulierung, Qualitätsführerschaft, Vertikale strategische Partnerschaften

- Kundenorientierte Strategien: ....

                                         ....

- Konkurrenzorientierte Strategien: ....

                                         ....

- Kooperationsstrategien: ....

                                         ....

Aufgabe 6.4: Marktfeldstrategien von *Ansoff*

Markieren Sie, ob die folgenden Aussagen richtig oder falsch sind!

Ein Unternehmen kann den Umsatz bisheriger Produkte auf bestehenden Märkten steigern, indem es z. B. die Kommunikationsaktivitäten verstärkt.   *Richtig* ☐   *Falsch* ☐

Wenn ein Unternehmen ein stark modifiziertes Produkt auf einem neuen Markt einführt, spricht man von einer Marktentwicklung.   *Richtig* ☐   *Falsch* ☐

Ein völlig neues Produkt auf einem bisher noch nicht bearbeiteten Markt anzubieten bedeutet, eine Diversifikationsstrategie zu verfolgen. *Richtig* ☐ *Falsch* ☐

Bei einer horizontalen Diversifikation werden völlig neuartige Produkte in das Produktprogramm aufgenommen, d. h. es bestehen keine sachlichen, funktionellen bzw. produktionsbezogene Beziehungen. *Richtig* ☐ *Falsch* ☐

Der Einstieg von Volkswagen beim tschechischen Automobilproduzenten Skoda stellt eine form der horizontalen Diversifikation dar. *Richtig* ☐ *Falsch* ☐

Bei der lateralen Diversifikation spielt das Motiv der Risikostreuung keine Rolle.
Richtig ☐ *Falsch* ☐

Unternehmen bedienen sich Diversifikationsstrategien, um bestehende Wachstumsgrenzen zu überwinden und einen Risikoausgleich zu schaffen. *Richtig* ☐ *Falsch* ☐

Die Produktentwicklung zeichnet sich dadurch aus, dass ein Unternehmen ein neues Produkt auf einem angestammten Markt offeriert. *Richtig* ☐ *Falsch* ☐

Bei der Produktvariation verändert man ein Produkt im Zeitablauf und ersetzt damit das bisherige Erzeugnis. *Richtig* ☐ *Falsch* ☐

Bei der Produktvariation bleibt die Ausgangsvariante auch weiterhin bestehen und es werden eine oder mehrere veränderte Versionen zusätzlich angeboten. *Richtig* ☐ *Falsch* ☐

Eine Marktneuheit ist zwar für das Unternehmen neu, existiert aber in ähnlicher Form bereits auf dem Markt. *Richtig* ☐ *Falsch* ☐

Ansoff entwickelte die Produkt-Markt-Matrix in den sechziger Jahren, wo nahezu alle Branchen geringe Wachstumsraten verzeichneten. *Richtig* ☐ *Falsch* ☐

Das Nutzenpotential der Produkt-Markt-Matrix von *Ansoff* ist in stagnierenden bzw. degenerativen Märkten eingeschränkt. *Richtig* ☐ *Falsch* ☐

Aufgabe 6.5: Diversifikationsstrategien

Füllen Sie die Lücken im Text mit den richtigen Begriffen aus!

Bei der .... erweitert ein Unternehmen das Leistungsspektrum auf der gleichen Wirtschaftsstufe durch verwandte Produkte. Im Zuge einer .... wird das Leistungsangebot auf vor- bzw. nachgelagerte Wertschöpfungsstufen ausgedehnt. Erwirbt beispielsweise ein Hersteller einen Zulieferbetrieb, spricht man von .... Gründet er hingegen ein Factory Outlet, handelt es sich um eine Form der .... Bei der .... schließlich besteht keinerlei Beziehung zum bisherigen Leistungsangebot.

Aufgabe 6.6: Marktstimulierungsstrategien

Markieren Sie, ob die folgenden Aussagen richtig oder falsch sind!

Ein Produkt in der „Stuck-in-the-Middle"-Position weist weder eine geringe Leistung noch einen besonders günstigen Preis auf. *Richtig* ☐ *Falsch* ☐

Wenn ein hervorragendes Produkt zu einem hohen Preis angeboten wird, liegt eine Vorteils-strategie vor. *Richtig* ☐ *Falsch* ☐

Im Zuge der Präferenz-Strategie bauen Unternehmen eine Premiummarke auf.

Richtig ☐ *Falsch* ☐

Die Strategie, ein geringwertiges Produkt zu einem hohen Preis zu offerieren, macht keinen Sinn, wenn ein Unternehmen entweder eine Monopolstellung innehat oder seinen Marktan-teil reduzieren bzw. einen Markt verlassen will. *Richtig* ☐ *Falsch* ☐

Der Erfahrungskurven-Effekt besagt, dass die realen Stückkosten um einen relativ konstan-ten Betrag zurückgehen, wenn sich die Zeit, die der Anbieter am Markt ist, verdoppelt hat.

Richtig ☐ *Falsch* ☐

Bei der Preis/Mengen-Strategie wird das Produkt zu einem geringen Preis angeboten, um große Mengen absetzen und dadurch Stückkosteneinsparungen aufgrund von Erfahrungskur-veneffekten realisieren zu können. *Richtig* ☐ *Falsch* ☐

Ein herausragendes Produkt sehr günstig anzubieten, birgt die Gefahr in sich, dass der An-bieter aufgrund der entsprechend hohen Produktionskosten Verluste erwirtschaftet.

Richtig ☐ *Falsch* ☐

Die Vorteils-Strategie eignet sich für zeitlich begrenzte Verkaufsförderungsaktionen sowie für einen Angriff auf Konkurrenten mit Preis/Mengen-Positionierung. *Richtig* ☐ *Falsch* ☐

Nach *Porter* sind langfristig nur die Präferenz- sowie die Preis/Mengen-Strategie sinnvoll.

Richtig ☐ *Falsch* ☐

Die Outpacing-Strategie verwirft die Annahme, dass jeder Konsument hohe Qualität zu ei-nem niederen Preis präferiert. *Richtig* ☐ *Falsch* ☐

Die Qualitätsbezogenheit der Preisinformation bezeichnet das Phänomen, dass ein hoher Preis dem Konsumenten eine (vermeintlich) hohe Qualität signalisiert. *Richtig* ☐ *Falsch* ☐

Den Überlegungen der Outpacing-Strategie folgend wird Produkten mit hoher Qualität und hohem Preis der größte Erfolg beschieden sein. *Richtig* ☐ *Falsch* ☐

Unternehmen, die eine Wettlaufstrategie verfolgen, werden zunächst die Qualität ihrer Pro-dukte steigern und anschließend Kosteneinsparungen anvisieren oder aber in umgekehrter Reihenfolge agieren. *Richtig* ☐ *Falsch* ☐

Aufgabe 6.7: Präferenzstrategie

Füllen Sie die Lücken im Text mit den richtigen Begriffen aus!

Exklusiven, flächendeckenden, Kostenführerschaft, Öffentlichkeitsarbeit, Position, Premium-marke, repräsentativen, selektiven, Werbung

Für eine erfolgreiche Präferenzstrategie ist es notwendig, für das Produkt eine ....
aufzubauen, durch umfangreiche .... den Bekanntheits- und Vertrautheitsgrad zu
steigern und einen .... oder zumindest .... Vertrieb aufzubauen, um die
Besonderheit des Erzeugnisses zu gewährleisten.

Lösungen Aufgabe 6.8: Marktparzellierungsstrategien

Füllen Sie die offenen Positionen in der folgenden Tabelle mit den passenden Begriffen aus!

Abdeckung des Markts Differenzierung des Marketingprogramms	....	Teilweise
....	....	....
....	Differenziertes Marketing	....

Lösungen Aufgabe 6.9: Marktparzellierungsstrategien

Markieren Sie, ob die folgenden Aussagen richtig oder falsch sind!

Beim undifferenzierten Marketing wird mit einem standardisierten Angebot und einem einheitlichen Marketing-Programm der gesamte Markt abgedeckt.   *Richtig* ☐   *Falsch* ☐

Beim differenzierten Marketing wird mit einem differenzierten Angebot ein Teil des Marktes abgedeckt.   *Richtig* ☐   *Falsch* ☐

Im Zuge des selektiv-differenzierten Marketing wird ein Partialmarkt mit einem differenzierten Angebot bearbeitet.   *Richtig* ☐   *Falsch* ☐

Beim Mass Customizing werden differenzierte Produkte mit Hilfe neuer Informations- und Produktionstechnologien standardisiert produziert.   *Richtig* ☐   *Falsch* ☐

Im Zuge der Marktsegmentierung wird ein großer, heterogener Markt in kleinere Teilmärkte unterteilt, die in Hinsicht auf die Kundenbedürfnisse in sich möglichst heterogen und untereinander möglichst homogen sind.   *Richtig* ☐   *Falsch* ☐

Marktsegmente müssen intern möglichst heterogen und untereinander möglichst homogen sein.   *Richtig* ☐   *Falsch* ☐

Beim „Segment-of-One"-Marketing bildet jeder Kunde ein eigenes Segment und erhält eine individuelle Unternehmensleistung.   *Richtig* ☐   *Falsch* ☐

Aufgabe 6.10: Marktsegmentierungskriterien

Markieren Sie, ob die folgenden Aussagen richtig oder falsch sind!

Geeignete Segmentierungskriterien sollten die Kaufentscheidung beeinflussen und außerdem subjektiv messbar sein.   *Richtig* ☐   *Falsch* ☐

Besonders geeignet sind Marktsegmentierungskriterien, die kurzfristigen Modeströmungen unterliegen.   *Richtig* ☐   *Falsch* ☐

Psychografische Segmentierungskriterien haben den Nachteil einer geringen Verhaltensrelevanz.   *Richtig* ☐   *Falsch* ☐

Die Kaufintensität ist ein verhaltensorientiertes Segmentierungskriterium.
          Richtig ☐   *Falsch* ☐

Das Geschlecht ist ein Beispiel für ein demografisches Segmentierungsmerkmal.
          Richtig ☐   *Falsch* ☐

Das Geschlecht kann immer als Kriterium zur Marktsegmentierung herangezogen werden, da sich die Bedürfnisse von Mann und Frau auch immer unterscheiden.   *Richtig* ☐   *Falsch* ☐

Ansprechbarkeit sowie ausreichende Größe der Segmente sind zentrale Anforderungen an Marktsegmentierungskriterien.   *Richtig* ☐   *Falsch* ☐

Messbarkeit ist eine Anforderung an Marktsegmentierungskriterien.   *Richtig* ☐   *Falsch* ☐

Marktsegmentierungskriterien müssen nicht unbedingt einen Bezug zur Marktbearbeitung aufweisen.   *Richtig* ☐   *Falsch* ☐

Aufgabe 6.11: Kriterien zur Segmentierung von Konsumgütermärkten

Ordnen Sie die folgenden Segmentierungskriterien den entsprechenden Kategorien zu!

Alter, Bedürfnisse, Beruf, Einkaufshäufigkeit, Einkommen, Familienstand, Interessen, Kauf-volumen, Wohnort

- Sozioökonomisch: ....
- Demographisch: ....
- Geographisch: ....
- Psychographisch: ....
- Verhaltensbezogen: ....

Aufgabe 6.12: Lifestyle-Segmentierung

Füllen Sie die Lücken im Text mit den richtigen Begriffen aus!

Beim zur Erfassung von Lebensstilen herangezogenen AIO-Ansatz stehen A für ...., I für .... und O für ....

Aufgabe 6.13: Kriterien zur Segmentierung von Investitionsgütermärken

Ordnen Sie die folgenden Segmentierungskriterien den entsprechenden Kategorien zu!

Bestellmenge, -häufigkeit, -rhythmus; Branche; Kaufkriterien; Unternehmensgröße; Unter-nehmensstandort

- Demographisch: ....
- Geographisch: ....
- Verhaltensbezogen: ....

Aufgabe 6.14: Marktarealstrategien

Markieren Sie, ob die folgenden Aussagen richtig oder falsch sind!

Die Marktarealstrategie legt fest, welche Zielgruppe bearbeitet werden soll.

Richtig ☐   *Falsch* ☐

Internationalisierung bietet Unternehmen die Möglichkeit, Erfahrungskurveneffekte zu er-schließen.

Richtig ☐   *Falsch* ☐

Unternehmen schränken durch Internationalisierung generell ihren Preisspielraum ein.

Richtig ☐   *Falsch* ☐

Im Zuge einer multinationalen Marktarealstrategie wird der Weltmarkt bearbeitet.

Richtig ☐   *Falsch* ☐

Nicht-tarifäre Handelshemmnisse sind im Wesentlichen mit Zöllen gleichzusetzen.

Richtig ☐   *Falsch* ☐

Hoffnungsmärkte weisen eine hohe Attraktivität, aber gleichzeitig auch hohe Eintrittsbarrieren auf.

Richtig ☐   *Falsch* ☐

Standardisierung in seiner extremsten Form bedeutet, dass identische Produkte und Dienstleistungen zu einheitlichen Preisen sowie Konditionen über gleiche Distributionskanäle unter Einsatz des gleichen Kommunikationsinstrumentariums vertrieben werden.

Richtig ☐   *Falsch* ☐

Die Divergenzthese besagt, dass sich Bedürfnisse und Verhalten der Verbraucher weltweit immer stärker annähern.

Richtig ☐   *Falsch* ☐

Die Strategie der internationalen Standardisierung basiert auf der Divergenzhypothese.

Richtig ☐   *Falsch* ☐

Differenzierung basiert auf der Maxime: „All Business is Local.".

Richtig ☐   *Falsch* ☐

Aufgabe 6.15: Internationale Marktausweitung

Ordnen Sie die folgenden Aussagen den jeweiligen Formen der internationalen Marktbearbeitung zu!

(1) Jedes Zielland bekommt ein gesondertes Produkt.

(2) Die Produkte, die im Ausland abgesetzt werden, sind auf die Bedürfnisse der Konsumenten des Heimatmarktes abgestimmt.

(3) Die Konsumenten besitzen überall gleiche Bedürfnisse. Sie bekommen daher das gleiche Produkt geliefert.

(4) Die Zielmärkte werden von verschiedenen Auslandsstützpunkten aus bearbeitet.

Formen der internationalen Marktbearbeitung:

- Ethnozentrische Verbreitung: ....

- Polyzentrische Verbreitung: ....

- Regiozentrische Verbreitung: ....

- Geozentrische Verbreitung: ....

Aufgabe 6.16: Timing des Markteintrittszeitpunkts

Markieren Sie, ob die folgenden Aussagen richtig oder falsch sind!

Im Zuge der Sprinklerstrategie werden möglichst viele Märkte simultan oder in kurzer Zeit erschlossen.   *Richtig* ☐   *Falsch* ☐

Die Sprinklerstrategie ermöglicht es, die Markteintrittsrisiken auf mehrere Ländermärkte zu verteilen.   *Richtig* ☐   *Falsch* ☐

Die Sprinklerstrategie senkt das Risiko von Fehlinvestitionen.   *Richtig* ☐   *Falsch* ☐

Im Rahmen der Wasserfallstrategie tritt ein Unternehmen simultan in die einzelnen Auslandsmärkte ein.   *Richtig* ☐   *Falsch* ☐

Die Wasserfallstrategie begrenzt das Risiko von Fehlinvestitionen.   *Richtig* ☐   *Falsch* ☐

Aufgabe 6.17: Timing des Markteintrittszeitpunkts

Markieren Sie, ob die folgenden Aussagen richtig oder falsch sind!

Die „first-mover"-Strategie eröffnet die Möglichkeit zur Schaffung und Durchsetzung eines Standards.   *Richtig* ☐   *Falsch* ☐

Mit Hilfe der „first-mover"-Strategie lassen sich sog. „Free rider"-Effekte ausschalten.
                                                                      Richtig ☐   *Falsch* ☐

Der Folger hat gegenüber dem Pionier Vorteile auf der Erfahrungskurve.
                                                                      Richtig ☐   *Falsch* ☐

Die „first-mover"-Strategie eröffnet die Möglichkeit, Polypolgewinne zu realisieren.
                                                                      Richtig ☐   *Falsch* ☐

Aufgabe 6.18: Markteintritt

Markieren Sie, ob die folgenden Aussagen richtig oder falsch sind!

Der Export bildet normalerweise den Ausgangspunkt der Internationalisierung von Unternehmen.   *Richtig* ☐   *Falsch* ☐

Im Falle des indirekten Exports beliefert der nationale Hersteller ausländische Wiederverkäufer und/oder Endverbraucher unter Ausschluss inländischer Exportzwischenhändler.
                                                                      Richtig ☐   *Falsch* ☐

Beim Lizenzvertrag erwirbt ein ausländischer Lizenzgeber die Befugnis, gewerbliche Rechte eines inländischen Lizenznehmers zu nutzen.   *Richtig* ☐   *Falsch* ☐

Franchising ist eine Weisungs- und Kontrollbefugnisse umfassende Form der Lizenzierung.
Richtig ☐   *Falsch* ☐

Vorteile des Franchising bestehen darin, dass das Unternehmen selbst keine Filialen aufbauen muss und seine eigene Marketing-Konzeption dennoch einheitlich durchsetzen kann.
Richtig ☐   *Falsch* ☐

Der Franchise-Nehmer darf die Markenzeichen des Franchise-Gebers verwenden.
Richtig ☐   *Falsch* ☐

Der Franchise-Nehmer ist rechtlich nicht selbständig.   *Richtig* ☐   *Falsch* ☐

Der Franchise-Geber hat vertraglich festgelegte Weisungsrechte.   *Richtig* ☐   *Falsch* ☐

Gründe für den Aufbau eines Franchise-Systems ist häufig eine auf schnelle Marktdurchdringung setzende Strategie.   *Richtig* ☐   *Falsch* ☐

Der Franchise-Nehmer konzipiert Werbemaßnahmen eigenständig.   *Richtig* ☐   *Falsch* ☐

Der Vorteil einer Lizenzvergabe besteht darin, Erfahrungen auf einem fremden Markt zu sammeln, ohne durch hohe Investitionen im Ausland Risiken einzugehen.
Richtig ☐   *Falsch* ☐

Wird ein Auslandsmarkt in Form von Niederlassungen erschlossen, handelt es sich um eine Direktinvestition.   *Richtig* ☐   *Falsch* ☐

Als Gründe für den Verzicht auf Direktinvestitionen auf ausländischen Märkten sind u. a. die Neutralisierung von Währungsschwankungen, Kosten- und Steuervorteile, die Überwindung von Importbarrieren sowie die Möglichkeit der Erlangung eines inländischen Images zu nennen.   *Richtig* ☐   *Falsch* ☐

Aufgabe 6.19: Markteintritt

Ordnen Sie die folgenden Formen der Markterschließung nach der Höhe ihres Kapitaleinsatzes im Gastland sowie der Höhe der Managementleistung im Gastland an!

Auslandsniederlassung, Contracting, Export, Franchising, Lizenzvertrag, Produktionsbetrieb, Tochtergesellschaft.

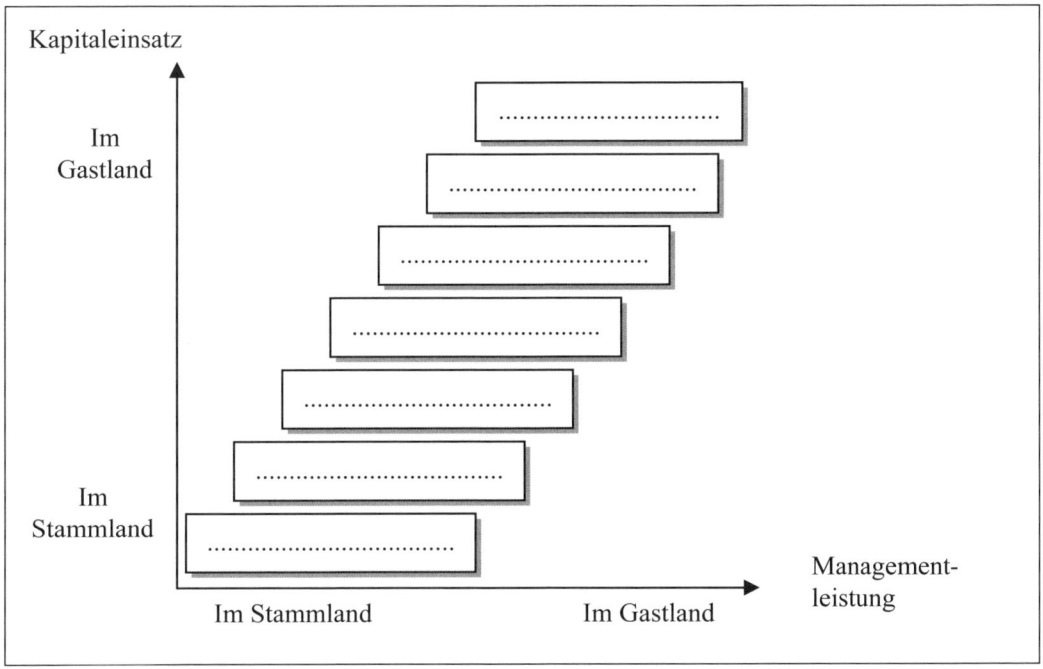

Aufgabe 6.20: Institutionelle Umsetzung der Marktausweitung

Füllen Sie die Lücken im Text mit den richtigen Begriffen!

Beim .... verkauft das Unternehmen seine Produkte selbst im Ausland, während beim .... Zwischenhändler, welche schon bestehende Distributionskanäle nutzen, diese Aufgabe übernehmen.

Aufgabe 6.21: Franchising

Füllen Sie die Lücken im Text mit den richtigen Begriffen! Entscheiden Sie hierbei jeweils zwischen „Nehmer" und „Geber"!

Der Franchise- .... verkauft dem Franchise- .... bestimmte Rechte.

Der Franchise- .... erhält Zugriff auf bestehendes Know-how.

Im Gegenzug muss der Franchise- .... im Sinne des Franchise- .... handeln und die erhaltenen Leistungen durch eine Franchise-Gebühr entgelten.

Der Franchise- .... kann sein Absatzgebiet mit vergleichsweise geringem Aufwand ausdehnen.

Der Franchise- .... erhält in manchen Fällen auch eine Anschubfinanzierung.

Aufgabe 6.22: Konkurrenzorientierte Strategien

Markieren Sie, ob die folgenden Aussagen richtig oder falsch sind!

Die konkurrenzorientierten Strategien basieren auf der Überlegung, dass neben den Bedürfnissen der derzeitigen und potentiellen Kunden auch die Wettbewerber in die strategischen Überlegungen einzubeziehen sind.   *Richtig* ☐ *Falsch* ☐

Wettbewerbsstrategien berücksichtigen ausschließlich horizontale Konkurrenzbeziehungen.
                                                          Richtig ☐ *Falsch* ☐

Horizontaler Wettbewerb kann nur zwischen etablierten Konkurrenten entstehen.
                                                          Richtig ☐ *Falsch* ☐

Unternehmen befinden sich in einem vertikalen Wettbewerb mit vorgelagerten Lieferanten und nachgelagerten Kunden im Kampf um Marktanteile in der Wertschöpfungskette.
                                                          Richtig ☐ *Falsch* ☐

Porter unterstellt in seinem Konzept der konkurrenzorientierten Strategien eine linear positive Beziehung zwischen ROI und relativem Marktanteil.   *Richtig* ☐ *Falsch* ☐

Die Wettbewerbsstrategien von *Porter* repräsentieren keine eigenständige strategische Dimension, sondern eine Art Perspektivenwechsel in Bezug auf die abnehmerorientierten Strategien.   *Richtig* ☐ *Falsch* ☐

Die Wettbewerbsstrategien von *Porter* weisen unübersehbare Ähnlichkeiten zu den Wachstumsstrategien von *Ansoff* auf.   *Richtig* ☐ *Falsch* ☐

Aufgabe 6.23: Kostenführerschaft

Markieren Sie, ob die folgenden Aussagen richtig oder falsch sind!

Kostenführerschaft lässt sich ausschließlich durch Erfahrungskurveneffekte erzielen.
                                                          Richtig ☐ *Falsch* ☐

Kostenführerschaft schließt die Gefahr eines ruinösen (Preis-)Wettbewerbs generell aus.
                                                          Richtig ☐ *Falsch* ☐

Im Falle der Kostenführerschaft fragt der Kunde das Produkt aufgrund seines günstigen Preises und nicht wegen der hohen Qualität nach.   *Richtig* ☐ *Falsch* ☐

Kostenführer ziehen in erster Linie Kunden an, die generell billig einkaufen wollen. Dauerhaft lassen sich solche Käufer nur schwerlich binden.   *Richtig* ☐ *Falsch* ☐

Auf einen niedrigen Preis fokussierte Kunden zeichnen sich durch hohe Loyalität gegenüber einem Anbieter aus.   *Richtig* ☐ *Falsch* ☐

Im Falle der Kostenführerschaft erlauben die niedrigen Stückkosten einen entsprechend niedrigen Produktpreis. Dadurch lassen sich relativ schnell viele Erzeugnisse absetzen und große Marktanteile gewinnen. *Richtig* ☐ *Falsch* ☐

Der niedrige Preis im Rahmen einer Kostenführerschaft schreckt potentielle Wettbewerber ab. Er wirkt somit als Markteintrittsbarriere. *Richtig* ☐ *Falsch* ☐

Bei einem niedrigen Preis kann der Hersteller gänzlich auf Qualität verzichten. *Richtig* ☐ *Falsch* ☐

Aufgabe 6.24: Qualitätsführerschaft

Markieren Sie, ob die folgenden Aussagen richtig oder falsch sind!

Ein Unternehmen ist nur dann Qualitätsführer, wenn der Grundnutzen eines angebotenen Produktes den Erzeugnissen der Mitbewerber überlegen ist. *Richtig* ☐ *Falsch* ☐

Ein Vorteil der Qualitätsführerschaft besteht darin, dass der hohe Preis potentielle Konkurrenten vom Markteintritt abhält. *Richtig* ☐ *Falsch* ☐

Ein möglicher Nachteil der Qualitätsführerschaft liegt in der Nichtansprache preisbewusster Zielgruppen. *Richtig* ☐ *Falsch* ☐

Qualitätsführerschaft birgt ein hohes Kundenbindungspotential in sich. *Richtig* ☐ *Falsch* ☐

Aufgabe 6.25: Fokussierung

Füllen Sie die offenen Positionen in der Tabelle mit den passenden Begriffen aus!

Abdeckung des ...	Vorteil	....	....
....		....	Qualitätsführerschaft
Teilmarktes		....	....

Aufgabe 6.26: Fokussierungsstrategie

Markieren Sie, ob die folgenden Aussagen richtig oder falsch sind!

Fokussierung und Qualitätsführerschaft schließen sich gegenseitig aus.

Richtig ☐   *Falsch* ☐

Fokussierung und Kostenführerschaft schließen sich gegenseitig aus.   *Richtig* ☐   *Falsch* ☐

Bearbeitet ein Unternehmen nur einen Teilmarkt als Kosten- und Qualitätsführer, spricht man von einer Fokussierungsstrategie.   *Richtig* ☐   *Falsch* ☐

Der Nachteil der Fokussierungsstrategie liegt darin, dass eine Marktnische schnell „wegbrechen" kann, was für ein nicht diversifiziertes Unternehmen unter Umständen den Ruin bedeutet.   *Richtig* ☐   *Falsch* ☐

Fokussierung bedeutet, sich auf den Gesamtmarkt zu konzentrieren.   *Richtig* ☐   *Falsch* ☐

Aufgabe 6.27: Unternehmensübergreifende Strategien

Markieren Sie, ob die folgenden Aussagen richtig oder falsch sind!

Das Spektrum der Beziehungen zwischen Marktpartnern reicht von konfliktär über neutral bis hin zu kooperativ.   *Richtig* ☐   *Falsch* ☐

Konfliktstrategien basieren auf der Annahme eines Nullsummenspiels zwischen den Marktpartnern.   *Richtig* ☐   *Falsch* ☐

Zu den konfliktären Strategien zählt auf der vertikalen Ebene die Verdrängung von Wettbewerbern durch beispielsweise Preisunterbietungsstrategien.   *Richtig* ☐   *Falsch* ☐

Im Zuge von Kooperationen verabschiedet man sich von den Überlegungen einer Win-Win-Strategie.   *Richtig* ☐   *Falsch* ☐

Kooperationen können nur Unternehmen auf derselben Wirtschaftsstufe eingehen werden.

Richtig ☐   *Falsch* ☐

Im Rahmen vertikaler Kooperationen arbeiten Unternehmen, die eigentlich miteinander konkurrieren, partnerschaftlich zusammen.   *Richtig* ☐   *Falsch* ☐

Auch Lieferanten können mit ihren Abnehmern Kooperationen eingehen.

Richtig ☐   *Falsch* ☐

Aufgabe 6.28: Gewerblicher Rechtsschutz

Markieren Sie, ob die folgenden Aussagen richtig oder falsch sind!

GWB und UWG bilden zusammen den gewerblichen Rechtsschutz. *Richtig* ☐ *Falsch* ☐

GWB steht für Gesetz gegen Wettbewerbseingriffe. *Richtig* ☐ *Falsch* ☐

Das Kartellrecht hat die Aufgabe, einen funktionsfähigen Wettbewerb zu schaffen bzw. aufrechtzuerhalten. *Richtig* ☐ *Falsch* ☐

Das Kartellrecht regelt ausschließlich die Beziehungen zwischen aktuellen sowie potentiellen
Konkurrenten und damit die horizontale Ebene. *Richtig* ☐ *Falsch* ☐

Kartelle sind immer verboten. *Richtig* ☐ *Falsch* ☐

Zum Recht gegen unlauteren Wettbewerb zählen neben dem UWG spezielle Regelungen wie
Ladenschlussgesetz und Preisangabeverordnung. *Richtig* ☐ *Falsch* ☐

Ebenso wie das Kartellrecht basiert das Recht gegen unlauteren Wettbewerb auf der Annahme, dass ein grundsätzlich funktionsfähiges Wettbewerbssystem existiert.
Richtig ☐ *Falsch* ☐

Die Generalklausel des § 1 UWG schützt Anbieter vor Handlungen durch Konkurrenten, die
in Widerspruch zu den guten Sitten im Wettbewerb stehen. *Richtig* ☐ *Falsch* ☐

Nach § 3 UWG sind irreführende Angaben verboten. *Richtig* ☐ *Falsch* ☐

Aufgabe 6.29: Horizontale Kooperationen

Markieren Sie, ob die folgenden Aussagen richtig oder falsch sind!

Eine horizontale Kooperation liegt vor, wenn Lieferant und Abnehmer in einem oder mehreren Geschäftsfeldern zusammenarbeiten. *Richtig* ☐ *Falsch* ☐

Eine Strategische Allianz ist eine auf Dauer angelegte Partnerschaft mit dem Anliegen, bestimmte zeitweilige Ziele (etwa Markteintritt) zu erreichen. *Richtig* ☐ *Falsch* ☐

Im Falle einer Direktinvestition im Ausland in Form einer gemeinsamen Investition eines
heimischen und eines ausländischen Unternehmens liegt ein Joint Venture vor.
Richtig ☐ *Falsch* ☐

Freiwillige Kette sowie Genossenschaft sind Zusammenschlüsse von Unternehmen zumeist
unterschiedlicher Branchen unter verschiedenen Organisationszeichen mit dem Ziel, unter-
nehmerische Aufgaben gemeinsam durchzuführen. *Richtig* ☐ *Falsch* ☐

Kartelle sind Verträge oder Beschlüsse von Unternehmen, die auf dem selben relevanten
Markt agieren, mit dem Ziel, durch Verzicht auf den autonomen Gebrauch von Aktionspa-
rametern wie Preise, Rabatte, Konditionen den Wettbewerb zu beschränken.
Richtig ☐ *Falsch* ☐

Horizontale Kooperationen dienen u. a. dazu, Know-how und finanzielle Ressourcen zu erwerben.   *Richtig* ☐   *Falsch* ☐

Horizontale Kooperationen eröffnen die Möglichkeit, durch internes Wachstum Erfahrungs-kurveneffekte zu erschließen.   *Richtig* ☐   *Falsch* ☐

Aufgabe 6.30: Vertikale Kooperationen und ECR

Markieren Sie, ob die folgenden Aussagen richtig oder falsch sind!

Eine vertikale Kooperation liegt vor, wenn Unternehmen mit vor- bzw. nachgelagerten Wirt-schaftsstufen zusammenarbeiten.   *Richtig* ☐   *Falsch* ☐

ECR steht für Efficient Cost Reduction.   *Richtig* ☐   *Falsch* ☐

ECR basiert auf dem Grundsatz: „Bargaining statt Kooperation".   *Richtig* ☐   *Falsch* ☐

Folgende Basismodule gehören zu ECR:
- Efficient Replenishment   *Richtig* ☐   *Falsch* ☐
- Efficient Association   *Richtig* ☐   *Falsch* ☐
- Efficient Product Placement   *Richtig* ☐   *Falsch* ☐
- Efficient Promotion   *Richtig* ☐   *Falsch* ☐

Zu den Nutzenpotentialen des Efficient Replenishment zählt die Erhöhung der Produktver-fügbarkeit am Point-of-Sale.   *Richtig* ☐   *Falsch* ☐

Im Falle von Vendor Managed Inventory entscheiden Abnehmer und Lieferant gemeinsam über Nachfüllzeitpunkte und optimale Wiederauffüllmenge.   *Richtig* ☐   *Falsch* ☐

Category Management bezeichnet einen gemeinsamen Prozess von Händlern und Herstel-lern, bei dem Warengruppen als Strategische Geschäftseinheiten geführt werden, um durch die Erhöhung des Kundennutzens Ergebnisverbesserungen zu erzielen.*Richtig* ☐   *Falsch* ☐

Forward Buying bezeichnet die Bevorratung mit großen Warenmengen zu Aktionspreisen.   *Richtig* ☐   *Falsch* ☐

Mit der Prozesskostenrechnung lassen sich die Einzelkosten verursachungsgerecht einzelnen Produkten, Aufträgen und Kunden zuordnen.   *Richtig* ☐   *Falsch* ☐

Aufgabe 6.31: Gap-Analyse

Markieren Sie, ob die folgenden Aussagen richtig oder falsch sind!

Die Gap-Analyse basiert methodisch auf der Delphi-Methode.   *Richtig* □   *Falsch* □

Die gewünschte Entwicklung, welche die Zielvorstellungen hinsichtlich eines Beurteilungs-kriteriums (etwa Gewinn oder Umsatz) zum Ausdruck bringt, bezeichnet man als Sollgröße.
Richtig □   *Falsch* □

Die erwartete Entwicklung, die eintreten wird, wenn alles wie bisher läuft, bezeichnet man als Istgröße.   *Richtig* □   *Falsch* □

Dem Konzept der Gap-Analyse folgend kann eine Ziellücke zwischen der erwarteten Ent-wicklung und der Entwicklung in der Vergangenheit auftreten.   *Richtig* □   *Falsch* □

Die Ziellücke lässt sich in eine strategische und eine operative Lücke untergliedern.
Richtig □   *Falsch* □

Eine Ziellücke lässt sich u. a. schließen, indem man die Ziele nach unten korrigiert.
Richtig □   *Falsch* □

Um eine Ziellücke auf der Handlungsebene zu schließen, reicht es aus, Veränderungen beim Marketing-Mix vorzunehmen.   *Richtig* □   *Falsch* □

Aufgabe 6.32: Marktanteil, Marktvolumen und Marktpotenzial

Markieren Sie, ob die folgenden Aussagen richtig oder falsch sind!

Das Marktvolumen ist das Marktpotential unter der Berücksichtigung der Kaufkraft (Nach-frage).   *Richtig* □   *Falsch* □

Der Marktanteil ist der Anteil der einzelnen Unternehmung am jeweiligen Marktpotential.
Richtig □   *Falsch* □

Die Relation von Marktvolumen zu Marktpotenzial bezeichnet man als Marktausschöp-fungsgrad.   *Richtig* □   *Falsch* □

Entspricht das Marktvolumen dem Marktpotential, so ist ein Markt gesättigt.
Richtig □   *Falsch* □

Aufgabe 6.33: Berechnung des Absatzpotentials

Ein Saunahersteller setzt 10.000 Saunen pro Jahr ab. Das gesamte Marktpotential in Deutschland wird auf 40.000 Saunen p. a. veranschlagt. Berechnungen deuten darauf hin, dass das Unternehmen rund die Hälfte dieses Markpotentials für sich nutzen könnte. Ermit-teln Sie das Absatzpotential des Herstellers und interpretieren Sie diesen.

Aufgabe 6.34: Berechnung des Marktsättigungsgrads

Im Betrachtungszeitraum werden in Deutschland 2,8 Millionen Personenwagen abgesetzt. Experten gehen davon aus, dass sich das Marktpotential in Deutschland auf 3,5 Millionen Neuzulassungen pro Jahr beläuft. Berechnen Sie den Marktsättigungsgrad und interpretieren Sie diesen.

Aufgabe 6.35: Entscheidung über eine Innovation

Ein Produzent steht vor der Entscheidung, ob er eine Produktinnovation auf dem Markt einführen soll oder nicht. Anhand von Marktanalysen hat die Marktforschungsabteilung folgende Preisabsatzfunktion (bezogen auf ein Jahr) ermittelt:

$x = 10.000/p$

Die variablen Stückkosten belaufen sich auf 4 €. Bezogen auf diese Innovation fallen Fixkosten von 2.000 € p. a. an. Zu welchem Mindestpreis muss das Unternehmen die Innovation einführen? Begründen Sie Ihre Vorgehensweise.

Aufgabe 6.36: Produktlebenszyklus-Analyse

Markieren Sie, ob die folgenden Aussagen richtig oder falsch sind!

Die Produktlebenszyklus-Kurve weist in ihrer idealtypischen Darstellung einen S-förmigen Verlauf auf. *Richtig* ☐ *Falsch* ☐

Der Produktlebenszyklus ist ein Naturgesetz über den zeitabhängigen Absatzverlauf eines Produkts. *Richtig* ☐ *Falsch* ☐

Der Begriff „Produkt-Lebenszyklus" bezeichnet:

das relative Alter eines Produktes. *Richtig* ☐ *Falsch* ☐

das durchschnittliche Alter der Konsumenten, die dieses Produkt kaufen. *Richtig* ☐ *Falsch* ☐

die Familienstruktur der Käufer, d.h.: unverheiratet, verheiratet ohne Kinder, verheiratet mit kleinen Kindern, verheiratet mit älteren Kindern, im Ruhestand, verwitwet. *Richtig* ☐ *Falsch* ☐

die Feststellung, ob das Produkt in diesem Jahr einen guten Markt finden wird oder nicht. *Richtig* ☐ *Falsch* ☐

In der Realität durchläuft jedes Produkt sämtliche Phasen des Produktlebenszyklus.
Richtig ☐ *Falsch* ☐

Das Produktlebenszyklus-Konzept basiert auf der Annahme, dass die Existenz eines Produktes zeitlich unbegrenzt ist. *Richtig* □   *Falsch* □

Das Produktlebenszyklus-Modell basiert auf der Annahme, dass zu jeder Phase eine optimale Marketingstrategie existiert. *Richtig* □   *Falsch* □

In der Entwicklungsphase eines Produktes entstehen grundsätzlich negative Produktdeckungsbeiträge. *Richtig* □   *Falsch* □

Der Anstoß für eine Innovation erfolgt grundsätzlich von externer Seite, also durch Kunden, Wettbewerber und/oder Erfinder. *Richtig* □   *Falsch* □

Der Diffusions- bzw. Adaptionsprozess einer Innovation wird von den Innovatoren in Gang gesetzt und von der späten Mehrheit abgeschlossen. *Richtig* □   *Falsch* □

Angesichts der immensen Kosten und der noch geringen Anzahl von Nutzern lassen sich in der Einführungsphase trotz der in der Regel hohen Preise noch keine Gewinne bzw. positiven Produktdeckungsbeiträge realisieren. *Richtig* □   *Falsch* □

In der Wachstumsphase ist es besonders wichtig, das Produkt bekannt zu machen und Distributionskanäle aufzubauen. *Richtig* □   *Falsch* □

In der Wachstumsphase lassen sich die höchsten Gewinnmargen erzielen, da noch eine geringe Wettbewerbsintensität herrscht. *Richtig* □   *Falsch* □

In der Reifephase sinkt i. d. R. das Preisniveau infolge der gesteigerten Wettbewerbsintensität. *Richtig* □   *Falsch* □

Produkte sollten bereits während der Reifephase ihres Lebenszyklus eliminiert werden, um Verluste in der nachfolgenden Degenerationsphase zu vermeiden. *Richtig* □   *Falsch* □

Der Eintritt des Eliminationszeitpunktes kann durch einen sog. Relaunch hinausgezögert werden. *Richtig* □   *Falsch* □

Aufgabe 6.37: Relaunch

Markieren Sie, ob die folgenden Aussagen richtig oder falsch sind!

Relaunch bezeichnet die Wiederbelebung eines existierenden Produktes durch Umgestaltung und/oder schlagartig einsetzende Intensivierung der Marketingbemühungen, wobei die Identität des Produktes grundlegend verändert werden muss. *Richtig* □   *Falsch* □

Mit Hilfe von Relaunches lassen sich Innovationszyklen überbrücken. *Richtig* □   *Falsch* □

Ein Relaunch bietet die Möglichkeit, einen bereits aufgebauten Marken-Goodwill auf ein anderes Produkt zu übertragen. *Richtig* □   *Falsch* □

Ein Relaunch bietet den Vorteil, Irritationen bei den bisherigen Kunden abzubauen.

Richtig □   *Falsch* □

Zu häufige Relaunches bergen die Gefahr einer Markenerosion in sich.

Richtig ☐   *Falsch* ☐

Aufgabe 6.38: Lebenszyklus einer Strategischen Geschäftseinheit

In welcher Reihenfolge durchläuft eine Strategische Geschäftseinheit idealerweise die einzelnen Phasen ihres Lebenszyklus? Ordnen Sie richtig zu!

Armer Hund, Fragezeichen, Milchkuh, Star

1. Phase: ....

2. Phase: ....

3. Phase: ....

4. Phase: ....

Aufgabe 6.39: Berechnung Marktanteil und Marktsättigungsgrad

Das Unternehmen „*Liquo Mily*" setzt pro Jahr auf dem deutschen Markt Motorenöle für 800 Mio. €. Auf dem inländischen Markt werden von den Wettbewerbern im gleichen Zeitraum Motorenöle für 1.600 Mio. € verkauft. Experten beziffern das Marktpotenzial auf 3,2 Milliarden €.

(a) Wie hoch ist der Marktanteil von „*Liquo Mily*"?

(b) Wie weit ist das Marktpotenzial für Motorenöle bereits ausgeschöpft?

Aufgabe 6.40: Berechnung relativer Marktanteil

Ein Automobilhersteller A verkauft in einer Region 4.000 Pkws, sein größter Wettbewerber B hingegen 8.000 Einheiten. Insgesamt werden in diesem Gebiet 20.000 Pkws verkauft. Berechnen Sie für beide Hersteller die relativen Marktanteile.

Aufgabe 6.41: Portfolio-Analyse nach *Boston Consulting Group*

Markieren Sie, ob die folgenden Aussagen richtig oder falsch sind!

Unter einer Strategischen Geschäftseinheit versteht man solche Produkt/Markt-Kombinationen eines Unternehmens, die in sich homogen, voneinander aber deutlich abgrenzbar sein müssen.

Richtig ☐   *Falsch* ☐

Die BCG-Matrix dient zur Bewertung Strategischer Geschäftseinheiten anhand der Maßstäbe relativer Marktanteil und prozentuales Marktwachstum.   *Richtig* ☐   *Falsch* ☐

Der relative Marktanteil bestimmt das Verhältnis aus eigenem Marktanteil und dem Marktanteil des nächst größeren Konkurrenten.   *Richtig* ☐   *Falsch* ☐

Ein relativer Marktanteil von 2 bedeutet, dass man das zweitgrößte Unternehmen am Markt ist.   *Richtig* ☐   *Falsch* ☐

Die Bedeutung des relativen Marktanteils für den Unternehmenserfolg ist im Wesentlichen auf den Erfahrungskurveneffekt zurückzuführen.   *Richtig* ☐   *Falsch* ☐

Die Bedeutung des Marktwachstums für den Unternehmenserfolg ist im Wesentlichen auf das Break-Even-Konzept zurückzuführen.   *Richtig* ☐   *Falsch* ☐

„Cash Cows" haben einen geringen Marktanteil, der Markt wächst jedoch sehr stark. Eine solche SGE sollte ausgebaut werden, um sich der Position des Marktführers anzunähern und am Marktwachstum zu partizipieren.   *Richtig* ☐   *Falsch* ☐

Es kann unter Umständen aus Prestigegründen kurzfristig sinnvoll sein, „Arme Hunde" weiterhin zu produzieren.   *Richtig* ☐   *Falsch* ☐

Es kann durchaus sinnvoll sein, einen „Armen Hund" weiterhin zu produzieren, nämlich dann, wenn der Nachfrager diesen im Verbund mit anderen, gewinnträchtigen Produkten kauft. Mit Hilfe des Kalkulatorischen Ausgleichs kann der „Arme Hund" so subventioniert werden.   *Richtig* ☐   *Falsch* ☐

Der Ausbau der Position von „Cash Cows" erfordert umfangreiche Geldmittel.

                                                                               Richtig ☐   *Falsch* ☐

„Stars" entwickeln sich innerhalb eines idealtypischen Produktlebenszyklus zu „Milchkühen".   *Richtig* ☐   *Falsch* ☐

Eine Strategische Geschäftseinheit durchläuft, ähnlich wie ein Produkt oder eine Dienstleistung, einen ganz bestimmten Lebenszyklus, der vom „Armen Hund" über die „Milchkuh" und das „Fragezeichen" bis zum „Star" verläuft.   *Richtig* ☐   *Falsch* ☐

Für das *BCG*-Portfolio sprechen die hohe Anschaulichkeit und damit die leichte Kommunizierbarkeit.   *Richtig* ☐   *Falsch* ☐

Eine zentrale Stärke des *BCG*-Portfolios liegt darin, dass man sich nicht nur auf die stärksten Konkurrenten konzentriert, sondern auch junge, aufstrebende Unternehmen frühzeitig erkennt.   *Richtig* ☐   *Falsch* ☐

Aufgabe 6.42: Portfolioanalyse nach *BCG*

Das Pharmaunternehmen *Buyer AG* will ein Marktanteils/Marktwachstums-Portfolio nach der *Boston Consulting Group* erstellen. Hierzu stehen folgende Daten zur Verfügung.

Strategische Geschäftseinheit	Umsatz (in Mio. €)	Marktvolumen (in Mio. €)	Marktvolumen letzte Periode (in Mio. €)	Umsatz des Hauptwettbewerbers (in Mio. €)
Verschreibungspflichtige Arzneimittel	280	1.236	1.200	420
Nicht verschreibungspflichtige Arzneimittel	180	945	900	150
Vitamine	20	196	200	15
Medizinische Geräte (etwa Blutzuckermessgeräte)	30	416	400	60
Medikamente Haustierbereich	10	126	120	40
Medikamente Nutztierbereich	112	582	600	140

Erstellen Sie ein *BCG*-Portfolio und leiten Sie entsprechende Strategieempfehlungen ab.

Aufgabe 6.43: Erfahrungskurveneffekt

Markieren Sie, ob die folgenden Aussagen richtig oder falsch sind!

Mit Erfahrungskurveneffekt bezeichnet man den empirisch belegten Zusammenhang zwischen der Erfahrung, die anhand des kumulierten Absatzes eines Produkts operationalisiert wird, und dem Verlauf der Gesamtkosten.   *Richtig* □   *Falsch* □

Das Phänomen der sprungfixen Kosten besagt, dass bei steigender Produktionsmenge die pro Stück anfallenden Fixkosten sinken.   *Richtig* □   *Falsch* □

Lernkurveneffekte bezeichnen das Phänomen, dass es bei wiederholter Erledigung von Aufgaben sowohl beim einzelnen Mitarbeiter als auch auf Unternehmensebene zu Übungsgewinnen kommt.   *Richtig* □   *Falsch* □

Beim Erfahrungskurveneffekt handelt es sich nicht um eine Gesetzmäßigkeit, sondern lediglich um ein Stückkostensenkungspotential.   *Richtig* □   *Falsch* □

Dass Marktwachstum eine Schlüsselgröße für den Unternehmenserfolg darstellt, lässt sich theoretisch mit dem Erfahrungskurveneffekt erklären.   *Richtig* □   *Falsch* □

Aufgabe 6.44: *McKinsey*-Matrix

Markieren Sie, ob die folgenden Aussagen richtig oder falsch sind!

Bei der *McKinsey*-Matrix erfolgt die Klassifizierung der Strategischen Geschäftseinheiten anhand der Dimensionen „Relative Wettbewerbsstärke" und „Marktattraktivität".

Richtig ☐   *Falsch* ☐

Die *McKinsey*-Matrix ist in sechs Felder eingeteilt, für die – ähnlich der *BCG-Matrix* – Normstrategien existieren. *Richtig* ☐   *Falsch* ☐

Im Vergleich zur *BCG*-Matrix zeichnet sich die *McKinsey*-Matrix durch einen höheren Differenzierungsgrad aus, was einer komplexen Realität eher gerecht wird.

Richtig ☐   *Falsch* ☐

Wesentliche Nachteile der *BCG*-Matrix sind die aufwendige Ermittlung einer Vielzahl von Informationen sowie die schwere Operationalisierbarkeit einiger Faktoren.

Richtig ☐   *Falsch* ☐

Aufgabe 6.45: ABC-Analyse

Markieren Sie, ob die folgenden Aussagen richtig oder falsch sind!

Die ABC-Analyse dient ganz allgemein dazu, eine Menge von Objekten hinsichtlich ihrer Bedeutung zu strukturieren und zu klassifizieren. *Richtig* ☐   *Falsch* ☐

Bei der ABC-Analyse werden A-Objekte als sehr wichtig, B-Objekte als weniger wichtig und C-Objekte als eher unwichtig beurteilt. *Richtig* ☐   *Falsch* ☐

Als Konsequenz aus den Ergebnissen der ABC-Analyse lässt sich ableiten, dass die Ressourcen und Aktivitäten zukünftig noch stärker auf die A-Produkte konzentriert und die C-Produkte erheblich zurückgeschraubt bzw. eliminiert werden müssen. *Richtig* ☐   *Falsch* ☐

C-Produkte können dazu beitragen, A-Produkte abzusetzen (sog. Verbundeffekte). In solchen Fällen wäre es fatal, die C-Produkte aus dem Sortiment zu streichen.

Richtig ☐   *Falsch* ☐

Die umsatzbezogene ABC-Analyse lässt unberücksichtigt, dass umsatzstarke Produkte nicht unbedingt die ertragsstärksten sein müssen. *Richtig* ☐   *Falsch* ☐

Eine ausschließliche Konzentration auf A-Produkte senkt die Unternehmensrisiken.

Richtig ☐   *Falsch* ☐

Die üblicherweise durchgeführte ABC-Analyse ist nicht nur gegenwarts- bzw. vergangenheitsbezogen, sondern auch zukunftsbezogen. *Richtig* ☐   *Falsch* ☐

Aufgabe 6.46: Break-Even-Analyse

Markieren Sie, ob die folgenden Aussagen richtig oder falsch sind!

Die Break-Even-Analyse dient dazu, jene Absatzmenge zu ermitteln, bei der ein Anbieter seinen Gewinn maximiert. *Richtig* ☐ *Falsch* ☐

Um den Break-Even-Point zu berechnen, dividiert man die variablen Kosten durch den Deckungsbeitrag. *Richtig* ☐ *Falsch* ☐

Beim Sicherheitsgrad handelt es um eine umsatzbezogene Kennziffer, die zum Ausdruck bringt, um wie viel Prozent der Umsatz bzw. Absatz steigen bzw. sinken muss, bis die Gewinnschwelle erreicht wird. *Richtig* ☐ *Falsch* ☐

Der Break-Even-Point lässt sich durch Senkung des Verkaufspreises, der variablen und/oder der fixen Kosten positiv beeinflussen. *Richtig* ☐ *Falsch* ☐

Das Risiko einer Investition ist umso höher, je größer die Break-Even-Menge ist.

Richtig ☐ *Falsch* ☐

Gemäß dem Grundsatz der Veränderungsrechnung sind nur diejenigen Fixkosten in die Break-Even-Analyse einzubeziehen, die durch die Entscheidung effektiv verringert bzw. erhöht werden können, da ansonsten die Soll-Absatzmenge zu hoch ausfallen kann.

Richtig ☐ *Falsch* ☐

Die Break-Even-Analyse unterstellt, dass Erlös- und Kostenfunktion unabhängig voneinander sind, was in der Realität in den meisten Fällen gegeben ist. *Richtig* ☐ *Falsch* ☐

Die Break-Even-Analyse stellt eine starke Vereinfachung der Realität dar, da Kosten und Erlöse in Abhängigkeit von nur einer einzigen Einflussgröße, nämlich der Ausbringungsmenge, gesehen werden. *Richtig* ☐ *Falsch* ☐

Aufgabe 6.47: Berechnung Mindestverkaufsmenge

Der Produktmanager hat für ein neu einzuführendes Produkt folgende Informationen:

- Monatliche Fixkosten (Kf): 30.000 €; variable Kosten/Stück (kv): 200 €

- Verkaufspreis/Stück (p): 400 €

Welche der folgenden Antworten ist richtig?

Die monatliche Mindestverkaufsmenge beträgt 200 Stück. *Richtig* ☐ *Falsch* ☐

Die monatliche Mindestverkaufsmenge beträgt 100 Stück. *Richtig* ☐ *Falsch* ☐

Mit den obigen Angaben ist eine Break-Even-Analyse nicht möglich. *Richtig* ☐ *Falsch* ☐

Die monatliche Mindestverkaufsmenge beträgt 150 Stück. *Richtig* ☐ *Falsch* ☐

Keine der obigen Antworten (a–d) ist richtig. *Richtig* ☐ *Falsch* ☐

Aufgabe 6.48: Berechnung Break-Even-Point und Sicherheitsgrad

Ein Hot-Dog-Verkäufer hat monatliche fixe Kosten von 3.000 €. Die für einen Stückpreis von 0,40 € eingekauften Hot Dogs werden zu einem Preis von 1,60 € verkauft. Berechnen und interpretieren Sie Break-Even-Point und Sicherheitsgrad.

1.6.2   Lösungen

Lösungen Aufgabe 6.1: Arten von Strategien

Richtig, Richtig, Falsch, Richtig, Richtig, Falsch, Richtig

Lösungen Aufgabe 6.2: Inhalt einer Strategie

Richtig, Richtig, Falsch, Richtig

Lösungen Aufgabe 6.3: Typen von Marketing-Basisstrategien

- Kundenorientierte Strategien: ... *Marktarealstrategien, Marktfeldstrategien, Marktparzellierungsstrategien, Marktstimulierungsstrategien* ...

- Konkurrenzorientierte Strategien: ... *Kostenführerschaft, Qualitätsführerschaft, Fokussierung* ...

- Kooperationsstrategien: ... *Horizontale strategische Partnerschaften, Vertikale strategische Partnerschaften* ...

Lösungen Aufgabe 6.4: Marktfeldstrategien von *Ansoff*

Richtig, Falsch, Richtig, Falsch, Richtig, Falsch, Richtig, Richtig, Richtig, Falsch, Falsch, Falsch, Richtig

Lösungen Aufgabe 6.5: Diversifikationsstrategien

Bei der ... *horizontalen Diversifikation* ... erweitert ein Unternehmen das Leistungsspektrum auf der gleichen Wirtschaftsstufe durch verwandte Produkte. Im Zuge einer ... *vertikalen Diversifikation* ... wird das Leistungsangebot auf vor- bzw. nachgelagerte Wertschöpfungsstufen ausgedehnt. Erwirbt beispielsweise ein Hersteller einen Zulieferbetrieb, spricht man von ... *Rückwärtsintegration* ... Gründet er hingegen ein Factory Outlet, handelt es sich um eine Form der ... *Vorwärtsintegration* ... Bei der ... *lateralen Diversifikation* ... schließlich besteht keinerlei Beziehung zum bisherigen Leistungsangebot.

Lösungen Aufgabe 6.6: Marktstimulierungsstrategien

Falsch, Falsch, Richtig, Falsch, Falsch, Richtig, Richtig, Falsch, Richtig, Falsch, Richtig, Falsch, Richtig

Lösungen Aufgabe 6.7: Präferenzstrategie

Für eine erfolgreiche Präferenzstrategie ist es notwendig, für das Produkt eine ... *Premium-marke* ... aufzubauen, durch umfangreiche ... *Werbung* ... den Bekanntheits- und Vertraut-heitsgrad zu steigern und einen ... *exklusiven* ... oder zumindest ... *selektiven* ... Vertrieb auf-zubauen, um die Besonderheit des Erzeugnisses zu gewährleisten.

Nicht genutzte Begriffe: *flächendeckenden, Position, repräsentativen, Marktführerschaft, Promotion*

Lösungen Aufgabe 6.8: Marktparzellierungsstrategien

Füllen Sie die offenen Positionen in der folgenden Tabelle mit den entsprechenden Begriffen aus!

Abdeckung des Markts / Differenzierung des Marketingprogramms	... *Vollständig* ...	Teilweise
... *Undifferenziert (Massenmarketingstrategie)* ...	... *Undifferenziertes Marketing* ...	... *Konzentriert-undifferenziertes Marketing* ...
... *Differenziert (Marktsegmentierungsstrategie)* ...	Differenziertes Marketing	... *Selektiv-differenziertes Marketing* ...

Lösungen Aufgabe 6.9: Marktparzellierungsstrategien

Richtig, Falsch, Richtig, Falsch, Falsch, Falsch, Richtig

Lösungen Aufgabe 6.10: Marktsegmentierungskriterien

Falsch, Falsch, Falsch, Richtig, Richtig, Falsch, Richtig, Richtig, Falsch

Lösungen Aufgabe 6.11: Marktsegmentierung

- Sozioökonomisch: ... *Beruf, Einkommen* ...
- Demographisch: ... *Alter, Familienstand* ...
- Geographisch: ... *Wohnort* ...
- Psychographisch: ... *Bedürfnisse, Interessen* ...
- Verhaltensbezogen: ... *Einkaufshäufigkeit, Kaufvolumen* ...

Lösungen Aufgabe 6.12: Lifestyle-Segmentierung

Beim zur Erfassung von Lebensstilen herangezogenen AIO-Ansatz stehen A für ... *Activities* ..., I für ... *Interests* ... und O für ... *Opinions* ...

Lösungen Aufgabe 6.13: Kriterien zur Segmentierung von Investitionsgütermärken

- Demographisch: ... *Branche; Unternehmensgröße* ...
- Geographisch: ... *Unternehmensstandort* ...
- Verhaltensbezogen: ... *Bestellmenge, -häufigkeit, -rhythmus; Kaufkriterien* ...

Lösungen Aufgabe 6.14: Marktarealstrategien

Falsch, Richtig, Falsch, Falsch, Falsch, Richtig, Richtig, Falsch, Falsch, Richtig

Lösungen Aufgabe 6.15: Internationale Marktausweitung

- Ethnozentrische Verbreitung: ... *(2) Die Produkte, die im Ausland abgesetzt werden, sind auf die Bedürfnisse der Konsumenten des Heimatmarktes abgestimmt.* ...
- Polyzentrische Verbreitung: ... *(1) Jedes Zielland bekommt ein gesondertes Produkt.* ...
- Regiozentrische Verbreitung: ... *(4) Die Zielmärkte werden von verschiedenen Auslandsstützpunkten aus bearbeitet.* ...
- Geozentrische Verbreitung: ... *(3) Die Konsumenten besitzen überall gleiche Bedürfnisse. Sie bekommen daher das gleiche Produkt geliefert.* ...

Lösungen Aufgabe 6.16: Timing des Markteintrittszeitpunkts

Richtig, Richtig, Falsch, Falsch, Richtig

Lösungen Aufgabe 17: Timing des Markteintrittszeitpunkts

Richtig, Falsch, Falsch, Falsch

Lösungen Aufgabe 6.18: Markteintritt

Richtig, Falsch, Falsch, Richtig, Richtig, Richtig, Falsch, Richtig, Richtig, Falsch, Richtig, Richtig, Falsch

Lösungen Aufgabe 6.19: Markteintritt

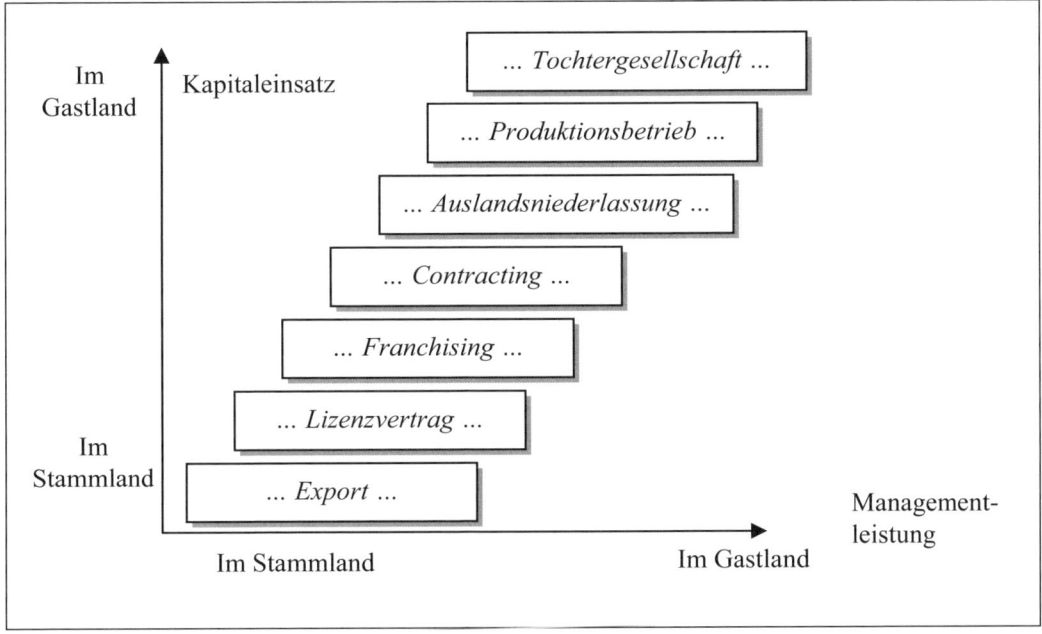

Lösungen Aufgabe 6.20: Institutionelle Umsetzung der Marktausweitung

Beim … *direkten Export* … verkauft das Unternehmen seine Produkte selbst im Ausland, während beim … *indirekten Export* … Zwischenhändler, welche schon bestehende Distributionskanäle nutzen, diese Aufgabe übernehmen.

Lösungen Aufgabe 6.21: Franchising

Der Franchise- … *Geber* … verkauft dem Franchise- … *Nehmer* … bestimmte Rechte.

Der Franchise- … *Nehmer* … erhält Zugriff auf bestehendes Know-how.

Im Gegenzug muss der Franchise- … *Nehmer* … im Sinne des Franchise- … *Gebers* …. handeln und die erhaltenen Leistungen durch eine Franchise-Gebühr entgelten.

Der Franchise- … *Geber* … kann sein Absatzgebiet mit vergleichsweise geringem Aufwand ausdehnen.

Der Franchise- … *Nehmer* … erhält in manchen Fällen auch eine Anschubfinanzierung.

Lösungen Aufgabe 6.22: Konkurrenzorientierte Strategien

Richtig, Falsch, Falsch, Richtig, Falsch, Richtig, Falsch

Lösungen Aufgabe 6.23: Kostenführerschaft

Falsch, Falsch, Richtig, Richtig, Falsch, Richtig, Richtig, Falsch

Lösungen Aufgabe 6.24: Qualitätsführerschaft

Falsch, Falsch, Richtig, Richtig

Lösungen Aufgabe 6.25: Fokussierung

Vorteil Abdeckung des ...	... Kosten ...	... Leistung ...
... Gesamtmarktes ...	... Kostenführerschaft ...	Qualitätsführerschaft
Teilmarktes	... Selektive Kostenführerschaft ...	... Selektive Qualitätsführerschaft ...

Lösungen Aufgabe 6.26: Fokussierungsstrategie

Falsch, Falsch, Falsch, Richtig, Falsch

Lösungen Aufgabe 6.27: Unternehmensübergreifende Strategien

Richtig, Richtig, Falsch, Falsch, Falsch, Falsch, Richtig

Lösungen Aufgabe 6.28: Gewerblicher Rechtsschutz

Falsch, Falsch, Richtig, Falsch, Falsch, Richtig, Falsch, Richtig, Richtig

Lösungen Aufgabe 6.29: Horizontale Kooperationen

Falsch, Falsch, Richtig, Falsch, Richtig, Richtig, Falsch

Lösungen Aufgabe 6.30: Vertikale Kooperationen und ECR

Richtig, Falsch, Falsch, Richtig, Falsch, Falsch, Richtig, Richtig, Falsch, Richtig, Richtig, Richtig

Lösungen Aufgabe 6.31: Gap-Analyse

Falsch, Richtig, Richtig, Falsch, Richtig, Richtig, Falsch

Lösungen Aufgabe 6.32: Marktanteil, Marktvolumen und Marktpotenzial

Falsch, Falsch, Richtig, Richtig

Lösungen Aufgabe 6.33: Berechnung des Absatzpotentials

Das Absatzpotential umschreibt die maximal mögliche Absatzmenge eines Unternehmens, d. h. den Anteil am Marktpotential, den ein Unternehmen als maximal erreichbar erachtet. Das Absatzpotential des Herstellers liegt im vorliegenden Fall bei 20.000 Stück pro Jahr.

In den meisten Fällen erscheint es betriebswirtschaftlich wenig sinnvoll, das Absatzpotential vollständig auszuschöpfen. Denn in aller Regel ist die zunehmende Erschließung des Absatzpotentials mit überproportionalen Kostensteigerungen verbunden. Vor diesem Hintergrund scheint es geboten zu sein, die Marketingbemühungen auf diejenigen potentiellen Abnehmer zu konzentrieren, bei denen mit vergleichsweise geringen Kaufwiderständen zu rechnen ist.

Aufgabe 6.34: Berechnung des Marktsättigungsgrads

Diese Kennzahl bestimmt das Verhältnis von Marktvolumen zu Marktpotential. Der Marktausschöpfungsgrad bringt damit das noch unausgeschöpfte Marktpotential zum Ausdruck und kann zwischen 0 und 100 % liegen. Damit ist der Marktsättigungsgrad nichts anderes als der Marktausschöpfungsgrad sämtlicher Unternehmen einer Branche.

$$\text{Marktsättigungsgrad} = \frac{\text{Marktvolumen}}{\text{Marktpotential}} \times 100$$

Der Marktsättigungsgrad vermittelt einen Hinweis auf den Sättigungsgrad und damit die Aufnahmefähigkeit eines Marktes. Umso stärker die Marktsättigung gegen 100 % strebt, umso schlechter stehen die Wachstumsaussichten für ein Unternehmen.

Der Marktsättigungsgrad beläuft sich auf 80 % = (2,8 Mio. : 3,5 Mio.) x 100.

Eine Ausschöpfung unausgenutzten Marktpotentials um jeden Preis macht keinen Sinn. Einmal müssen die Kosten der Neukundenakquisition berechnet werden, die normalerweise rund sechsmal so hoch sind wie die Kosten der Kundenbindung. Zum anderen sollte der Wert der noch auszuschöpfenden Kunden analysiert werden. Denn es bringt wenig, wenn ein Unternehmen zwar neue Kunden hinzugewinnt, diese Kunden aber einen nur geringen Kundenwert aufweisen.

Lösung Aufgabe 6.35: Entscheidung über eine Innovation

Eine Innovation ist langfristig dann sinnvoll, wenn zumindest die Gesamtkosten gedeckt sind, d. h. wenn der Gewinn ≥ 0 ist.

$G = U - K = 0$

$G = px - (4x + 2.000) = 0$

$G = (10.000/p)p - 40.000/p - 2.000 = 0$

$40.000/p - 8.000 = 0$

$p = 5 \, €$

$x = 2.000$

Um langfristig die Kosten zu decken, muss ein Mindestpreis von 5 € erwirtschaftet werden.

Lösungen Aufgabe 6.36: Produktlebenszyklus-Analyse

Richtig, Falsch, Falsch, Falsch, Falsch, Falsch, Falsch, Falsch, Richtig, Richtig, Falsch, Falsch, Richtig, Falsch, Richtig, Richtig, Falsch, Richtig

Lösungen Aufgabe 6.37: Relaunch

Falsch, Richtig, Falsch, Falsch, Richtig

Lösungen Aufgabe 6.38: Lebenszyklus einer Strategischen Geschäftseinheit

1. Phase: ... *Fragezeichen* ...

2. Phase: ... *Star* ...

3. Phase: ... *Milchkuh* ...

4. Phase: ... *Armer Hund* ...

Lösung Aufgabe 6.39: Berechnung Marktanteil und Marktsättigungsgrad

(a): Marktanteil = (800 Mio. € x 100) : 2.400 Mio. € = 33,3 %

(b): Marktausschöpfungsgrad = (2.400 Mio. € x 100) : 3.200 Mio. € = 75,0 %

Lösung Aufgabe 6.40: Berechnung relativer Marktanteil

Der relative Marktanteil bestimmt das Verhältnis aus eigenem Marktanteil und dem Marktanteil des größten Konkurrenten.

$$\text{Relativer Marktanteil} = \frac{\text{Eigener Marktanteil}}{\text{Marktanteil des größten Wettbewerbers}} \times 100$$

Der relative Marktanteil des Automobilherstellers A beläuft sich auf 50 % = (20 % : 40 %) x 100. Unter der Annahme, dass Unternehmen A der zweitgrößte Anbieter am Markt ist, beträgt der relative Marktanteil des Wettbewerbers B 200 % = (40 % : 20 %) x 100. Das Beispiel verdeutlicht, dass der alleinige Marktführer immer über einen relativen Marktanteil von mehr als 100 % verfügt.

Der relative Marktanteil bietet gegenüber dem absoluten Marktanteil den Vorteil, dass er einen indirekten Einblick in die Struktur bzw. Größenverhältnisse des jeweiligen Marktes bietet. Denn ein absoluter Marktanteil von 20 % hat in einem Markt mit 20 Wettbewerbern einen ganz anderen Stellenwert, als wenn ein Unternehmen lediglich auf zwei Konkurrenten trifft.

Der Marktanteil sollte immer vor dem Hintergrund der gesamten Marktentwicklung, d. h. des Marktwachstums bewertet werden. Denn steigende Marktanteile müssen relativiert werden, wenn man sich in einem schrumpfenden Markt befindet. Außerdem können auch Unternehmen mit einem kleinen relativen Marktanteil erfolgreich sein. Dies beweisen immer wieder spezialisierte, flexible Nischenanbieter.

Lösungen Aufgabe 6.41: Portfolio-Analyse nach *Boston Consulting Group*

Richtig, Richtig, Falsch, Falsch, Richtig, Falsch, Falsch, Richtig, Richtig, Falsch, Richtig, Falsch, Richtig, Falsch

Lösungen Aufgabe 6.42: Portfolioanalyse nach *BCG*

Strategische Geschäftseinheit	Relativer Marktanteil	Markt-wachstum	Position in *BCG*-Portfolio	Strategie-empfehlung
Verschreibungspflichtige Arzneimittel	0,67	3 %	Question Mark	Investieren oder desin-vestieren
Nicht verschreibungs-pflichtige Arzneimittel	1,20	5 %	Star	Investieren
Vitamine	1,33	–2 %	Cash Cow	Abschöpfen
Medizinische Geräte (etwa Blutzuckermessgeräte)	0,5	4 %	Question Mark	Investieren oder desin-vestieren
Medikamente Haustierbereich	0,25	5 %	Question Mark	Investieren oder desin-vestieren
Medikamente Nutztierbereich	0,8	–3 %	Poor Dog	Desinvestie-ren

Insgesamt ist festzustellen, dass die *Buyer AG* über ein unausgewogenes *BCG*-Portfolio verfügt. Einer Cash Cow mit einem Umsatz von 20 Mio. € stehen Question Marks mit einem Gesamtumsatz von 260 Mio. € und ein Star mit einem Umsatz von 180 Mio. € gegenüber. Dass die bei der Cash Cow erwirtschafteten und dort nicht für Ersatzinvestitionen benötigten Erträge ausreichen, um die Strategischen Geschäftseinheiten mit hohem Marktwachstum finanziell zu unterstützen, erscheint mehr als fraglich. Angesichts dieser besorgniserregenden Lage muss mittels Benchmarking-Analysen genau geprüft werden, in welche Fragezeichen investiert werden soll und von welchen Fragezeichen sich das Unternehmen besser trennen sollte, weil hier die Wettbewerbsvorteile nicht oder nur schwerlich aufzuholen sind.

Ob der Poor Dog tatsächlich eliminiert werden soll, ist aufgrund einer ausschließlichen Umsatzbetrachtung nicht fundiert zu entscheiden. Hier gilt es weitere Aspekte (etwa erwirtschaftete Deckungsbeiträge, Synergieeffekte mit anderen Strategischen Geschäftseinheiten) ins Kalkül zu ziehen. Dies erscheint nicht zuletzt deshalb notwendig, da Umsatz, Marktvolumen und relativer Marktanteil vergleichsweise groß und damit der Abstand zum Hauptwettbewerber vergleichsweise gering sind.

Lösungen Aufgabe 6.43: Erfahrungskurveneffekt

Falsch, Falsch, Richtig, Richtig, Falsch

Lösungen Aufgabe 6.44: *McKinsey*-Matrix

Richtig, Falsch, Richtig, Richtig

Lösungen Aufgabe 6.45: ABC-Analyse

Richtig, Richtig, Richtig, Richtig, Richtig, Falsch, Falsch

Lösungen Aufgabe 6.46: Break-Even-Analyse

Falsch, Falsch, Richtig, Falsch, Richtig, Richtig, Falsch, Richtig

Aufgabe 6.47: Berechnung Mindestverkaufsmenge

Falsch, Falsch, Falsch, Richtig, Falsch

Aufgabe 6.48: Berechnung Break-Even-Point und Sicherheitsgrad

Break-Even-Point (auch Deckungspunkt, Gewinnschwelle, Kostendeckungspunkt, Mindestabsatz, Nutzenschwelle)

$$= \frac{\text{Fixkosten}}{\text{Deckungsbeitrag}}$$

Dabei berechnet sich der Deckungsbeitrag aus Verkaufspreis abzüglich der variablen Stückkosten.

Die Berechnung des Break-Even-Points dient dazu, jene Absatzmenge zu ermitteln, bei der ein Anbieter seine Kosten gedeckt hat und in die Gewinnzone eintritt. Dabei ist der Break-Even-Point derjenige Punkt, an dem die gesamten Erlöse den gesamten Kosten entsprechen. An dieser Stelle beträgt der Gewinn folglich Null. Bei einer unter dem Break-Even-Point liegenden Absatzmenge werden Verluste, bei einer über diesem Punkt liegenden Absatzmenge werden Gewinne erwirtschaftet.

In diesem Zusammenhang spielt der Sicherheitsgrad eine bedeutende Rolle. Hierbei handelt es um eine umsatzbezogene Kennziffer, die zum Ausdruck bringt, um wie viel Prozent der Umsatz bzw. Absatz steigen muss, bis die Gewinnschwelle erreicht wird.

$$\text{Sicherheitsgrad} = \left(\frac{\text{Fixkosten}}{(\text{Deckungsbeitrag je Stück}) \times \text{Menge}} - 1 \right) \times 100$$

Im vorliegenden Fall belaufen sich die variablen Stückkosten auf 1,20 €.

$$\text{Break-Even-Point} = \frac{3.000\ \text{€ (Fixkosten)}}{1,60\ \text{€} - 0,40\ \text{€ (Deckungsbeitrag)}} = 2.500\ \text{Stück}$$

Bei einem Absatz von 2.500 Würstchen wird die Gewinnschwelle erreicht. Das entspricht einem Break-Even-Umsatz von 4.000 € = 2.500 Stück x 1,60 €.

Zurzeit verkauft der Hot-Dog-Verkäufer in einem Monat aber nur 2.000 Stück.

$$\text{Sicherheitsgrad} = \left(\frac{3.000\ \text{€}}{(1,60\ \text{€} - 0,40\ \text{€}) \times 2.000} - 1 \right) \times 100 = 25\ \%$$

Um die Gewinnschwelle zu erreichen, muss der Hot-Dog-Verkäufer seine Absatzmenge um 25 % (= 500 Stück) auf 2.500 Stück erhöhen.

Der Break-Even-Punkt lässt sich auf drei Arten beeinflussen:

- Erhöhung des Verkaufspreises

- Senkung der variablen Kosten

- Senkung der Fixkosten

Bei der Break-Even-Analyse bleibt die Entwicklung nach dem Erreichen der Gewinnschwelle unbeachtet. Infolge dieses Defizits kann es zu gravierenden Fehlentscheidungen kommen, wenn beispielsweise die Gewinnschwelle schnell erreicht wird, es daran anschließend jedoch zu Verlustperioden infolge von Erlösschmälerungen und/oder Kostensteigerungen kommt.

1.7 Produkt-, Programm- und Sortimentsmanagement

Die folgenden Übungsaufgaben beziehen sich auf **Kapitel 7: Produkt-, Programm- sowie Sortimentsmanagement.** Dieses Kapitel vermittelt,:

- was man unter Produkt-, Programm- und Sortimentsmanagement versteht,

- aus welchen Komponenten ein Produkt besteht,

- wie sich Leistungskern, Verpackung, Markierung und flankierende Serviceleistungen konkret ausgestalten lassen,

- nach welchen Kriterien ein Angebotsprogramm bzw. Sortiment strukturiert werden kann und

- wie sich ein solches verändern lässt.

1.7.1 Aufgaben

Aufgabe 7.1: Produkt-, Programm und Sortimentsmanagement

Markieren Sie, ob die folgenden Aussagen richtig oder falsch sind!

Die Angebotspalette von Herstellern und Dienstleistungsunternehmen bezeichnet man als Sortiment. *Richtig* ☐ *Falsch* ☐

Das Konzept des Grundnutzens basiert auf einem generischen Produktbegriff. *Richtig* ☐ *Falsch* ☐

Für Marketingentscheidungen ist lediglich der objektive Qualitätsbegriff von Bedeutung. *Richtig* ☐ *Falsch* ☐

Der Grundnutzen eines Pkws liegt in der schnellen, bequemen und sicheren Fortbewegung des Fahrers und seiner Begleiter. *Richtig* ☐ *Falsch* ☐

Zusatznutzen stiftet ein Produkt dann, wenn es über die Grundfunktion hinausgehende Bedürfnisse befriedigt. *Richtig* ☐ *Falsch* ☐

Das aus dem Kauf einer Nobelmarke resultierende Prestige für den Käufer zählt zu den Zusatznutzenkomponenten. *Richtig* ☐ *Falsch* ☐

Der Verpackung fällt ausschließlich eine Grundnutzenfunktion zu. *Richtig* ☐ *Falsch* ☐

Die Ansprüche von Hersteller, Handel und Verbraucher an die Verpackung sind grundsätzlich miteinander vereinbar. *Richtig* ☐ *Falsch* ☐

Aufgabe 7.2: Charakteristika von Markenartikeln

Markieren Sie, ob die folgenden Aussagen richtig oder falsch sind!

Eine Markierung von Dienstleistungen ist generell nicht möglich.   *Richtig* ☐   *Falsch* ☐

Symbole und Design können niemals Bestandteile der Markierung eines Produkts sein.
Richtig ☐   *Falsch* ☐

Als Markenzeichen bezeichnet man den Teil einer Marke, der sich verbal wiedergeben lässt.
Richtig ☐   *Falsch* ☐

Als Warenzeichen bezeichnet man eine Marke bzw. den Teil einer Marke, die bzw. der unter gesetzlichem Schutz steht.   *Richtig* ☐   *Falsch* ☐

Klassische Markenartikel sind u. a. gekennzeichnet durch einen hohen Bekanntheitsgrad und eine geringe Ubiquität.   *Richtig* ☐   *Falsch* ☐

Aufgabe 7.3: Varianten von Markenartikeln

Markieren Sie, ob die folgenden Aussagen richtig oder falsch sind!

Die Herstellermarke wird vom Erzeuger konzipiert sowie geführt.   *Richtig* ☐   *Falsch* ☐

Herstellermarken dienen aus Sicht des Handels u. a. dazu, die Kunden an das eigene Unternehmen zu binden.   *Richtig* ☐   *Falsch* ☐

Premium-Herstellermarken nehmen hinsichtlich Qualität und Preisniveau eine Spitzenposition, wohingegen das Prestige eine untergeordnete Rolle spielt.   *Richtig* ☐   *Falsch* ☐

Die klassische Herstellermarke ist hinsichtlich Preis und Qualität über der Premium-Handelsmarke angesiedelt.   *Richtig* ☐   *Falsch* ☐

Zweit- und Dritt-Herstellermarken weisen im Vergleich zu den klassischen Herstellermarken einen geringeren Distributionsgrad, längere Innovations- bzw. Relaunchzyklen, geringere werbliche Unterstützung und damit einen geringeren Bekanntheitsgrad auf.
Richtig ☐   *Falsch* ☐

„Me-too"-Produkte sind Produkte, die bei Erfolg des Erstanbieters auf den Markt kommen, die sich aber deutlich vom Original-Produkt unterscheiden.   *Richtig* ☐   *Falsch* ☐

„Line Extensions" bergen die Gefahr in sich, ursprünglich klar fokussierte Markenkonzeptionen zu verwässern.   *Richtig* ☐   *Falsch* ☐

Handelsmarken und Ubiquität schließen sich gegenseitig aus.   *Richtig* ☐   *Falsch* ☐

Handelsmarken dienen aus Sicht der Hersteller u. a. dazu, nicht genutzte Überkapazitäten auszulasten.   *Richtig* ☐   *Falsch* ☐

Die zusätzliche Produktion von Handelsmarken ermöglicht es Herstellern, Erfahrungskurveneffekte zu realisieren, da die insgesamt produzierte Menge erhöht werden kann.

Richtig ☐   *Falsch* ☐

Handelsmarken dienen aus Sicht des Handels u. a. dazu, die Kundebindung zu erhöhen.

Richtig ☐   *Falsch* ☐

Handelsmarken sind hinsichtlich Qualität und Preisniveau immer unter den Herstellermarken im gleichen Marktsegment angesiedelt.   *Richtig* ☐   *Falsch* ☐

Gattungsmarken sind markenlose Produkte und gelten als Spezialform der Herstellermarke.

Richtig ☐   *Falsch* ☐

Gattungsmarken zeichnen sich u. a. durch einfache Verpackung und günstigen Preis aus.

Richtig ☐   *Falsch* ☐

Aufgabe 7.4: Markenstrategien

Markieren Sie, ob die folgenden Aussagen richtig oder falsch sind!

Im Rahmen einer Einzelmarkenstrategie werden der Produzent und damit die Herkunft des einzelnen Produktes bewusst werblich herausgestellt.   *Richtig* ☐   *Falsch* ☐

Einzelmarkenstrategien erschweren die Nutzung von Synergieeffekten zwischen den einzelnen Marken.   *Richtig* ☐   *Falsch* ☐

Im Falle der Mehrmarkenstrategie entwickelt ein Anbieter für die jeweilige Produktkategorie unterschiedliche Marken.   *Richtig* ☐   *Falsch* ☐

Eine Mehrmarkenstrategie bietet einem Unternehmen die Möglichkeit, unterschiedliche Zielgruppen anzusprechen.   *Richtig* ☐   *Falsch* ☐

Eine Markenfamilienstrategie birgt die Gefahr sog. Kannibalisierungseffekte in sich.

Richtig ☐   *Falsch* ☐

Im Zuge einer Markenfamilienstrategie wird eine einheitliche Markenbezeichnung in den Vordergrund einer Produktgruppe gestellt.   *Richtig* ☐   *Falsch* ☐

Im Zuge einer Dachmarkenstrategie wird der Firmenname mit sämtlichen angebotenen Produkten eines Unternehmens verbunden.   *Richtig* ☐   *Falsch* ☐

Markenfamilienstrategie und Dachmarkenstrategie sind Synonyme.   *Richtig* ☐   *Falsch* ☐

Markenfamilienstrategie und Dachmarkenstrategie bieten nur sehr begrenzte Möglichkeiten der individuellen Positionierung des einzelnen Produktes.   *Richtig* ☐   *Falsch* ☐

Markenfamilienstrategie und Dachmarkenstrategie erschweren die Nutzung von Synergieeffekten.   *Richtig* ☐   *Falsch* ☐

Mit Markenfamilienstrategien und Dachmarkenstrategien ist die Gefahr negativer Ausstrahlungseffekte verbunden.   *Richtig* ☐   *Falsch* ☐

Im Zuge einer Markentransferstrategie werden Imagekomponenten von der Hauptmarke eines bestehenden Produktbereichs auf das Transferprodukt einer neuen Warengruppe übertragen.   *Richtig* ☐   *Falsch* ☐

Eine Markentransferstrategie birgt u. a. den Nachteil in sich, dass das Transferprodukt einer höheren Flopgefahr ausgesetzt ist.   *Richtig* ☐   *Falsch* ☐

Ein Vorteil der Markentransferstrategie liegt in den vergleichsweise geringen Kosten für die Markenbildung beim Transferprodukt.   *Richtig* ☐   *Falsch* ☐

Beim Markenwahlprozess belasten Markentransferstrategien den Konsumenten auf der kognitiven Ebene.   *Richtig* ☐   *Falsch* ☐

Eine Markentransferstrategie eröffnet die Möglichkeit, Werbeverbote für die Stamm-Marke durch Werbung für die Transfermarke zu umgehen.   *Richtig* ☐   *Falsch* ☐

Mit zunehmender Anzahl an Markentransfers steigt die Glaubwürdigkeit der Stamm-Marke.
                                                                              Richtig ☐   *Falsch* ☐

Aufgabe 7.5: Flankierende Serviceleistungen

Ordnen Sie die folgenden Serviceleistungen den entsprechenden Kategorien in der nachfolgenden Tabelle zu!

(1) Bestellmöglichkeit per Brief, Internet; (2) Demontage alter Anlagen; (3) Ersatzteilservice; (4) Erstellung eines Kostenvoranschlages; (5) Erweiterungen/Umbauten; (6) Gebrauchsanweisungen; (7) Installation; (8) Redistribution/Rücknahmeleistungen; (9) Telefon-Hotline bei technischen Problemen; (10) Projektierung von Anlagen (z. B. Küche), (11) über die gesetzliche Gewährleistungspflicht hinausgehende Garantieleistungen; (12) Wartung/Reparaturen; (13) Zustelldienst

Zeitpunkt der Leistungserstellung Art der Leistung	Pre-Sales-Services	After-Sales-Services
Kaufmännischer Service	....	....
Technischer Service	....	....

Aufgabe 7.6: Umfang und Struktur des Leistungsangebots

Markieren Sie, ob die folgenden Aussagen richtig oder falsch sind!

Ein Unternehmen, das „Alles für das Kind" anbietet, richtet sein Sortiment am Bedarfskreis einer bestimmten Zielgruppe aus. *Richtig* ☐ *Falsch* ☐

Die Angebotsbreite wird durch die Anzahl der angebotenen Varianten bzw. Marken pro geführtes Produkt bestimmt. *Richtig* ☐ *Falsch* ☐

Sortimentsmächtigkeit drückt die Anzahl der Stücke pro Sorte/Position aus.
Richtig ☐ *Falsch* ☐

Die Begriffe „Angebotsbreite" und „Angebotstiefe" können synonym verwendet werden.
Richtig ☐ *Falsch* ☐

Wenn ein Sportartikelhersteller von Hanteln und Fitnessgeräten über Inlineskater, Tennisschläger bis hin zu Sportbekleidung eine Vielzahl von Produkten anbietet, so spricht man von einem tiefen Angebotsprogramm. *Richtig* ☐ *Falsch* ☐

Wenn sich ein Sportartikelhersteller auf Fitnessgeräte spezialisiert hat, davon aber sehr viele Varianten anbietet, spricht man von einem schmalen, tiefen Angebotsprogramm.
Richtig ☐ *Falsch* ☐

Ein breites Sortiment kann nicht flach sein. *Richtig* ☐ *Falsch* ☐

Aufgabe 7.7: Sortimentspolitische Grundorientierung von Handelsunternehmen

Ordnen Sie die folgenden „Handelsunternehmen" den entsprechenden Prinzipien der sortimentspolitischen Grundorientierung zu!

Baumarkt, Discounter, Eisenwarengeschäft, Warenautomat

- Material bzw. Herkunft der Güter: ....

- Bedarfskreis: ....

- Niedrige Preislage: ....

- Selbstverkäuflichkeit der Ware: ....

Aufgabe 7.8: Veränderung des Angebotsprogramms

Markieren Sie, ob die folgenden Aussagen richtig oder falsch sind!

Bei einer Marktneuheit handelt es sich um eine Problemlösung, die bereits am Markt vorhandenen Produkten ähnlich ist.   *Richtig* ☐   *Falsch* ☐

Im Falle von Technologie-Push-Innovationen fließen die Ideen aus unternehmensexternen Quellen.   *Richtig* ☐   *Falsch* ☐

Produktvariation und -differenzierung sind Spielarten der Produktmodifikation.
                    Richtig ☐   *Falsch* ☐

Produktvariation und Produktdifferenzierung sind synonyme Begriffe. *Richtig* ☐   *Falsch* ☐

Bei der Produktdifferenzierung werden ein Produkt im Zeitablauf verändert und damit das bisherige Erzeugnis ersetzt.   *Richtig* ☐   *Falsch* ☐

Bei der Produktvariation bleibt die Ausgangsvariante bestehen.   *Richtig* ☐   *Falsch* ☐

Ein wesentlicher Grund für die Notwendigkeit einer Produkteliminierung liegt in der Konkurrenz der unternehmenseigenen Produkte um knappe Ressourcen.   *Richtig* ☐   *Falsch* ☐

Produkte mit negativem Deckungsbeitrag müssen immer langfristig eliminiert werden.
                    Richtig ☐   *Falsch* ☐

Die Produktelimination birgt das Risiko in sich, Verbundeffekte zu verlieren.
                    Richtig ☐   *Falsch* ☐

Aufgabe 7.9: Kreativitätstechniken

Markieren Sie, ob die folgenden Aussagen richtig oder falsch sind!

Die Synektik-Methode basiert auf dem Prinzip, dass neue Ideen durch Bildung von Analogien entstehen. *Richtig* ☐ *Falsch* ☐

Die Morphologische Methode basiert auf dem Prinzip, durch Zerlegung des Problems in seine Bestandteile zu einer Lösung zu gelangen. *Richtig* ☐ *Falsch* ☐

Brainstorming verzichtet auf jegliche Regulierung des Kreativitätsprozesses durch Regeln, um die Kreativität nicht zu beeinträchtigen. *Richtig* ☐ *Falsch* ☐

Zu den Grundprinzipien des Brainstorming gehört es, dass jeder Teilnehmer die Lösungsansätze anderer aufgreifen und weiterentwickeln bzw. variieren kann. *Richtig* ☐ *Falsch* ☐

Beim Brainstorming ist die Kritik an den Vorschlägen anderer in gewissen Grenzen erlaubt.
Richtig ☐ *Falsch* ☐

Ziel der 6-3-5 Methode ist die Bildung von Assoziationsketten. *Richtig* ☐ *Falsch* ☐

1.7.2   Lösungen

Lösungen Aufgabe 7.1: Leistungskern und Verpackung

Falsch, Falsch, Falsch, Richtig, Richtig, Richtig, Falsch, Falsch

Lösungen Aufgabe 7.2: Charakteristika von Markenartikeln

Falsch, Falsch, Falsch, Richtig, Falsch

Lösungen Aufgabe 7.3: Varianten von Markenartikeln

Richtig, Falsch, Falsch, Falsch, Richtig, Falsch, Richtig, Richtig, Richtig, Richtig, Richtig, Falsch, Falsch, Richtig

Lösungen Aufgabe 7.4: Markenstrategien

Falsch, Richtig, Richtig, Richtig, Falsch, Richtig, Richtig, Falsch, Richtig, Falsch, Richtig, Richtig, Falsch, Richtig, Falsch, Richtig, Falsch

Lösungen Aufgabe 7.5: Flankierende Serviceleistungen

Zeitpunkt der Leistungserstellung / Art der Leistung	Pre-Sales-Services	After-Sales-Services
Kaufmännischer Service	... (1) Bestellmöglichkeit per Brief, Internet ... ... (4) Erstellung eines Kostenvoranschlages ...	... (11) Über die gesetzliche Gewährleistungspflicht hinausgehende Garantieleistungen ... ... (8) Redistribution, Rücknahmeleistungen ... ... (13) Zustelldienst ...
Technischer Service	... (10) Projektierung von Anlagen (z. B. Küche) ...	... (2) Demontage alter Anlagen ... ... (3) Ersatzteilservice ... ... (5) Erweiterungen, Umbauten ... ... (6) Gebrauchsanweisungen ... ... (7) Installation ... ... (9) Telefon-Hotline bei technischen Problemen ... ... (12) Wartung, Reparaturen ...

Lösungen Aufgabe 7.6: Umfang und Struktur des Leistungsangebots

Richtig, Falsch, Richtig, Falsch, Falsch, Richtig, Falsch

Lösungen Aufgabe 7.7: Sortimentspolitische Grundorientierung von Handelsunternehmen

- Material bzw. Herkunft der Güter: ... *Eisenwarengeschäft* ...
- Bedarfskreis: ... *Baumarkt* ...
- Niedrige Preislage: ... *Discounter* ...
- Selbstverkäuflichkeit der Ware: ... *Discounter, Warenautomat* ...

Lösungen Aufgabe 7.8: Veränderung des Angebotsprogramms

Falsch, Falsch, Richtig, Falsch, Falsch, Falsch, Richtig, Falsch, Richtig

Lösungen Aufgabe 7.9: Kreativitätstechniken

Richtig, Richtig, Falsch, Richtig, Falsch, Richtig

1.8   Kontrahierungsmanagement

Die folgenden Übungsaufgaben beziehen sich auf **Kapitel 8: Kontrahierungsmanagement**. Dieses Kapitel vermittelt,:

- was man unter Kontrahierungsmanagement versteht,
- welche Aufgaben dem Preismanagement zufallen,
- aus welchen Komponenten sich Preis und Leistung zusammensetzen,
- wie man die Wahrnehmung des Preis/Leistungsverhältnisses beeinflussen kann,
- anhand welcher Faktoren sich der Angebotspreis bestimmen lässt und
- welche Gestaltungsmöglichkeiten das Konditionenmanagement bietet.

1.8.1   Aufgaben

Aufgabe 8.1: Arten von Preisstrategien

Ordnen Sie die folgenden Aufgaben den entsprechenden Kategorien zu!

(1) Festlegen der Preislagen, (2) Festlegen eines Gesamtpreises für mehrere Produkte, (3) Fixierung der Einführungspreise und deren Veränderung im Zeitablauf, (4) Preisfestlegung für unterschiedliche Marktsegmente, (5) vertikale Preisempfehlung

- Preisbündelung: ....

- Preisdurchsetzung: ....

- Preisdifferenzierung: ....

- Preispositionierung: ....

- Dynamische Preisstrategie: ....

Aufgabe 8.2: Besonderheiten des Preismanagement

Markieren Sie, ob die folgenden Aussagen richtig oder falsch sind!

Die Mischkalkulation dient u. a. dazu, die Preisforderung für den Verbraucher transparent zu gestalten.   *Richtig* ☐   *Falsch* ☐

Das Preismanagement kann im Gegensatz zu den anderen Marketing-Mix-Instrumenten grundsätzlich vergleichsweise kurzfristig variiert werden.   *Richtig* ☐   *Falsch* ☐

Nutzt ein Verbraucher den Preis als Qualitätsindikator, schließt er von einem hohen Preis auf eine geringe Qualität. *Richtig* ☐ *Falsch* ☐

Mit der Dauerniedrigpreispolitik trägt man u. a. dem Einbahn-Charakter von Preissenkungen (= Schwierigkeiten, Preissenkungen zu einem späteren Zeitpunkt rückgängig zu machen), Rechnung. *Richtig* ☐ *Falsch* ☐

Anbieter versuchen, durch Preisabsprachen einen ruinösen Preiswettbewerb zu vermeiden. *Richtig* ☐ *Falsch* ☐

Preisabsprachen sind kartellrechtlich grundsätzlich erlaubt. *Richtig* ☐ *Falsch* ☐

Hersteller versuchen, ihre anvisierten Endverbraucherpreise durch die horizontale Preisempfehlung gegenüber Groß- und Einzelhandel abzusichern. *Richtig* ☐ *Falsch* ☐

Hersteller versuchen, durch Selektivvertrieb der Unterbietung ihrer Endverbraucherpreise durch den Handel entgegenzuwirken. *Richtig* ☐ *Falsch* ☐

Beim machtbedingten Konditionensystem erhalten nur diejenigen Abnehmer Rabatte, die entsprechende Gegenleistungen erbringen. *Richtig* ☐ *Falsch* ☐

Aufgabe 8.3: Preis/Leistungsverhältnis

Markieren Sie, ob die folgenden Aussagen richtig oder falsch sind!

Aus der Perspektive des Abnehmers definiert sich der Preis als Gesamtheit der mit der Beschaffung, der Nutzung und der Entsorgung einer Leistung verbundenen monetären Kosten, wohingegen nicht-monetäre Kosten unberücksichtigt bleiben. *Richtig* ☐ *Falsch* ☐

Die nicht-monetären Kosten umfassen sämtliche physischen und psychischen Aufwendungen, die im Zusammenhang mit dem Erwerb eines Produktes entstehen.
Richtig ☐ *Falsch* ☐

In der Regel fixieren sich Verbraucher auf den Anschaffungspreis und vernachlässigen Folgekosten sowie nicht-monetäre Aufwendungen. *Richtig* ☐ *Falsch* ☐

Die Entscheidung des Verbrauchers basiert auf dem objektiven Preis/Leistungsverhältnis eines Produktes. *Richtig* ☐ *Falsch* ☐

Verbraucherschutzorganisationen wie die *Stiftung Warentest* beurteilen das Preis/Leistungsverhältnis nach objektiven Kriterien. *Richtig* ☐ *Falsch* ☐

Gebrochene Preise zeichnen sich dadurch aus, dass sie knapp über der nächst höheren Dezimalstufe liegen. *Richtig* ☐ *Falsch* ☐

Gebrochene Preise basieren auf der Hypothese des Recency-Effekts. *Richtig* ☐ *Falsch* ☐

Den Erkenntnissen der Assimilations-Kontrast-Theorie folgend nimmt der Verbraucher jede noch so kleine Abweichung vom Ankerpreis wahr und kontrastiert diese.

Richtig ☐   *Falsch* ☐

Der Preis wird u. a. dann als Qualitätsindikator herangezogen, wenn man nur wenig über ein Produkt weiß.   *Richtig* ☐   *Falsch* ☐

Der Preis wird u. a. dann als Qualitätsindikator herangezogen, wenn das Risiko eines Kaufs als gering eingeschätzt wird.   *Richtig* ☐   *Falsch* ☐

Aufgabe 8.4: Festlegung des Angebotspreises

Markieren Sie, ob die folgenden Aussagen richtig oder falsch sind!

Das magische Dreieck der Preisfindung berücksichtigt direkt ...

- ... die Kosten eines Produktes.   *Richtig* ☐   *Falsch* ☐

- ... die Wettbewerber.   *Richtig* ☐   *Falsch* ☐

- ... die Anbieter von Substitutionsgütern.   *Richtig* ☐   *Falsch* ☐

- ... Verbraucherschutzorganisationen.   *Richtig* ☐   *Falsch* ☐

- ... den Gesetzgeber.   *Richtig* ☐   *Falsch* ☐

- ... die Medien.   *Richtig* ☐   *Falsch* ☐

- ... die Abnehmer.   *Richtig* ☐   *Falsch* ☐

Aufgabe 8.5: Kostenorientierte Preisfindung

Markieren Sie, ob die folgenden Aussagen richtig oder falsch sind!

Variable Kosten sind diejenigen Kosten, die lediglich bei den tatsächlich produzierten Produkten oder den tatsächlich erbrachten Leistungen anfallen.   *Richtig* ☐   *Falsch* ☐

Fixe Kosten fallen abhängig von der produzierten Menge an.   *Richtig* ☐   *Falsch* ☐

Die kostenorientierte Preisbestimmung basiert auf der Überlegung, dass der Preis so gewählt werden muss, dass zumindest die fixen Kosten gedeckt sind.   *Richtig* ☐   *Falsch* ☐

Die progressive Kalkulation birgt die Gefahr in sich, sich durch überhöhte Preise, die vom Verbraucher nicht akzeptiert und/oder von Konkurrenten unterboten werden, aus dem Markt herauszukalkulieren.   *Richtig* ☐   *Falsch* ☐

Die retrograde Kalkulation dient dazu zu überprüfen, ob Einstandspreise aus der Kostenperspektive vertretbar sind.   *Richtig* ☐   *Falsch* ☐

Unter der kostenwirtschaftlichen Preisuntergrenze versteht man denjenigen Preis, bei dessen Unterschreiten es aus Kostengründen geboten erscheint, eine Leistung nicht (mehr) zu erbringen. *Richtig* ☐ *Falsch* ☐

Die langfristige Preisuntergrenze entspricht einem Deckungsbeitrag von 0, d. h. hier deckt der Preis sämtliche variablen Kosten. *Richtig* ☐ *Falsch* ☐

Nichtkostendeckende Preise können betriebswirtschaftlich sinnvoll sein, wenn Folge- bzw. Verbundkäufe zu erwarten sind, welche die Verluste überkompensieren. *Richtig* ☐ *Falsch* ☐

Nichtkostendeckende Preise können im Rahmen einer Preisüberbietungsstrategie betriebswirtschaftlich sinnvoll sein. *Richtig* ☐ *Falsch* ☐

Im Zuge des sukzessiven kalkulatorischen Ausgleichs werden die Preise eines bestimmten Produktes so kalkuliert, dass sie die anfänglichen oder später auftretenden Verluste des gleichen Produktes zumindest kompensieren. *Richtig* ☐ *Falsch* ☐

Simultaner kalkulatorischer Ausgleich und Mischkalkulation schließen sich gegenseitig aus. *Richtig* ☐ *Falsch* ☐

Aufgabe 8.6: Berechnung von kurz-, mittel- und langfristiger Preisuntergrenze

Für ein Produkt liegen Ihnen folgende Informationen vor:

- Variable Kosten pro Stück   20,00 €

- Verkaufsmenge   10.000 Stück

- Fixe Kosten insgesamt   60.000,00 €
  (Abschreibungen, Miete, Gehälter)

- davon ausgabenwirksam   25.000,00 €
  (Gehälter, Miete)

Berechnen Sie die kurz-, mittel- und langfristige Preisuntergrenze.

Aufgabe 8.7: Preisbereitschaft und Preiselastizität

Markieren Sie, ob die folgenden Aussagen richtig oder falsch sind!

Eine Preis/Absatz-Funktion vermittelt die Preisbereitschaft der Verbraucher, indem sie angibt, wie viel Stück eines bestimmten Produktes bei einem bestimmten Preis am Markt abgesetzt werden können. *Richtig* ☐ *Falsch* ☐

In der Regel ist die Preis/Absatz-Funktion negativ geneigt, d. h. mit sinkendem Preis steigt die Nachfrage. *Richtig* ☐ *Falsch* ☐

Im Sättigungspunkt ist der Preis so hoch, dass keine Produkte abgesetzt werden.

Richtig ☐   *Falsch* ☐

Die Preiselastizität der Nachfrage ist ein Hilfsmittel der kostenorientierten Preisfindung.

Richtig ☐   *Falsch* ☐

Die Preiselastizität der Nachfrage gibt darüber Auskunft, wie sich eine Preisänderung auf die Nachfrage auswirkt.   *Richtig* ☐   *Falsch* ☐

Unter dem Mengeneffekt versteht man den Umsatz, der durch eine Preissenkung bzw. -erhöhung verloren bzw. hinzugewonnen wird.   *Richtig* ☐   *Falsch* ☐

Bei einer elastischen Nachfrage führt eine Preissenkung zu steigenden Erlösen, eine Preiserhöhung zu sinkenden Erlösen.   *Richtig* ☐   *Falsch* ☐

Produkte, die eine unelastische Nachfrage aufweisen, zeichnen sich u. a. durch eine hohe Verfügbarkeit von Ausweichprodukten bzw. eine hohe Lagerfähigkeit des Produktes aus.

Richtig ☐   *Falsch* ☐

Die Preiselastizität der Nachfrage sinkt mit einer steigenden Dringlichkeit des Bedürfnisses, d. h. die Verbraucher benötigen das Produkt unbedingt sofort.   *Richtig* ☐   *Falsch* ☐

Preisaggressive Unternehmen erhöhen die Preissensibilität der Verbraucher, was letztlich zu einer elastischeren Nachfrage führt.   *Richtig* ☐   *Falsch* ☐

Positioniert sich ein Anbieter im Premium- und damit im Hochpreissegment (sog. Präferenz-Strategie), wird er versuchen, die Preiselastizität der Nachfrage möglichst elastisch zu halten.

Richtig ☐   *Falsch* ☐

Die Preiselastizität der Nachfrage lässt einen unmittelbaren Rückschluss auf die Gewinnveränderung eines Unternehmens zu.   *Richtig* ☐   *Falsch* ☐

Aufgabe 8.8: Preisdifferenzierung

Ordnen Sie die folgenden Kriterien den entsprechenden Beispielen der Preisdifferenzierung zu!

(1) Absatzmenge, (2) Leistung, (3) Person, (4) Preisbündelung, (5) Raum, (6) Vertriebsweg, (7) Zeit

- 10er Karte im Schwimmbad: ....

- Tag- und Nachttarife eines Telefonanbieters: ....

- Unterschiedliche Gebühren für „klassische" und Online-Kontoführung: ....

- Unterschiedliche Museumseintrittspreise für Rentner, Behinderte, Kinder, Schüler, Studierende und Berufstätige: ....

- Unterschiedliche Preise für Autos in Deutschland und Italien: ....

- Unterschiedliche Preise für *ADAC*- und *ADACPlus*-Mitgliedschaft: ....

- Unterschiedliche Preise für einzelne Produkte und Kombinationspackung aus Teigwaren, Olivenöl und Pasta-Sauce: ....

Aufgabe 8.9: Preisdifferenzierung

Herr *Pleitgen*, Manager eines neu eröffneten Erlebnisschwimmbads, will die Eintrittspreise festlegen. Er geht davon aus, dass bei Rentnern, Schüler und Studierenden eine andere Preisbereitschaft besteht als bei der restlichen Bevölkerung. Ein Marktforschungsunternehmen ermittelt in diesem Zusammenhang folgende Preis/Absatzfunktionen:

Rentner, Schüler, Studierende: $x = 160.000 - 16.000p$

Restliche Erwachsene: $x = 240.000 - 13.600p$

Pleitgen geht davon aus, dass pro Besucher variable Kosten von 4,- € entstehen und dass die Fixkosten durch die Entscheidung „Einheitspreis oder Preisdifferenzierung?" nicht beeinflusst werden.

Soll Herr *Pleitgen* die Preise differenzieren oder einen Einheitspreis verlangen?

Aufgabe 8.10: Preisdifferenzierung sowie Skimming- versus Penetrationsstrategie

Markieren Sie, ob die folgenden Aussagen richtig oder falsch sind!

Für völlig identische Leistungen unterschiedliche Preise zu verlangen, ist verboten.
Richtig ☐   *Falsch* ☐

Die Preisdifferenzierung basiert auf der Annahme, dass sich die Preisbereitschaft von Verbrauchersegmenten unterscheidet.   *Richtig* ☐   *Falsch* ☐

Preisdifferenzierung setzt voraus, dass Arbitrage zwischen den Teilmärkten stattfindet.
Richtig ☐   *Falsch* ☐

Die Skimmingstrategie empfiehlt sich für Produkte mit hohem Innovationsgrad.
Richtig ☐   *Falsch* ☐

Die Skimmingstrategie empfiehlt sich für Produkte mit anfänglich geringer Produktionskapazität. *Richtig* ☐   *Falsch* ☐

Die Skimmingstrategie empfiehlt sich für Produkte mit hoher kurzfristiger Preiselastizität.
Richtig ☐   *Falsch* ☐

Die Skimmingstrategie hat den Nachteil, dass sich hiermit die Konsumentenrente nicht abschöpfen lässt. *Richtig* ☐   *Falsch* ☐

Für die Skimmingstrategie spricht die schnelle Amortisation von Forschungs- & Entwicklungsaufwendungen. *Richtig* ☐   *Falsch* ☐

Ein Risiko bei der Abschöpfungsstrategie liegt darin, dass durch die hohen Preise und die damit guten Gewinn- sowie Wachstumschancen neue Konkurrenten angelockt werden.
Richtig ☐   *Falsch* ☐

Im Zuge einer Skimmingstrategie ist es erforderlich, frühzeitig Markteintrittsbarrieren gegenüber Imitatoren zu errichten. *Richtig* ☐   *Falsch* ☐

Die Penetrationsstrategie empfiehlt sich bei einer geringen kurzfristigen Preissensibilität.
Richtig ☐   *Falsch* ☐

Ein Vorteil der Penetrationsstrategie liegt im Erreichen eines durch Wettbewerber nur schwer einholbaren Kostenvorsprungs, da durch schnelle Erhöhung der kumulierten Absatzmenge Erfahrungskurveneffekte realisiert werden können. *Richtig* ☐   *Falsch* ☐

Im Vergleich zur Skimmingstrategie dauert es bei der Penetrationsstrategie kürzer, bis sich die Investitionen in ein neues Produkt amortisiert haben. *Richtig* ☐   *Falsch* ☐

Die Penetrationsstrategie birgt die Gefahr in sich, dass Abnehmer mit niedrigen Preisen häufig eine geringe Produktqualität assoziieren. *Richtig* ☐   *Falsch* ☐

Mit der Penetrationsstrategie ist grundsätzlich eine erhöhte Flopgefahr verbunden.
Richtig ☐   *Falsch* ☐

Eine Abschöpfungsstrategie wird vorwiegend in Situationen erfolgreich angewandt,

- wo ein gut ausgebautes Vertriebsnetz und eine entsprechende Vertriebsorganisation bereits existieren. *Richtig* ☐   *Falsch* ☐

- keine oder wenig vergleichbare Substitutionsmöglichkeiten bestehen.
  Richtig ☐   *Falsch* ☐

- wo durch geringe Werbemaßnahmen der Produktpreis tief gehalten und somit viele Konsumenten in kurzer Zeit angesprochen werden können. *Richtig* ☐   *Falsch* ☐

Aufgabe 8.11: Veranstaltungen zur abnehmer- und anbieterorientierten Preisfixierung

Markieren Sie, ob die folgenden Aussagen richtig oder falsch sind!

Beim Veiling entwickelt sich der Preis von oben nach unten. *Richtig* ☐ *Falsch* ☐

Beim Veiling erhält derjenige Teilnehmer den Zuschlag, der zuletzt bietet.

Richtig ☐ *Falsch* ☐

Bei der klassischen Versteigerung herrscht bei den Nachfragern im Vergleich zum Veiling völlige Preistransparenz. *Richtig* ☐ *Falsch* ☐

Bei der Submission sind Preisabsprachen unter den Anbietern generell verboten.

Richtig ☐ *Falsch* ☐

Bei der Submission verfügen die Anbieter über eine hohe Markttransparenz, wohingegen beim Nachfrager Ungewissheit vorherrscht. *Richtig* ☐ *Falsch* ☐

Aufgabe 8.12: Konkurrenzorientierte Preisfindung

Markieren Sie, ob die folgenden Aussagen richtig oder falsch sind!

Bei der dominanten Preisführerschaft agieren mehrere, im Großen und Ganzen gleichbedeutende Anbieter am Markt, die gegenüber unbedeutenden Wettbewerbern den Marktpreis vorgeben. *Richtig* ☐ *Falsch* ☐

Bei der kolludierenden Preisführerschaft stimmen sich mehrere Anbieter stillschweigend dahingehend ab, dass wechselweise ein Unternehmen die Position des Preisführers einnimmt und die anderen ihm folgen. *Richtig* ☐ *Falsch* ☐

Beim Preiswettbewerb unterbietet ein Anbieter bei der Annahme vergleichsweise homogener Güter die Preise seiner Wettbewerber. *Richtig* ☐ *Falsch* ☐

Im Zuge des Preiswettbewerbs muss die Nachfrage unelastisch reagieren.

Richtig ☐ *Falsch* ☐

Die sog. Übervorteilungsstrategien bieten dem Verbraucher ein günstiges Preis/Leistungs-verhältnis. *Richtig* ☐ *Falsch* ☐

Unternehmen verfolgen eine Übervorteilungsstrategie u. a., wenn sie beabsichtigen, sich in absehbarer Zeit aus einem Markt zurückzuziehen. *Richtig* ☐ *Falsch* ☐

Die Kreuzpreiselastizität gibt darüber Auskunft, um wie viel Prozent der Umsatz von Produkt B steigt oder sinkt, wenn der Preis von Produkt A um ein Prozent steigt bzw. sinkt.

Richtig ☐ *Falsch* ☐

Komplementäre Produkte weisen eine Kreuzpreiselastizität von größer als 0 auf.

Richtig ☐ *Falsch* ☐

Rückschlüsse auf Gewinnveränderungen lassen sich aus der Kreuzpreiselastizität nicht ziehen. *Richtig* ☐   *Falsch* ☐

Aufgabe 8.13: Kreuzpreiselastizität

Bei Ihrem Brötcheneinkauf in Ihrer Stammbäckerei erfahren Sie, dass der Preis für ein Wurstbrötchen im letzten Jahr von 0,90 € auf 1,10 € gestiegen ist. Die entsprechende nachgefragte Menge ist im gleichen Jahr von 2.500 auf 2.000 Wurstbrötchen zurückgegangen. Von Ihrem Besuch im benachbarten Supermarkt wissen Sie, dass die Nachfrage von Butter der Marke „*Deutsche Markenbutter*" von 5.000 auf 4.000 Päckchen zurückgegangen ist, während im letzten Jahr der Preis der Butter von 1,20 € auf 1,60 € gestiegen ist.

Handelt es sich bei den Gütern „Wurstbrötchen" und Butter um Komplementär- oder um Substitutionsgüter? Berechnen Sie hierzu die Kreuzpreiselastizität der Nachfrage nach Wurstbrötchen auf den Butterpreis!

Aufgabe 8.14: Rabattfunktionen

Ordnen Sie die folgenden Rabatte den entsprechenden Gegenleistungen für die Erfüllung von Handelsfunktionen zu!

(1) Frühbestellerrabatt, (2) Funktionsrabatt, (3) Listungsrabatt, (4) Mengenrabatt,
(5) Selbstabholerrabatt, (6) Skonto

- Raumüberbrückung: ....
- Zeitüberbrückung: ....
- Quantitative Warenfunktion: ....
- Qualitative Warenfunktion: ....
- Markterschließungsfunktion: ....
- Kreditfunktion: ....

Aufgabe 8.15: Festlegung der Lieferungs- und Zahlungsbedingungen

Markieren Sie, ob die folgenden Aussagen richtig oder falsch sind!

Lieferbedingungen regeln u. a. den Zeitpunkt des Gefahrenübergangs sowie die Konventionalstrafen bei verspäteter Lieferung. *Richtig* ☐   *Falsch* ☐

INCOTERMS steht für International Computer Terms. *Richtig* ☐   *Falsch* ☐

INCOTERMS regeln die Lieferungsbedingungen im nationalen Warenverkehr.

Richtig □   *Falsch* □

INCOTERMS regeln den Übergang der Kosten und Transportgefahren vom Verkäufer auf den Käufer, ohne dass hierüber umfangreiche Bestimmungen in den Liefervertrag aufzunehmen sind.   *Richtig* □   *Falsch* □

INCOTERMS sind für die Vertragspartner verbindlich, wenn sie sich eindeutig im Rahmen eines Vertrages auf diese beziehen.   *Richtig* □   *Falsch* □

Ex Works steht für Ab Werk und bedeutet, dass der Lieferant sämtliche Kosten für Transport und Zollabfertigung trägt.   *Richtig* □   *Falsch* □

Die Zahlungsbedingungen fixieren Zahlungsabwicklung und Zahlungsweise, nicht aber die Zahlungsfrist.   *Richtig* □   *Falsch* □

Aufgabe 8.16: Berechnung des Skonto

Ein Unternehmen räumt seinen Kunden ein Zahlungsziel von 20 Tagen rein netto ein. Zahlt der Kunde innerhalb von 5 Tagen, werden ihm 2 % Skonto gewährt. Wie hoch sind die Zinsen p. a. für diesen Lieferantenkredit, falls der Kunde auf Skontierung verzichtet?

Lösung: ....

1.8.2   Lösungen

Lösungen Aufgabe 8.1: Aufgaben des Preismanagement

- Preisbündelung: ... *(2) Festlegen eines Gesamtpreises für mehrere Produkte ...*
- Preisdurchsetzung: ... *(5) Vertikale Preisempfehlung ...*
- Preisdifferenzierung: ... *(4) Preisfestlegung für unterschiedliche Marktsegmente ...*
- Preispositionierung: ... *(1) Festlegen der Preislagen ...*
- Dynamische Preisstrategie: ... *(3) Fixierung der Einführungspreise und deren Veränderung im Zeitablauf ...*

Lösungen Aufgabe 8.2: Besonderheiten des Preismanagement

Falsch, Richtig, Falsch, Richtig, Richtig, Falsch, Falsch, Richtig, Falsch

Lösungen Aufgabe 8.3: Preis/Leistungsverhältnis

Falsch, Richtig, Richtig, Falsch, Richtig, Falsch, Falsch, Falsch, Richtig, Falsch

Lösungen Aufgabe 8.4: Festlegung des Angebotspreises

Richtig, Richtig, Richtig, Falsch, Falsch, Falsch, Richtig

Lösungen Aufgabe 8.5: Kostenorientierte Preisfindung

Richtig, Falsch, Falsch, Richtig, Falsch, Richtig, Falsch, Richtig, Falsch, Richtig, Falsch

Lösungen Aufgabe 8.6: Berechnung von kurz-, mittel- und langfristiger Preisuntergrenze

Die kurzfristige Preisuntergrenze entspricht einem Deckungsbeitrag von 0, d. h. hier deckt der Preis sämtliche variablen Kosten. Die kurzfristige Preisuntergrenze liegt demnach bei 20,00 €.

Die mittelfristige Preisuntergrenze muss gewährleisten, dass die Liquidität eines Unternehmens gesichert ist. Demnach müssen an diesem Punkt neben den variablen Kosten auch die ausgabewirksamen Fixkosten (etwa Gehälter, Miete) gedeckt sein. Die mittelfristige Preisuntergrenze liegt demnach bei 20,00 € + (25.000,00 €/10.000,00 €) = 22,50 €.

Die langfristige Preisuntergrenze liegt dort, wo der Preis sämtliche, d. h. variable und fixe Kosten (z. B. Raummiete, Abschreibungen für Maschinen) deckt. Hier entspricht der Deckungsbeitrag den fixen Kosten und der Gewinn ist gleich null. Die langfristige Preisuntergrenze liegt demnach bei 20,00 € + (60.000,00 €/10.000,00 €) = 26,00 €.

Lösungen Aufgabe 8.7: Preisbereitschaft und Preiselastizität

Richtig, Richtig, Falsch, Falsch, Richtig, Falsch, Richtig, Falsch, Richtig, Richtig, Falsch, Falsch

Lösungen Aufgabe 8.8: Preisdifferenzierung

- 10er Karte im Schwimmbad: ... *(1) Absatzmenge ...*

- Tag- und Nachttarife eines Telefonanbieters: ... *(7) Zeit ...*

- Unterschiedliche Gebühren für „klassische" und Online-Kontoführung: ... *(6) Vertriebsweg ..*

- Unterschiedliche Museumseintrittspreise für Rentner, Behinderte, Kinder, Schüler, Studierende und Berufstätige: ... *(3) Person ...*

- Unterschiedliche Preise für Autos in Deutschland und Italien: ... *(5) Raum ...*

- Unterschiedliche Preise für *ADAC-* und *ADACPlus*-Mitgliedschaft: ... *(2) Leistung ...*

- Unterschiedliche Preise für einzelne Produkte und Kombinationspackung aus Teigwaren, Olivenöl und Pasta-Sauce: ... *(4) Preisbündelung ...*

Lösungen Aufgabe 8.9: Preisdifferenzierung

Keine Preisdifferenzierung:

$x = 160.000 - 16.000p + 240.000 - 13.600p = 400.000 - 29.600p$

Deckungsbeitrag: $(p - 4) * (400.000 - 29.600p) =$
$400.000p - 29.600p^2 - 1.600.000 + 118.400p =$
$-29.600p^2 + 518.400p - 1.600.000$

Deckungsbeitragsmaximum liegt dort, wo 1. Ableitung = 0 und 2. Ableitung < 0.

$-59.200p + 518.400 = 0$

$p = 518.400/59.200 = 8,76 €$

$x = 400.000 - 29.600p = 140.704$

Deckungsbeitrag: $DB = (8,76 € - 4 €) * 140.704 = 669.751 €$

Preisdifferenzierung:

Rentner, Schüler, Studierende: $x = 160.000 - 16.000p$

Deckungsbeitrag: $(p - 4) * (160.000 - 16.000p) =$
$$-160.000p - 16.000p^2 - 640.000 + 64.000p =$$
$$- 16.000p^2 + 224.000p - 640.000$$

Deckungsbeitragsmaximum liegt dort, wo 1. Ableitung = 0 und 2. Ableitung < 0.

$$- 32.000p + 224.000 = 0$$

$$p = 224.000/32.000 = 7 €$$

$$x = 160.000 - 16.000p = 48.000$$

Deckungsbeitrag: $DB = (7 € - 4 €) * 48.000 = 144.000 €$

Sonstige Erwachsene: $x = 240.000 - 13.600p$

Deckungsbeitrag: $(p - 4) * (240.000 - 13.600p) =$
$$240.000p - 13.600p^2 - 960.000 + 54.400p =$$
$$- 13.600p^2 + 294.400p - 960.000$$

Deckungsbeitragsmaximum liegt dort, wo 1. Ableitung = 0 und 2. Ableitung < 0.

$$- 27.200p + 294.400 = 0$$

$$p = 294.400/27.200 = 10,82 €$$

$$x = 240.000 - 13.600p = 92.848$$

Deckungsbeitrag: $DB = (10,82 € - 4 €) * 92.848 = 633.223,36 €$

Deckungsbeitrag mit Preisdifferenzierung > Deckungsbeitrag ohne Preisdifferenzierung:

$(144.000 € + 633.223,36 €) = 777.223,36 € > 669.751 €$

Unter der Zielsetzung Maximierung des Deckungsbeitrags ist die Preisdifferenzierung zweckmäßig. In der Praxis würde man sich jedoch für einen runden Preis bei den sonstigen Erwachsenen entscheiden. Bei einem Preis von 11 € würden sich hier x auf 90.400 und der Deckungsbeitrag auf 632.800 € und bei einem Preis von 10,50 € würden sich x auf 97.200 € und der Deckungsbeitrag auf 631.800 € belaufen. Demnach würde sich Herr *Pleitgen* bei den sonstigen Erwachsenen für einen Preis von 11 € entscheiden.

Lösungen Aufgabe 8.10: Preisdifferenzierung sowie Skimming- versus Penetrationsstrategie

Falsch, Richtig, Falsch, Richtig, Richtig, Falsch, Falsch, Richtig, Richtig, Richtig, Falsch, Richtig, Falsch, Richtig, Falsch, Falsch, Richtig, Falsch

Lösungen Aufgabe 8.11: Veranstaltungen zur abnehmer- und anbieterorientierten Preisfixierung

Richtig, Falsch, Richtig, Richtig, Falsch

Lösungen Aufgabe 8.12: Konkurrenzorientierte Preisfindung

Falsch, Richtig, Richtig, Falsch, Falsch, Richtig, Falsch, Falsch, Richtig

Lösungen Aufgabe 8.13: Konkurrenzorientierte Preisfindung

Die Kreuzpreiselastizität (auch *Triffin*-Koeffizient) gibt darüber Auskunft, um wie viel Prozent der Absatz von Produkt B steigt bzw. sinkt, wenn der Preis von Produkt A um ein Prozent steigt bzw. sinkt.

Die Preiselastizität der Nachfrage der Nachfrage ist definiert als

$$= \frac{\text{Relative Nachfrageänderung A}}{\text{Relative Preisänderung B}} \text{,}$$

wobei die relative Nachfrageänderung

$$= \frac{\text{Neue Nachfragemenge A} - \text{Alte Nachfragemenge A}}{\text{Alte Nachfragemenge A}} \times 100$$

und die relative Preisänderung

$$= \frac{\text{Neuer Preis B} - \text{Alter Preis B}}{\text{Alter Preis B}} \times 100 \quad \text{sind.}$$

Berechnung der Kreuzpreiselastizität:
$(2.000 - 2.5000) : 2.500/(1,60 \, € - 1,20 \, €) : 1,20 \, € = -0,2 : 0,333333 = -0,6$

Da die berechnete Kreuzpreiselastizität negativ ist, handelt es sich bei dem Gut „Wurstbrötchen" um ein Komplementärgut zu Butter.

Lösungen Aufgabe 8.14: Rabattmanagement

- Raumüberbrückung: … *(5) Selbstabholerrabatt …*

- Zeitüberbrückung: … *(1) Frühbestellerrabatt …*

- Quantitative Warenfunktion: … *(4) Mengenrabatt …*

- Qualitative Warenfunktion: … *(3) Listungsrabatt …*

- Markterschließungsfunktion: … *(2) Funktionsrabatt …*

- Kreditfunktion: … *(6) Skonto …*

Lösungen Aufgabe 8.15: Festlegung der Lieferungs- und Zahlungsbedingungen

Richtig, Falsch, Falsch, Richtig, Richtig, Falsch, Falsch

Lösungen Aufgabe 8.16: Berechnung des Skonto

Lösung: … *48 % Zinsen p. a. = (2 % x 360 Tage) : 15 Tage …*

1.9   Vertriebsmanagement

Die folgenden Übungsaufgaben beziehen sich auf **Kapitel 9: Vertriebsmanagement**. Dieses Kapitel vermittelt,:

- was man unter Vertriebsmanagement versteht,
- welche Aufgaben dem Vertriebsmanagement zufallen,
- welche Entscheidungen im Zuge der Wahl des externen und internen Standorts zu treffen sind,
- welche Varianten von Vertriebswegen zur Verfügung stehen und welche jeweiligen Vor- sowie Nachteile diese bieten,
- was es im Rahmen des Kundenmanagement zu beachten gilt und
- welche Optionen im Rahmen der Distributionslogistik zur Verfügung stehen.

1.9.1   Aufgaben

Aufgabe 9.1: Physische versus akquisitorische Distribution

Ordnen Sie die folgenden Aufgaben richtig zu!

(1) Kontaktaufnahme und -aufrechterhaltung, (2) Warenverteilung

- Akquisitorische Distribution = ...
- Physische Distribution = ...

Aufgabe 9.2: Die Wahl des externen Standorts

Markieren Sie, ob die folgenden Aussagen richtig oder falsch sind!

Standortentscheidungen fallen ausschließlich bei der Neugründung von Unternehmen an.

Richtig ☐   *Falsch* ☐

Bei der Wahl des Meso-Standortes geht es darum, optimale Grundstücke oder Gebäude aus- zuwählen.   *Richtig* ☐   *Falsch* ☐

Harte Standortfaktoren sind quantifizierbar und leicht messbar.   *Richtig* ☐   *Falsch* ☐

Das Freizeitangebot einer Region gehört zu den weichen unternehmensbezogenen Standort- faktoren.   *Richtig* ☐   *Falsch* ☐

Im Einzelhandel, in der Gastronomie und bei Dienstleistern, die sich an Privatkunden wen- den, kommt der Wahl des Unternehmensstandorts eine eher geringe Bedeutung zu.

Richtig ☐   *Falsch* ☐

Aufgabe 9.3: Scoring-Modelle im Rahmen der Standortwahl

Bringen Sie die folgenden Aufgaben bei der Erstellung eines Scoring-Modells in die richtige Reihenfolge!

(1) Addition der Punkte für jeden Standort; (2) Auswahl des Standorts mit der höchsten Punktzahl; (3) Bewertung der einzelnen Standorte anhand der Qualität der Standortfaktoren; (4) Gewichtung der Standortfaktoren nach ihrer Bedeutung für den Betrieb; (5) Identifikation der für den Betrieb relevanten Standortfaktoren; (6) Multiplikation der Gewichtungsfaktoren mit der Qualitätsbewertung

- ....
- ....
- ....
- ....
- ....
- ....

Aufgabe 9.4: Management des innerbetrieblichen Standorts

Ordnen Sie die folgenden Verkaufsflächen richtig zu!

(1) Eintrittsbereich; (2) Etagen, die weit von der Eintrittsebene entfernt sind; (3) Flächen, die links vom Kunden liegen; (4) Flächen, die rechts vom Kunden liegen; (5) Kreuzungen mehrerer Gänge; (6) Mittelgänge im Verkaufsraum; (7) Räume im Anschluss an den Kassenbereich; (8) Sackgassen; (9) Wartezonen (z. B. an Bedientheken)

- Verkaufsschwache Zonen: ....
  ....
  ....
  ....

- Verkaufsstarke Zonen: ....
  ....
  ....
  ....

Aufgabe 9.5: Bestimmung der Absatzwege und Kundenmanagement

Markieren Sie, ob die folgenden Aussagen richtig oder falsch sind!

Direktabsatz sagt aus, dass der Einzelhändler seine Waren ohne Zwischenschaltung eines Großhändlers direkt vom Hersteller bezieht. *Richtig* ☐ *Falsch* ☐

Für den direkten Vertrieb sprechen der größere Einfluss auf den Vertriebskanal sowie der direkte Zugang zu Kundeninformationen. *Richtig* ☐ *Falsch* ☐

Ein Vorteil des direkten Vertriebs liegt in der Unabhängigkeit vom Preismanagement des Handels. *Richtig* ☐ *Falsch* ☐

Der direkte Vertrieb eignet sich im Falle von Produkten, die wenig Erklärungsbedarf erfordern. *Richtig* ☐ *Falsch* ☐

Mit dem direkten Vertrieb können Absatzmittler (z. B. Handelsvertreter) und Absatzhelfer (z. B. Groß- und Einzelhandel) umgangen werden. *Richtig* ☐ *Falsch* ☐

Der indirekte Vertrieb eignet sich im Falle von zahlreichen Kleinabnehmern. *Richtig* ☐ *Falsch* ☐

Ubiquität lässt sich mittels direkter Distribution besser erreichen. *Richtig* ☐ *Falsch* ☐

Unternehmen, die ihre Produkte über Absatzmittler oder Absatzhelfer vertreiben, sparen die Kosten für Aufbau und Unterhaltung eines eigenen Vertriebsnetzes. *Richtig* ☐ *Falsch* ☐

Makler, Kommissionäre und Handelsvertreter zählen zu den Absatzmittlern. *Richtig* ☐ *Falsch* ☐

Im Zuge der selektiven Distribution werden wenige ausgesuchte Vertriebspartner eingeschaltet. *Richtig* ☐ *Falsch* ☐

Intensive Distribution führt zu hoher Marktpräsenz bis hin zur Ubiquität. *Richtig* ☐ *Falsch* ☐

Beim Multi-Channeling werden mehrere unterschiedliche Vertriebswege parallel genutzt. *Richtig* ☐ *Falsch* ☐

Aufgabe 9.6: Institutionenorientierter versus funktionenorientierter Ansatz der Handelsbetriebslehre

Markieren Sie, ob die folgenden Aussagen richtig oder falsch sind!

Handel im institutionellen Sinne liegt vor, wenn Marktteilnehmer Güter, die sie in der Regel nicht selbst be- oder verarbeiten (Handelswaren), von anderen Marktteilnehmern beschaffen und an Dritte absetzen. *Richtig* □ *Falsch* □

Im Mittelpunkt des institutionenorientierten Ansatzes steht das Bemühen, empirisch vorkommende Organisationsformen des Handels zu beschreiben und zu klassifizieren.
Richtig □ *Falsch* □

Der Betriebstyp charakterisiert die Stellung des Handelsbetriebs in der Distributionskette. Konsequenterweise lassen sich hier Groß- und Einzelhandel unterscheiden.
Richtig □ *Falsch* □

Großhandelsunternehmen sind Handelsunternehmen mit einer großen Verkaufsfläche. Hierzu gehören SB-Warenhäuser und Kaufhäuser. *Richtig* □ *Falsch* □

Der Einzelhandel setzt in der Realität Waren ausschließlich an private Haushalte ab.
Richtig □ *Falsch* □

Die Theorie vom Wandel der Betriebstypen fokussiert ausschließlich auf das Preis-/Leistungsverhältnis und wird durch zahlreiche Gegenbeispiele aus der Empirie widerlegt.
Richtig □ *Falsch* □

Ausgangspunkt des funktionenorientierten Ansatzes ist die Erkenntnis, dass zwischen Produktion und Konsum räumliche, zeitliche, quantitative und qualitative Spannungen bestehen, zu deren Abbau der Handel beiträgt. *Richtig* □ *Falsch* □

Der Handel baut die quantitativen Spannungen zwischen Produktion und Konsum durch seine Vorratshaltung ab. *Richtig* □ *Falsch* □

Dem funktionenorientierten Ansatz haftet die Kritik mangelnder Aktualität an, da die meisten Betriebsformen und -typen im Zeitablauf einem Wandel unterliegen.
Richtig □ *Falsch* □

Aufgabe 9.7: Betriebstypen des Einzelhandels

Markieren Sie, ob die folgenden Aussagen richtig oder falsch sind!

Supermärkte halten Food- und Non-Food-Produkte auf Selbstbedienungsbasis bereit.
Richtig □ *Falsch* □

Fachgeschäfte sind zumeist nach dem Bedienungsprinzip aufgebaut und verfügen über ein flaches, wenig service- und beratungsintensives, vergleichsweise anspruchsvolles Sortiment einer Branche. *Richtig* □ *Falsch* □

Warenhäuser bieten beide ein breites Sortiment an, das zumeist aus Bekleidung, Schuhen, Haushaltswaren und Lebensmitteln besteht. *Richtig* ☐ *Falsch* ☐

Ein SB-Warenhaus ist ein Einzelhandelsbetrieb mit weniger als 5.000 qm Verkaufsfläche, der vorwiegend Lebensmittel sowie ein breites Sortiment an Ge- und Verbrauchsgütern in Selbstbedienung führt. *Richtig* ☐ *Falsch* ☐

Verbrauchermärkte gehören zu den Einzelhandelsgeschäften mit überwiegendem Bedienungsprinzip. *Richtig* ☐ *Falsch* ☐

Hard-Discounter sind SB-Geschäfte mit einer im Vergleich zu Supermärkten aggressiven Niedrigpreispolitik und stark begrenztem Sortiment mit hoher Umschlagshäufigkeit.
Richtig ☐ *Falsch* ☐

Factory Outlets sind Handelsbetriebe, die von Herstellerseite betrieben werden und den regulären Einzelhandel somit umgehen. *Richtig* ☐ *Falsch* ☐

Aufgabe 9.8: Betriebstypen des Einzelhandels

Ordnen Sie die folgenden Unternehmen den entsprechenden Betriebstypen zu!
Aldi, Auto-Teile-Unger, C&A, CentrO/Oberhausen, Edeka, Kaufhof, Kaufland, Media Markt, OBI, Schlecker, TOYS"R"US, Vinothek

- Discounter: ....

- Einkaufszentrum: ....

- Fachgeschäft: ....

- Fachmarkt: ....

- Kaufhaus: ....

- Supermarkt: ....

- Verbrauchermarkt/SB-Warenhaus: ....

- Warenhaus: ....

Aufgabe 9.9: Berechnung Marktanteil und Distributionsquote

(in Anlehnung an Uhe, G./Griesenbruch, M.: Technisch orientiertes Market-ing/Marktforschung, Übung 1: Strategisches Marketing, S. 5.)

Ein Marktforschungsunternehmen liefert Ihnen die folgenden Daten:

Händler / Hersteller	Tengel-mann	Edeka	HL Markt	Rewe	Kaufhof	Netto	Sonsti-ge	Gesamt
Anzahl der Filialen	350	300	400	380	180	400	1.100	3.110
Umsatz *(in Mio. €)*								
Barilla	400	80			60		900	1.440
Birkel	800	300	850		230	600	1.200	3.980
Maggi	1.400	2.200	1.000	250	1.200		800	6.850
Kraft	5.000	8.000	3.000	750	4.500	150	4.000	25.400
No Names/ Handelsmarken	500					500	4.200	5.200
Sonstige	350			500		100	400	1.350
Gesamt	8.450	10.580	4.850	1.500	5.990	1.350	11.500	44.220

Berechnen Sie für *Barilla*, *Kraft* und No Names/Handelsmarken folgende Kennzahlen und interpretieren Sie diese:

- Absoluter und relativer Marktanteil
- Numerische und gewichtete Distributionsquote

Aufgabe 9.10: Zieldivergenzen zwischen Hersteller und Handel

Ordnen Sie die folgenden Ziele den entsprechenden Marktpartnern zu!

(1) Ausführliche Markttests bei Innovationen, (2) häufige Bestellungen kleiner Mengen durch den Handel, (3) hohe Distributionsquote des jeweiligen Markenartikels, (4) hohe Innovationsrate, (5) Markentreue der Endverbraucher, (6) niedrige Handelsspanne, (7) regionale Anpassung des Endverbraucherpreises, (8) Schaffung von Einkaufserlebnissen

- Hersteller = ...
  ....
  ....

- Handel = ...
  ....
  ....

Aufgabe 9.11: Kundenmanagement

Markieren Sie, ob die folgenden Aussagen richtig oder falsch sind!

Handelsvertreter zählen zu den internen Aufgabenträgern der Distribution.

Richtig ☐   *Falsch* ☐

Reisende zählen zu den internen Aufgabenträgern der Distribution.   *Richtig* ☐   *Falsch* ☐

Ein Handelsvertreter ist dem Reisenden vorzuziehen, wenn er sehr viel Umsatz erzielt und das Unternehmen regelmäßig detaillierte Informationen über seine Kunden benötigt.

Richtig ☐   *Falsch* ☐

Erfolgt die Entscheidungsfindung zwischen Handelsvertreter und Reisendem ausschließlich auf Basis der Break-Even-Analyse, findet eine reine Kostenbetrachtung statt, ohne Kriterien wie Kontaktqualität, Steuerbarkeit, Bereitstellung von Informationen an das Unternehmen etc. ins Kalkül zu ziehen.   *Richtig* ☐   *Falsch* ☐

Im Vergleich zu Handelsvertretern eignen sich Reisende besser für die Bearbeitung von für das Unternehmen neuen Märkten.   *Richtig* ☐   *Falsch* ☐

Reisende lassen sich grundsätzlich leichter steuern und kontrollieren als Handelsvertreter.

Richtig ☐   *Falsch* ☐

Als Ursache für die zunehmende Bedeutung des Key-Account-Management ist u. a. die Entscheidungsverlagerung zu den Zentralen des Handels zu nennen.   *Richtig* ☐   *Falsch* ☐

Aufgabe 9.12: Entscheidung zwischen Handelsvertreter und Reisenden
             (in Anlehnung an www.treuz.de)

Ein Unternehmen vertreibt sein innovatives Produkt zur Schuhreinigung und –pflege seit zwei Jahren über Handelsvertreter. Nunmehr stellt sich die Frage, ob der Absatzmarkt mit Reisenden kostengünstiger bearbeitet werden kann.

Die Geschäftsführung schätzt den Jahresumsatz für das kommende Jahr auf 2.500.000 €.

Für die eingesetzten Handelsvertreter fallen Provisionen in Höhe von 10 % des Nettoumsatzes an.

Im Falle von Reisenden würden ein Fixum von 120.000 €, eine Provision von 4 % des Nettumsatzes und ab 1.500.000 € zusätzlich eine Gruppenprämie von 2 % des zusätzlichen Umsatzes zu Buche schlagen.

(a) Welche Form der Marktbearbeitung ist unter Kostengesichtspunkten günstiger?

(b) Berechnen Sie den kritischen Umsatz, bei dem Handelsvertreter und Reisende die gleichen Kosten verursachen würden.

(c) Nennen Sie neben Kostengesichtspunkten weitere Aspekte, welche in die Entscheidungsfindung einbezogen werden sollten.

Aufgabe 9.13: Distributionslogistik

Ordnen Sie die folgenden Aufgaben den entsprechenden Systemelementen der Distributionslogistik zu!

*(1) Aufbewahrung der Güter, (2) Bearbeitung der Bestellungen, (3) Schutz der Produkte,
(4) Verteilung der Waren, (5) Recycling der Verpackung*

- Auftragsabwicklung = ...

- Lagerhaltung = ...

- Transport = ...

- Verpackung = ...

- Retrodistribution = ...

1.9.2   Lösungen

Lösungen Aufgabe 9.1: Physische versus akquisitorische Distribution

- Akquisitorische Distribution = ... (1) *Kontaktaufnahme und -aufrechterhaltung* ...

- Physische Distribution = ... *(2) Warenverteilung* ...

Lösungen Aufgabe 9.2: Die Wahl des externen Standorts

Falsch, Falsch, Richtig, Falsch, Falsch

Lösungen Aufgabe 9.3: Scoring-Modelle im Rahmen der Standortwahl

- ... *(5) Identifikation der für den Betrieb relevanten Standortfaktoren* ...

- ... *(4) Gewichtung der Standortfaktoren nach ihrer Bedeutung für den Betrieb* ...

- ... *(3) Bewertung der einzelnen Standorte anhand der Qualität der Standortfaktoren* ...

- ... *(6) Multiplikation der Gewichtungsfaktoren mit der Qualitätsbewertung* ...

- ... *(1) Addition der Punkte für jeden Standort* ...

- ... *(2) Auswahl des Standorts mit der höchsten Punktzahl* ...

Lösungen Aufgabe 9.4: Management des innerbetrieblichen Standorts

- Verkaufsschwache Zonen: ... *(1) Eintrittsbereich; (2) Etagen, die weit von der Eintrittsebene entfernt sind; (3) Flächen, die links vom Kunden liegen; (6) Mittelgänge im Verkaufsraum; (7) Räume im Anschluss an den Kassenbereich; (8) Sackgassen* ...

- Verkaufsstarke Zonen: ... *(4) Flächen, die rechts vom Kunden liegen; (5) Kreuzungen mehrerer Gänge; (9) Wartezonen (z. B. an Bedientheken)* ...

Lösungen Aufgabe 9.5: Bestimmung der Absatzwege und Kundenmanagement

Falsch, Richtig, Richtig, Falsch, Falsch, Richtig, Falsch, Richtig, Falsch, Falsch, Richtig, Richtig

Lösungen Aufgabe 9.6: Institutionenorientierter versus funktionenorientierter Ansatz der Handelsbetriebslehre

Falsch, Richtig, Falsch, Falsch, Richtig, Richtig, Richtig, Falsch, Falsch

Lösungen Aufgabe 9.7: Betriebstypen des Einzelhandels

Richtig, Falsch, Richtig, Falsch, Falsch, Richtig, Richtig

Lösungen Aufgabe 9.8.: Betriebstypen des Handels

- Discounter: *... Aldi ...*

- Einkaufszentrum: *... CentrO/Oberhausen ...*

- Fachgeschäft: *... Vinothek ...*

- Fachmarkt: *... Auto-Teile-Unger, Media Markt, OBI, Schlecker, TOYS"R"US ...*

- Kaufhaus: *... C&A ...*

- Supermarkt: *... Edeka ...*

- Verbrauchermarkt/SB-Warenhaus: *... Kaufland ...*

- Warenhaus: *... Kaufhof ...*

Lösung Aufgabe 9.9: Berechnung Marktanteil und Distributionsquote

Als umsatzbezogener absoluter Marktanteil wird der Umsatzanteil eines Unternehmens am Umsatz der Branche (= Marktvolumen) bezeichnet. Der relative Marktanteil eines Unternehmens setzt den Umsatz des eigenen Unternehmens Ins Verhältnis zum Umsatz des größten Wettbewerbers der Branche. Mit einem relativen Marktanteil größer als 1,0 ist man Marktführer.

Die Distributionsquote (auch Distributionsgrad oder Distributionsrate, engl. distribution rate) ist eine betriebswirtschaftliche Kennzahl, welche die Verbreitung eines Produktes im Markt abbildet. Sie gibt an, in welchem Umfang ein Produkt für den Endverbraucher erhältlich ist und bezieht sich damit auf die Verbreitung von Produkten auf der letzten Stufe des Absatzkanals, als im Einzelhandel.

Die numerische Distributionsquote gibt an, bei wie vielen Verkaufsstellen ein Produkt/Artikel zum Zeitpunkt X in Relation zur Gesamtanzahl der Verkaufsstellen am Markt vertrieben wird. Hier werden die Geschäfte rein nach der Anzahl erfasst. Sie berechnet sich nach folgender Formel:

Numerische Distributionsquote = (Anzahl der Geschäfte, in denen ein Artikel vertrieben wird x 100) : Gesamtzahl der Geschäfte

Die gewichtete Distributionsquote gibt an, wie viel warengruppenspezifischen Umsatz die Verkaufsstellen, bei denen ein Produkt/Artikel zum Zeitpunkt X gelistet wird, in Relation zum warengruppenspezifischen Umsatz aller Verkaufsstellen am Markt realisieren. Hier werden die Geschäfte rein nach der Anzahl erfasst. Sie berechnet sich nach folgender Formel:

Gewichtete Distributionsquote = (Warengruppenspezifischer Umsatz der Geschäfte, in denen ein Artikel vertrieben wird x 100) : Warengruppenspezifischer Umsatz aller Geschäfte

Die Ausprägungen der einzelnen Kennzahlen sind der folgenden Tabelle zu entnehmen:

Kennzahl Hersteller	Absoluter Marktanteil	Relativer Marktanteil	Numerische Distributionsquote	Gewichtete Distributionsquote
Barilla	1.440 : 44.200 = 3,3 %	1.440 : 25.400 = 0,06	1.930 : 3.110 = 62,1 %	(8.450 + 10.580 + 5.990 + 11.500) : 44.200 = 82,6 %
Kraft	25.400 : 44.200 = 57,5 %	25.400 : 6.850 = 3,71	3.110 : 3.110 = 100 %	(8.450 + 10.580 + 4.850 + 1.500 + 5.990 + 1.350 + 11.500) : 44.220 = 100 %
No Names/ Handelsmarken	5.200 : 44.200 = 11,8 %	5.200 : 25.400 = 0,20	1.850 : 3.110 = 59,5 %	(8.450 + 1.350 + 11.500) : 44.200 = 48,2 %

Kraft ist mit deutlichem Abstand Marktführer und vereinigt einen rund 3,7fach höheren Umsatz auf sich als *Maggi*, die Nummer zwei im Markt. *Kraft* verzeichnet eine Distributionsquote von 100 % und hat damit Ubiquität erreicht

Wie der absolute und der relative Marktanteil belegen, handelt es sich bei *Barilla* – zumindest auf dem deutschen Markt – um einen vergleichsweise kleinen Anbieter, der in tendenziell umsatzstärkeren Einzelhandelsunternehmen vertreten ist.

No Names/Handelsmarken spielen mit 11,8 % Marktanteil eine recht unbedeutende Rolle. Am relativen Marktanteil lässt sich ablesen, dass sie es gerade einmal auf 20 % des Umsatzes von Marktführer *Kraft* bringen. Das Verhältnis numerischer zu gewichteter Distributionsquote zeigt, dass No Names/Handelsmarken tendenziell bei kleineren Absatzmittlern vertreten sind.

Lösungen Aufgabe 9.10: Zieldivergenzen zwischen Hersteller und Handel

- Hersteller = ... *(3) hohe Distributionsquote des jeweiligen Markenartikels, (4) hohe Innovationsrate, (5) Markentreue der Endverbraucher, (6) niedrige Handelsspanne ...*

- Handel = ... *(1) ausführliche Markttests bei Innovationen, (2) häufige Bestellungen kleiner Mengen durch den Handel, (7) regionale Anpassung des Endverbraucherpreises, (8) Schaffung von Einkaufserlebnissen ...*

Lösungen Aufgabe 9.11: Kundenmanagement

Falsch, Richtig, Falsch, Richtig, Falsch, Richtig, Richtig

Lösung Aufgabe 9.12: Entscheidung zwischen Handelsvertreter und Reisenden

(a) Kosten Handelsvertreter:
250.000 € (= 10 % von 2.500.000 €)

Kosten Reisende:
120.000 € (= Fixum) +
100.000 € (= 4 % von 2.500.000 €) +
20.000 (= 2 % von 1.000.000 €) =
240.000 €

240.000 € < 250.000 €

Die Marktbearbeitung durch Reisende wäre günstiger.

(b) $0,1x = 120.000 + 0,04x + 0,02 (x - 1.500.000)$

$0,1x = 120.000 + 0,06x - 30.000 = 90.000 + 0,06x$

$0,04x = 90.000$

$x = 2.250.000$

Bei einem Umsatz von 2.250.000 € würden Reisende und Handelsvertreter die gleichen Kosten verursachen.

(c) Die in der folgenden Tabelle angeführten Aspekte sollten flankierend zu den Kostengesichtspunkten in die Entscheidungsfindung einbezogen werden

Der qualitative Vergleich zwischen Reisendem und Handelsvertreter
(Quelle: Nieschlag/Dichtl/Hörschgen 2002, S. 944 – 945; Befunde vom Verfasser verdichtet)

Absatzweg Kriterium	Reisender	Handelsvertreter
Entlohnung	–	+
Motivation	–	+
Fachliche Kenntnisse	+	–
Fluktuation	–	+
Steuerung	+	–
Kontrolle	+	–
Informationsfluss	+	–
Produkt-/Unternehmensfunktion	+	–
Sortiment	–	+
Verkaufsbemühungen	+	–
Einteilung der Verkaufsbezirke	+	–
Übernahme zusätzlicher Aufgaben	+	–
Kostenbelastung	–	+
Bearbeitung alter Märkte	+	–
Bearbeitung neuer Märkte	–	+
Kundenbindung	–	+
Besuchsfrequenz	–	+
Unternehmenspräsentation im Markt	+	–
Rechtliche Rahmenbedingungen	+	–
Legende: + = Vorteil aus Sicht des Unternehmens; – = Nachteil aus Sicht des Unternehmens		

Lösungen Aufgabe 9.13: Distributionslogistik

- Auftragsabwicklung = ... *(2) Bearbeitung der Bestellungen ...*

- Lagerhaltung = ... *(1) Aufbewahrung der Güter ...*

- Transport = ... *(4) Verteilung der Waren ...*

- Verpackung = ... *(3) Schutz der Produkte ...*

- Retrodistribution = ... *(5) Recycling der Verpackung ...*

1.10   Kommunikationsmanagement

Die folgenden Übungsaufgaben beziehen sich auf **Kapitel 10: Kommunikationsmanagement**. Dieses Kapitel vermittelt,:

- was man unter Kommunikationsmanagement versteht und welche Aufgaben hierbei anfallen,
- auf welchen theoretischen Grundlagen das Kommunikationsmanagement basiert,
- welche klassischen und innovativen Instrumente sowie Schnittstelleninstrumente dem Kommunikationsmanagement zur Verfügung stehen und
- welche Gestaltungsmöglichkeiten die einzelnen Instrumente bieten.

1.10.1   Aufgaben

Aufgabe 10.1: Corporate Identity

Füllen Sie die Lücken mit den richtigen Begriffen aus!

Als Komponenten der Corporate Identity sind zu nennen:

- ....

- ....

- ....

Aufgabe 10.2: Begriff, Bedeutung und Aufgaben des Kommunikationsmanagement

Markieren Sie, ob die folgenden Aussagen richtig oder falsch sind!

Dem Kommunikationsmanagement fallen ausschließlich nach außen gerichtete Informationsaufgaben zu.   *Richtig* ☐   *Falsch* ☐

Der Marktanteil der Printwerbung am Werbegeschäft nimmt kontinuierlich ab, wohingegen der Marktanteil des Fernsehens zunimmt.   *Richtig* ☐   *Falsch* ☐

Besteht auf Massenmärkten keine persönliche Beziehung zwischen Anbieter und Nachfrager, stärkt dies die Bedeutung des Kommunikationsmanagement.   *Richtig* ☐   *Falsch* ☐

Nehmen die Homogenität und damit die Austauschbarkeit von Produkten zu, fällt dem Kommunikationsmanagement die Aufgabe zu, die Produkte auch emotional zu standardisieren.   *Richtig* ☐   *Falsch* ☐

Aufgrund sich verkürzender Produktlebenszyklen und einer damit einhergehenden Intensivierung des Zeitwettbewerbs verlieren kommunikationspolitische Aktivitäten an Stellenwert.

Richtig ☐   *Falsch* ☐

Die Standardisierungsfunktion des Kommunikationsmanagement liegt darin, Geschmack sowie Präferenzen von Verbrauchern zu vereinheitlichen und damit die Heterogenität der Nachfrage zu reduzieren.   *Richtig* ☐   *Falsch* ☐

Die Steuerungsfunktion der Unternehmenskommunikation liegt darin, Angebot und Nachfrage auszugleichen und damit prozyklisch zu wirken.   *Richtig* ☐   *Falsch* ☐

Aufgabe 10.3: Begriff und Arten der Kommunikation

Markieren Sie, ob die folgenden Aussagen richtig oder falsch sind!

Beim Einstufenmodell der Massenkommunikation übermittelt der Sender seine Informationen über zwischengeschaltete Organe an die Empfänger.   *Richtig* ☐   *Falsch* ☐

Meinungsführer multiplizieren die Botschaft eines Anbieters um ein Vielfaches.

Richtig ☐   *Falsch* ☐

Meinungsführer existieren in allen sozialen Schichten.   *Richtig* ☐   *Falsch* ☐

Mehrstufige, indirekte Kommunikation mit zwischengeschalteten Elementen reduziert die Glaubwürdigkeit einer kommerziellen Botschaft.   *Richtig* ☐   *Falsch* ☐

Das Mehrstufige Modell der Massenkommunikation verbindet und erweitert den einstufigen und den zweistufigen Ansatz miteinander. Hier übermittelt der Sender seine Botschaft parallel auf drei Wegen an die Empfänger.   *Richtig* ☐   *Falsch* ☐

Aufgabe 10.4: Stufenmodelle der Kommunikation

Markieren Sie, ob die folgenden Aussagen richtig oder falsch sind!

Die Stufenmodelle basieren auf der Hypothese, dass der Käufer bestimmte Stufen von der Wahrnehmung bis zur Kaufentscheidung durchläuft.   *Richtig* ☐   *Falsch* ☐

Das AIDA-Konzept geht davon aus, dass Aufmerksamkeit für eine Werbung nur dann entsteht, wenn beim Empfänger bereits Interesse für das beworbenen Produkt besteht.

Richtig ☐   *Falsch* ☐

AIDA steht für Attention, Information, Desire und Action.   *Richtig* ☐   *Falsch* ☐

Das DAGMAR-Modell basiert auf der Annahme, dass Werbung im Gegensatz zu den ökonomischen Zielen, welche durch die anderen marketingpolitischen Instrumente (Produkt bzw. Sortiment, Preis, Distribution) zu realisieren seien, vor allem Kommunikationsaufgaben zu erfüllen habe.   *Richtig* ☐   *Falsch* ☐

Im „Hierarchy-of-Effects"-Modell durchläuft ein Betrachter als Folge des Kontakts mit Werbung sechs verschiedene Stufen, die ausgehend von der Stufe vollkommener Unwissenheit über die Existenz eines Gutes bis hin zu seinem Kauf führen.   *Richtig* □   *Falsch* □

Im Falle einer „Out-of-Stock"-Situation führt die Kaufabsicht unmittelbar zu einem Kauf.
                                                                                                   Richtig □   *Falsch* □

Die Stufenmodelle der Werbung haben wesentlich dazu beigetragen, ökonomische Ziele der Werbewirkung zu entwickeln.   *Richtig* □   *Falsch* □

Nicht-ökonomische Faktoren bieten den Vorteil, dass sie frühzeitig Hinweise auf den ökonomischen Werbeerfolg vermitteln können.   *Richtig* □   *Falsch* □

Aufgabe 10.5: Instrumente des Kommunikationsmanagement

Füllen Sie die Lücken mit den richtigen Begriffen aus!

Als klassische Instrumente des Kommunikationsmanagement sind zu nennen:

(1) ....

(2) ....

(3) ....

Aufgabe 10.6: Idealtypischer Ablauf der Werbeplanung

Bringen Sie die folgenden Aufgaben der Werbeplanung in die idealtypische Reihenfolge!

(1) Auswahl der Beeinflussungsstrategie; (2) Auswahl von Werbeträger und –mittel; (3) Festlegung des Werbebudgets; (4) Festlegung des Werbeobjekts; (5) Festlegung von Werbeziel, Zielgebiet und Zielperson; (6) Werbetiming

- ....

- ....

- ....

- ....

- ....

- ....

Aufgabe 10.7: Werbeobjekte und -ziele

Markieren Sie, ob die folgenden Aussagen richtig oder falsch sind!

Werbung vermittelt dem Verbraucher Normen durch Modelle.   *Richtig* ☐   *Falsch* ☐

Im Zuge der Werbung werden ausschließlich Produkte bzw. Dienstleistungen umworben.

                                                 Richtig ☐   *Falsch* ☐

Zwischen den psychographischen und ökonomischen Zielen der Werbung sollte idealtypischerweise keine unmittelbare Beziehung bestehen.   *Richtig* ☐   *Falsch* ☐

Die Synchronisationswerbung ist darauf ausgerichtet, die Nachfrage an den Produktionsrhythmus anzupassen.   *Richtig* ☐   *Falsch* ☐

Bei der antizyklischen Werbung wird in Zeiten hoher Umsätze wenig und in Zeiten geringer Umsätze viel geworben.   *Richtig* ☐   *Falsch* ☐

Strahlt Werbung für ein bestimmtes Produkt auf andere Produktbereiche des Unternehmens aus, spricht man von einem „Carry-Over"-Effekt.   *Richtig* ☐   *Falsch* ☐

Da vorangegangene Werbekampagnen in aller Regel noch nachwirken, unterschätzt man im Regelfall den Erfolg der zuletzt getroffenen Werbemaßnahmen.   *Richtig* ☐   *Falsch* ☐

Aufgabe 10.8: Planung des Werbebudgets

Füllen Sie die Lücken mit den richtigen Budgetierungsmethoden aus!

- ....

  Hier wird das Werbebudget anhand der vorhandenen finanziellen Ressourcen festgelegt.

- ....

  Dabei werden die Werbekosten als Prozentsatz der vergangenen oder anvisierten Umsätze bzw. Gewinne geplant.

- ....

  Pro Produkteinheit wird ein bestimmter Betrag für Werbung eingeplant.

- ....

  Ausgangspunkt für die Festlegung des Werbebudgets sind die in einer Branche üblichen Werbeausgaben.

Aufgabe 10.9: Werbeelastizität

Markieren Sie, ob die folgenden Aussagen richtig oder falsch sind!

Die Werbeelastizität gibt darüber Auskunft, wie sich eine Änderung des Werbeaufwands (= abhängige Variable) auf den Umsatz eines Produkts (= unabhängige Variable) auswirkt.

Richtig □   *Falsch* □

Ist die Werbeelastizität größer als 1, steigt der Umsatz prozentual stärker an als die verursachende Werbebudgetveränderung. Diesen Zustand bezeichnet man als flexible Werbeelastizität.

Richtig □   *Falsch* □

Die Werbeelastizität lässt zuverlässige Rückschlüsse auf eine Veränderung des Gewinns zu.

Richtig □   *Falsch* □

Aufgabe 10.10: Berechnung Werbeelastizität

Der Schokoladenhersteller *Rotter Spirt* will den Erfolg seiner Werbeaktivitäten messen. Zu diesem Zweck ermittelt die Marktforschungsabteilung im Rahmen eines Experiments folgende Werte:

Periode t_1: Preis: 0,90 €; Werbebudget: 100.000 €; Absatz: 900.000 Stück

Periode t_2: Preis: 0,90 €; Werbebudget: 110.000 €; Absatz: 1.200.000 Stück

Ermitteln Sie die Werbeelastizität und interpretieren Sie diese.

Aufgabe 10.11: Auswahl von Werbeträger und –mittel

Markieren Sie, ob die folgenden Aussagen richtig oder falsch sind!

Werbeträger führen die Werbemittel an die Umworbenen heran.   *Richtig* □   *Falsch* □

Bei der Mediaselektion findet eine Auswahl geeigneter Werbemittel statt.

Richtig □   *Falsch* □

Ein zentraler Nachteil der Rundfunkwerbung liegt darin, dass nur sehr langsam eine hohe kumulierte Reichweite erzielt werden kann.   *Richtig* □   *Falsch* □

Für das Kino als Werbeträger sprechen die hohe Kontaktwahrscheinlichkeit und -intensität.

Richtig □   *Falsch* □

Im Falle von Reaktanz widersetzt sich der Betrachter der Intention der Werbebotschaft.

Richtig □   *Falsch* □

Bei Anzeigen handelt es sich um werbeträgerfreie Werbemittel.   *Richtig* □   *Falsch* □

Bei Anzeigen handelt es sich um werbeträgerfreie Werbemittel. *Richtig* ☐ *Falsch* ☐

Prospekte können sowohl als werbeträgerbezogenes als auch als werbeträgerfreies Werbemittel ausgestaltet sein. *Richtig* ☐ *Falsch* ☐

Die Kontakthäufigkeit gibt an, wie viele Personen in einem bestimmten Zeitraum Kontakt mit dem jeweiligen Werbeträger bzw. -mittel haben. *Richtig* ☐ *Falsch* ☐

Die beiden Kriterien Reichweite und Kontakthäufigkeit stehen einander entgegengesetzt gegenüber, und es ist nicht möglich, beide Größen gleichzeitig zu maximieren.
Richtig ☐ *Falsch* ☐

Sowohl die Reichweite als auch die Kontakthäufigkeit berücksichtigen Kostengesichtspunkte. *Richtig* ☐ *Falsch* ☐

Der Tausenderpreis ist der Preis für 1.000 Belegungen einer Anzeige in einem Werbeträger.
Richtig ☐ *Falsch* ☐

Bei der kombinierten Reichweite werden interne und externe Überschneidungen berücksichtigt. *Richtig* ☐ *Falsch* ☐

Externe Überschneidungen bei der Mediaplanung werden durch die Nutzung gleicher Medien durch verschiedene Personen hervorgerufen. *Richtig* ☐ *Falsch* ☐

Dem Tausenderpreis liegt die Erkenntnis zugrunde, dass der absolute Preis eines Werbemittels für den Werbetreibenden nur wenig aussagekräftig ist und deshalb ins Verhältnis zu seinen Nutzern gesetzt werden muss. *Richtig* ☐ *Falsch* ☐

Beim qualitativen Tausenderpreis wird die Zielgruppengenauigkeit eines Mediums berücksichtigt. *Richtig* ☐ *Falsch* ☐

Aufgabe 10.12: Mediaselektion

Der Schokoladenhersteller *Rotter Spirt* will eine Schokoladeninnovation auf den Markt bringen. Um den Handel von seinem Produkt zu überzeugen, will er in wöchentlich erscheinenden Fachzeitschriften maximal zwei Anzeigen schalten. Hierfür stehen ihm die der folgenden Tabelle zu entnehmenden Mediadaten zur Verfügung.

Sie sind Assistenten/innen der Geschäftsleitung und sollen die betriebswirtschaftliche Grundlage für eine fundierte Mediaselektion schaffen. Für welche Zeitung würden Sie sich aus welchen Gründen entscheiden? Ziehen Sie folgende Kriterien in Ihre Entscheidungsfindung ein:

- Minimierung der Kosten (ohne Zielgruppen- und Raumorientierung)

- Minimierung der Kosten (mit Zielgruppen- und Raumorientierung)

- Maximierung der Kontakte bei zweimaliger Belegung eines Werbeträgers (mit Zielgruppen- und Raumorientierung)

- Maximierung der Kontakte bei einmaliger Belegung von zwei Werbeträgern (mit Zielgruppen- und Raumorientierung)

Zeitung	Leser pro Ausgabe	Anvisierte Zielgruppe	Räumliche Reichweite im Kernabsatzgebiet von *Rotter Spirt*	Einschaltkosten 1/1-Seite mit 3 Farben	Interne Überschneidungen bei 2maliger Schaltung	Externe Überschneidungen
LebensmittelZeitung	820.000	452.000	70 %	23.970 Euro	80 %	40.000 (lesen gleichzeitig auch *Handelsjournal*) 50.000 (lesen gleichzeitig auch *Der Lebensmittelhändler*)
Handelsjournal	220.000	150.000	80 %	7.470 Euro	75 %	40.000 (lesen gleichzeitig auch *Lebensmittelzeitung*) 25.000 (lesen gleichzeitig auch *Der Lebensmittelhändler*)
Der Lebensmittelhändler	180.000	120.000	95 %	6.600 Euro	70 %	50.000 (lesen gleichzeitig auch *LebensmittelZeitung*) 15.000 (lesen gleichzeitig auch *Handelsjournal*)

Aufgabe 10.13: Auswahl der Beeinflussungsstrategie

Um welche Art der Beeinflussungsstrategie handelt es sich jeweils? Füllen Sie die Lücken mit den richtigen Begriffen aus!

- Ausschnitt aus dem täglichen Leben:

  ....

- Prominente oder Frau/Mann von der Straße testen das Produkt:

  ....

- Ein Sprecher stellt das Produkt vor:

  ....

- „Wie Vitamine Ihrem Körper, gibt XY Ihrem Auto Kraft.":

  ....

- Kaschierung von Anzeigen als redaktionelle Beiträge:

....

Aufgabe 10.14: Werbetiming

Markieren Sie, ob die folgenden Aussagen richtig oder falsch sind!

Bei der punktuellen Werbung kommt es zu Werbeunterbrechungen, wobei die Werbeintensität mit Ausnahme der Werbeunterbrechungen einen immer gleichbleibenden Pegel hat.

Richtig ☐ *Falsch* ☐

Bei der Pulsationsstrategie variiert die Werbeintensität, wobei es im Regelfall auch zu Werbeunterbrechungen kommt. *Richtig* ☐ *Falsch* ☐

Komprimierte Werbung empfiehlt sich bei neuen Produkten, bei denen schnell ein hoher Bekanntheitsgrad erreicht bzw. Lernwiderstände bei den Verbrauchern abgebaut werden müssen. *Richtig* ☐ *Falsch* ☐

Verteilte Werbung empfiehlt sich bei Saisonartikeln. *Richtig* ☐ *Falsch* ☐

Aufgabe 10.15: Verkaufsförderung

Füllen Sie die Lücken mit den passenden Begriffen aus!

Nach den anvisierten Zielgruppen lassen sich drei Formen der Verkaufsförderung unterscheiden:

- ....

- ....

- ....

Aufgabe 10.16: Innovative Instrumente des Kommunikationsmanagement

Markieren Sie, ob die folgenden Aussagen richtig oder falsch sind!

Sponsoring basiert auf dem Prinzip von Leistung und Gegenleistung. *Richtig* ☐ *Falsch* ☐

Sponsoring und Mäzenatentum sind Synonyme. *Richtig* ☐ *Falsch* ☐

Unter Secondment versteht man die kostenlose Abordnung von Mitarbeitern für einen bestimmten Zeitraum an eine gesponserte Einrichtung. *Richtig* ☐ *Falsch* ☐

Sponsoring ist ein Instrument der Verkaufsförderung. *Richtig* ☐ *Falsch* ☐

Als Vorteile des Sponsoring gelten u. a. das Erreichen schwer zugänglicher Zielgruppen sowie das Umgehen von Werbebeschränkungen.   *Richtig* ☐   *Falsch* ☐

Beim Sponsoring ist die Reaktanzwahrscheinlichkeit vergleichsweise hoch ausgeprägt.
                                                                          Richtig ☐   *Falsch* ☐

Mit dem Imagetransfer vom Gesponserten auf den Sponsor sind nicht nur Chancen, sondern auch Risiken verbunden.   *Richtig* ☐   *Falsch* ☐

Product Placement bezeichnet die Präsentation von Markenprodukten in Filmen und Theateraufführungen sowie auf öffentlich zugänglichen Plätzen.   *Richtig* ☐   *Falsch* ☐

Beim Verbal Product Placement wird der Markenname im Geschehen genannt, das Produkt aber nicht gezeigt.   *Richtig* ☐   *Falsch* ☐

Mit zunehmendem Zapping des Zuschauers verliert das Product Placement an Bedeutung.
                                                                          Richtig ☐   *Falsch* ☐

Product Placement zeichnet sich im Vergleich zum TV-Spot aufgrund der realistischeren Situation durch eine höhere Glaubwürdigkeit aus.   *Richtig* ☐   *Falsch* ☐

Event-Marketing verliert vor dem Hintergrund der Erlebnisorientierung im Handel an Bedeutung.   *Richtig* ☐   *Falsch* ☐

Direktkommunikation muss immer einen Dialog bzw. eine Interaktion zwischen den Marktpartnern ermöglichen.   *Richtig* ☐   *Falsch* ☐

Die Direct-Response-Werbung zählt nicht zur Direktkommunikation. *Richtig* ☐   *Falsch* ☐

Per Email gezielte Informationen an registrierte Personen zu verteilen, stellt eine Variante der „One-to-Few"-Kommunikation per Internet dar.   *Richtig* ☐   *Falsch* ☐

Stellt ein Unternehmen ein Formular im World Wide Web zur Verfügung, mit Hilfe dessen sich Konsumenten registrieren lassen können, handelt es sich um eine Form der „One-to-Few"-Kommunikation.   *Richtig* ☐   *Falsch* ☐

Stellt ein Unternehmen einem Konsumenten eine individuelle Information per Email zu, handelt es sich um eine Form der „One-to-Many"-Kommunikation. *Richtig* ☐   *Falsch* ☐

Im Falle von POS-Terminals in Kaufhäusern mit Anbindung an ein Netzwerk handelt es sich um eine domizile Online-Multi-Media-Kommunikation.   *Richtig* ☐   *Falsch* ☐

Bezüglich der Breite des Angebots lassen sich Fachbesucher-, Händler- und Konsumentenmessen unterscheiden.   *Richtig* ☐   *Falsch* ☐

Bezüglich der Funktion lassen sich Informations- und Ordermessen unterscheiden.
                                                                          Richtig ☐   *Falsch* ☐

Zu den Stärken von Messen und Ausstellungen zählt die Möglichkeit des Benchmarking.
                                                                          Richtig ☐   *Falsch* ☐

Aufgabe 10.17: Multimedia-Kommunikation

Ordnen Sie die folgenden Beispiele den entsprechenden Kategorien in der Tabelle zu!

(1) CD-Rom mit Produktinformationen; (2) POS/POI-Terminals in Kaufhäusern mit Anbindung an ein Netzwerk; (3) POS/POI-Terminals in Kaufhäusern ohne Anbindung an ein Netzwerk; (4) Werbung im Internet

Ort Anwendungsstatus	Domizil	Nicht-domizil
Offline	....	....
Online	....	....

Aufgabe 10.18: Schnittstelleninstrumente des Kommunikationsmanagement

Markieren Sie, ob die folgenden Aussagen richtig oder falsch sind!

Eine Stärke des Mobile Advertising liegt in der Möglichkeit einer zeit- und ortsabhängigen Kundenansprache begründet   *Richtig* ☐   *Falsch* ☐

Da jeder Nutzer anhand seiner Mobilfunknummer eindeutig identifizierbar ist, eröffnet Mobile Advertising die Möglichkeit, den Konsumenten auf Basis einer Kundendatenbank im Sinne eines „One-to-One"-Marketing maßgeschneidert anzusprechen. *Richtig* ☐   *Falsch* ☐

Beim „Single-Opt-In"-Verfahren erhält der Interessent im Anschluss an seine Anmeldung eine E-Mail oder SMS mit einem Passwort. In dem er auf die Nachricht antwortet, bestätigt er seine Einwilligung.   *Richtig* ☐   *Falsch* ☐

Ein Weblog ist eine Webseite, die ähnlich einem Tagebuch periodisch neue Einträge enthält, d. h. in regelmäßigen Abständen ergänzt wird.   *Richtig* ☐   *Falsch* ☐

Corporate Blogs werden ausschließlich für die externe Kommunikation eines Unternehmens benutzt.   *Richtig* ☐   *Falsch* ☐

Permission Marketing bezeichnet den Versand von Werbe- und Informationsmaterialien (i. d. R. E-Mails), ohne dass der Kunde bzw. Empfänger seine ausdrückliche Erlaubnis erteilen muss.   *Richtig* ☐   *Falsch* ☐

Virales Marketing basiert letztlich auf Mund-zu-Mund-Propaganda zwischen Konsumenten.
                                                                    Richtig ☐   *Falsch* ☐

1.10.2   Lösungen

Lösungen Aufgabe 10.1: Corporate Identity

Als Komponenten der Corporate Identity sind zu nennen:

- *... Corporate Behavior ...*
- *... Corporate Communications ...*
- *... Corporate Design ...*

Lösungen Aufgabe 10.2: Begriff, Bedeutung und Aufgaben des Kommunikationsmanagement

Falsch, Richtig, Richtig, Falsch, Falsch, Richtig, Falsch

Lösungen Aufgabe 10.3: Begriff und Arten der Kommunikation

Falsch, Richtig, Richtig, Falsch, Falsch

Lösungen Aufgabe 10.4: Stufenmodelle der Kommunikation

Richtig, Falsch, Falsch, Richtig, Richtig, Falsch, Falsch, Richtig

Lösungen Aufgabe 10.5: Instrumente des Kommunikationsmanagement

Als klassische Instrumente des Kommunikationsmanagement sind zu nennen:
- *... Werbung ...*
- *... Verkaufsförderung (Sales Promotion) ...*
- *... Öffentlichkeitsarbeit (Public Relations) ...*

Lösungen Aufgabe 10.6: Idealtypischer Ablauf der Werbeplanung

- *(4) Festlegung des Werbeobjekts*
- *(5) Festlegung von Werbeziel, Zielgebiet und Zielperson*
- *(3) Festlegung des Werbebudgets*
- *(2) Auswahl von Werbeträger und –mittel*

- *(1) Auswahl der Beeinflussungsstrategie*
- *(6) Werbetiming*

Lösungen Aufgabe 10.7: Werbeobjekte und -ziele

Richtig, Falsch, Falsch, Richtig, Richtig, Falsch, Falsch

Lösungen Aufgabe 10.8: Planung des Werbebudgets

- *... All-You-Can-Afford-Methode ...:*
  Hier wird das Werbebudget anhand der vorhandenen finanziellen Ressourcen festgelegt.

- *... Percentage-of-Sales-Methode ...:*
  Dabei werden die Werbekosten als Prozentsatz der vergangenen oder anvisierten Umsätze bzw. Gewinne geplant.

- *... Per-Unit-Methode ...:*
  Pro Produkteinheit wird ein bestimmter Betrag für Werbung eingeplant.

- *... Wettbewerbs-Paritäts-Methode ...:*
  Ausgangspunkt für die Festlegung des Werbebudgets sind die in einer Branche üblichen Werbeausgaben.

Lösungen Aufgabe 10.9: Werbeelastizität

Falsch, Richtig, Falsch

Lösungen Aufgabe 10.10: Berechnung der Werbeelastizität

Die Werbeelastizität gibt darüber Auskunft, um wie viel Prozent der Umsatz steigt, wenn die Werbeaufwendungen um ein Prozent steigen, bzw. um wie viel Prozent der Umsatz sinkt, wenn die Werbeaufwendungen um ein Prozent sinken. Mit dieser Kennzahl lässt sich nachvollziehen, wie sich eine Änderung des Werbeaufwands (= unabhängige Variable) auf den Umsatz eines Produkts (= abhängige Variable) auswirkt.

Die Werbeelastizität ist definiert als

$$\frac{\text{Relative Umsatzänderung}}{\text{Relative Werbeaufwandsänderung}},$$

wobei die relative Umsatzänderung

$$= \frac{\text{Neuer Umsatz} - \text{Alter Umsatz}}{\text{Alter Umsatz}} \times 100$$

und die relative Werbeaufwandsänderung

$$= \frac{\text{Neuer Werbeaufwand} - \text{Alter Werbeaufwand}}{\text{Alter Werbeaufwand}} \times 100 \text{ sind.}$$

Im vorliegenden Fall beläuft sich die Werbeelastizität auf: 3,3 = ([1.080.000 € – 810.000 €] : (810.000 €) : ([110.000 € – 100.000 €] : (100.000 €) = 33,3 % : 10 %.

Die Werbeelastizität ist größer als 1: Der Umsatz steigt prozentual stärker an als die verursachende Werbebudgetveränderung. Diesen Zustand bezeichnet man als flexible Werbeelastizität.

Bei der Interpretation der Werbeelastizität müssen jedoch folgende Einschränkungen ins Kalkül gezogen werden:

- Wie bei allen Elastizitäten werden hier nur Erlös- und damit Umsatzveränderungen betrachtet. Demnach lässt sich aus der aus der Werbeelastizität kein Rückschluss auf eine Veränderung des Gewinns ziehen.

- Umsatzveränderungen sind im Regelfall nicht ausschließlich auf Werbeaktivitäten, sondern auf ein Bündel von Faktoren (etwa die Aktivitäten der Wettbewerber) zurückzuführen.

- Bei der Beurteilung des Erfolgs von Werbemaßnahmen müssen drei Phänomene berücksichtigt werden:
  – Werbung für ein bestimmtes Produkt kann auf andere Produktbereiche des Unternehmens ausstrahlen (sog. Ausstrahlungs- bzw. Spill-Over-Effekt).
  – Werbung in einer Periode wirkt sich normalerweise auch auf den Umsatz der Folgeperioden aus (sog. Wirkungsverzögerung bzw. Carry-Over-Effekt). Beispielsweise kann sich ein Verbraucher, der heute einen Werbespot sieht, zu einem späteren Zeitpunkt, an dem er einen entsprechenden Kaufwunsch empfindet, an das beworbene Produkt erinnern und es erst dann kaufen.
  – Auch dem sog. Beharrungs- bzw. Decay-Effekt muss Rechnung getragen werden. Denn eine Umsatzsteigerung tritt weder unmittelbar mit dem Beginn einer Werbekampagne ein, noch bildet sie sich nach deren Beendigung unmittelbar zurück. Demnach wirken vorangegangene Werbekampagnen in aller Regel noch nach, was zu einer Überschätzung des Erfolgs der zuletzt getroffenen Werbemaßnahmen führt.

Lösungen Aufgabe 10.11: Auswahl von Werbeträger und –mittel

Richtig, Falsch, Falsch, Richtig, Richtig, Falsch, Richtig, Falsch, Richtig, Falsch, Falsch, Richtig, Falsch, Richtig, Richtig

Lösungen Aufgabe 10.12: Mediaselektion

Zeitung	Ungewichteter Tausenderpreis	Gewichteter Tausenderpreis	Räumlich gewichteter Tausenderpreis	Kumulierte Reichweite bereinigt um interne Überschneidungen sowie entsprechender Tausenderpreis
LebensmittelZeitung	(23.970 €/820.000 Leser) x 1.000 = 29,23 €	(23.970 €/452.000 Leser) x 1.000 = 53,03 €	53,03 €/80 % = 66,29 €	542.400 (47.940 €/542.400 Leser) x 1.000 = 88,38 €
Handelsjournal	(7.470 €/220.000 Leser) x 1.000 = 33,95 €	(7.470 €/150.000 Leser) x 1.000 = 49,80 €	49,80 €/75% = 66,40 €	187.500 (14.940 €/187.500 Leser) x 1.000 = 79,68 €
Der Lebensmittelhändler	(6.600 €/180.000 Leser) x 1.000 = 36,67 €	(6.600 €/120.000 Leser) x 1.000 = 55,00 €	55,00 €/90% = 61,11 €	156.000 (13.200 €/542.400 Leser) x 1.000 = 84,62 €

Nettoreichweite bereinigt um externe Überschneidungen sowie entsprechender Tausenderpreis
LebensmittelZeitung/Handelsjournal 562.000 Leser (31.440 €/562.000 Leser) x 1.000 = 55,94 €
LebensmittelZeitung/Der Lebensmittelhändler 522.000 Leser (30.570 €/522.000 Leser) x 1.000 = 58,56 €
Handelsjournal/Der Lebensmittelhändler 255.000 Leser (14.070 €/255.000 Leser) x 1.000 = 55,18 €

- Minimierung der Kosten (ohne Zielgruppen- und Raumorientierung): *LebensmittelZeitung* aufgrund des niedrigsten ungewichteten Tausenderpreises von 29,93 €

- Minimierung der Kosten (mit Zielgruppen- und Raumorientierung): Der *Lebensmittelhändler* aufgrund des niedrigsten räumlich gewichteten Tausenderpreises von 61,11 €

- Maximierung der Kontakte bei zweimaliger Belegung eines Werbeträgers (mit Zielgruppen- und Raumorientierung): *LebensmittelZeitung* aufgrund höchster kumulierter Reichweite bereinigt um interne Überschneidungen von 542.400 Lesern, wobei höchster (!) entsprechender Tausenderpreis von (47.940 €/542.400 Leser) x 1.000 = 88,38 €

- Maximierung der Kontakte bei einmaliger Belegung von zwei Werbeträgern (mit Zielgruppen- und Raumorientierung): *LebensmittelZeitung/Handelsjournal* aufgrund höchster Nettoreichweite bereinigt um externe Überschneidungen von 562.000 Lesern sowie entsprechendem Tausenderpreis von (31.440 €/562.000 Leser) x 1.000 = 55,94 €

Lösungen Aufgabe 10.13: Auswahl der Beeinflussungsstrategie

- Ausschnitt aus dem täglichen Leben: ... *„Slice-of-Life"-Technik* ...
- Prominente oder Frau/Mann von der Straße testen das Produkt: ... *Testimonial-Werbung* ...
- Ein Sprecher stellt das Produkt vor: ... *Presenter* ...
- „Wie Vitamine Ihrem Körper, gibt XY Ihrem Auto Kraft.": ... *Analogie* ...
- Kaschierung von Anzeigen als redaktionelle Beiträge: ... *Advertorial* ...

Lösungen Aufgabe 10.14: Werbetiming

Falsch, Falsch, Richtig, Falsch

Lösungen Aufgabe 10.15: Verkaufsförderung

Nach den anvisierten Zielgruppen lassen sich drei Formen der Verkaufsförderung unterscheiden:
- ... *Verbraucher-Promotions* ...
- ... *Außendienst-Promotions* ...
- ... *Händler-Promotions* ...

Lösungen Aufgabe 10.16: Innovative Instrumente des Kommunikationsmanagement

Richtig, Falsch, Richtig, Falsch, Richtig, Falsch, Richtig, Falsch, Richtig, Falsch, Richtig, Falsch, Richtig, Falsch, Richtig, Richtig, Falsch, Falsch, Falsch, Richtig, Richtig

Lösungen Aufgabe 10.17: Multimedia-Kommunikation

Ort Anwendungsstatus	Domizil	Nicht-domizil
Offline	*... (1) CD-Rom mit Produktin-formationen ...*	*... (3) POS/POI-Terminals in Kaufhäusern ohne Anbindung an ein Netzwerk ...*
Online	*... (4) Werbung im Internet ...*	*... (2) POS/POI-Terminals in Kaufhäusern mit Anbindung an ein Netzwerk ...*

Lösungen Aufgabe 10.18: Schnittstelleninstrumente des Kommunikationsmanagement

Falsch, Richtig, Falsch, Richtig, Falsch, Falsch, Richtig

1.11 Restriktionen und Probleme beim Einsatz des Marketing-Instrumentariums

> Die folgenden Übungsaufgaben beziehen sich auf **Kapitel 11: Restriktionen und Probleme beim Einsatz des Marketing-Instrumentariums**. Dieses Kapitel vermittelt,:
> - welchen Restriktionen das Marketing-Instrumentarium unterliegt und
> - welche Probleme bei dessen Einsatz auftreten können.

1.11.1 Aufgaben

Aufgabe 11.1: Restriktionen und Probleme beim Einsatz des Marketing-Instrumentariums

Kreuzen Sie bitte an, ob die folgenden Aussagen richtig oder falsch sind!

Der Einsatz des Marketing-Instrumentariums unterliegt ausschließlich rechtlichen Restriktionen und ist ansonsten frei gestaltbar.   *Richtig* ☐   *Falsch* ☐

Marktreaktionsfunktionen beschreiben den Zusammenhang zwischen einer zu prognostizierenden Zielgröße (z. B. Absatz, Bekanntheitsgrad) und der Intensität des Einsatzes von Marketing-Instrumenten in quantitativer Form (z. B. Höhe des Werbebudgets).
                                                                    Richtig ☐   *Falsch* ☐

Wenn eine Preissenkung erst durch Werbung voll wirksam wird, besteht eine substitutive Beziehung zwischen diesen Marketing-Instrumenten.   *Richtig* ☐   *Falsch* ☐

Von einer komplementären Beziehung spricht man, wenn sich Marketing-Instrumente gegenseitig ersetzen können.   *Richtig* ☐   *Falsch* ☐

Preisschwellen sind ein Beispiel dafür, dass die Wirkungsverläufe der Marketing-Instrumente grundsätzlich linear verlaufen.   *Richtig* ☐   *Falsch* ☐

„Carry-Over"-Effekt bezeichnet die zeitliche Ausstrahlung der Wirkung eines Marketing-Instruments auf nachgelagerte Perioden.   *Richtig* ☐   *Falsch* ☐

Mit Hilfe sog. „Lag"-Variablen versucht man, „Carry-Over"-Effekte in Marktreaktionsfunktionen abzubilden.   *Richtig* ☐   *Falsch* ☐

Nur wenn ein Marketing-Instrument positiv über den definierten Zielbereich hinaus ausstrahlt, spricht man von einem „Spill-Over"-Effekt.   *Richtig* ☐   *Falsch* ☐

1.11.2   Lösungen

Lösungen Aufgabe 11.1: Restriktionen und Probleme beim Einsatz des Marketing-Instrumentariums

Falsch, Richtig, Falsch, Falsch, Falsch, Richtig, Richtig, Falsch

1.12   Marketing-Kontrolle

Die folgenden Übungsaufgaben beziehen sich auf **12: Marketing-Kontrolle**. Dieses Kapitel vermittelt,:

- was man unter Marketing-Kontrolle versteht,
- welche Aufgaben die Marketing-Kontrolle erfüllt,
- was ein Marketing-Audit ist und wie sich ein solcher Prozess gestaltet,
- wie die ergebnisorientierte Marketing-Kontrolle abläuft und
- wie eine Balanced Scorecard aufgebaut ist.

1.12.1   Aufgaben

Aufgabe 12.1: Marketing-Audit und ergebnisorientierte Wirkungskontrolle

Kreuzen Sie bitte an, ob die folgenden Aussagen richtig oder falsch sind!

Die ergebnisorientierte Marketing-Kontrolle bildet die letzte Phase des Marketing-Prozesses.
Richtig ☐   *Falsch* ☐

Im Rahmen der Marketing-Kontrolle wird das Ergebnis von Marketingentscheidungen über-prüft, wohingegen die vorgelagerten Prozesse außen vor bleiben.   *Richtig* ☐   *Falsch* ☐

Das Marketing-Audit übernimmt eine prozessbegleitende Überwachungsfunktion, die es dem Unternehmen ermöglicht, frühzeitig auf Veränderungen zu reagieren. *Richtig* ☐   *Falsch* ☐

Das Prämissen-Audit überwacht, inwiefern die festgelegten Ziele (noch) realistisch, kompa-tibel und operationalisierbar sind.   *Richtig* ☐   *Falsch* ☐

Bei der Ergebniskontrolle handelt es sich um eine Wirkungskontrolle, die ex-ante einsetzt.
Richtig ☐   *Falsch* ☐

Die ergebnisorientierte Kontrolle überprüft im Sinne eines Soll/Ist-Vergleichs den Zielerrei-chungsgrad.   *Richtig* ☐   *Falsch* ☐

Sowohl die submixbezogene als auch die gesamtmixbezogene Wirkungskontrolle beziehen sich ausschließlich auf die Überprüfung ökonomischer Ziele.   *Richtig* ☐   *Falsch* ☐

Die Wirkungskontrolle birgt die Gefahr in sich, dass Fehlentwicklungen zu spät erkannt werden.   *Richtig* ☐   *Falsch* ☐

Die submixbezogene Wirkungskontrolle basiert auf der Überlegung, dass es wenig Sinn macht, den Erfolg einzelner Marketing-Instrumente isoliert zu erfassen.
Richtig ☐   *Falsch* ☐

Aufgabe 12.2: Balanced Scorecard

Kreuzen Sie bitte an, ob die folgenden Aussagen richtig oder falsch sind!

Die Balanced Scorecard verbindet die Prozess- und die Ergebnisperspektive der Marketing-Kontrolle miteinander. *Richtig* ☐ *Falsch* ☐

Bei Finanzkennzahlen handelt es sich im Regelfall um sog. Frühindikatoren.
Richtig ☐ *Falsch* ☐

Finanzkennzahlen vermitteln einen fundierten Einblick in die Ursachen von Fehlentwicklungen. *Richtig* ☐ *Falsch* ☐

In einer Balanced Scorecard ist die Finanzperspektive der Kunden- und Marktperspektive vorgelagert. *Richtig* ☐ *Falsch* ☐

In einer Balanced Scorecard ist die Lern- und Entwicklungsperspektive der internen Prozessperspektive vorgelagert. *Richtig* ☐ *Falsch* ☐

Mit Hilfe der Balanced Scorecard können Ursache-Wirkungsketten erstellt und damit Querverbindungen zwischen sowie Abhängigkeiten von Kennzahlen aufgedeckt werden.
Richtig ☐ *Falsch* ☐

Aufgabe 12.3: Kennzahlen in der Balanced Scorecard

Ordnen Sie die folgenden Kennzahlen den entsprechenden Kategorien einer Balanced Scorecard zu!

(1) Deckungsbeitrag, (2) Distributionsquote, (3) Eigenkündigungsquote, (4) Floprate, (5) Gewinn, (6) Krankenquote, (7) Kundenbindungsgrad, (8) Kundenzufriedenheit, (9) Marktanteil, (10) Preiselastizität der Nachfrage, (11) Return on Investment, (12) Umsatz, (13) Verbesserungsvorschlagsquote, (14) Werbe-Response

● Finanzperspektive: ....

....

....

● Kunden- und Marktperspektive: ....

....

....

- Interne Prozessperspektive: ....
  ....
  ....

- Lern- und Entwicklungsperspektive: ....
  ....
  ....

1.12.2 Lösungen

Lösungen Aufgabe 12.1: Marketing-Audit und ergebnisorientierte Wirkungskontrolle

Richtig, Falsch, Richtig, Falsch, Falsch, Richtig, Falsch, Richtig, Falsch

Lösungen Aufgabe 12.2: Balanced Scorecard

Richtig, Falsch, Falsch, Falsch, Richtig, Richtig

Lösungen Aufgabe 12.3: Kennzahlen einer Balanced Scorecard

- Finanzperspektive: ... *(1) Deckungsbeitrag, (5) Gewinn, (11) Return on Investment, (12) Umsatz ...*
- Kunden- und Marktperspektive: ... *(9) Marktanteil, (7) Kundenbindungsgrad, (8) Kundenzufriedenheit ...*
- Interne Prozessperspektive: ... *(2) Distributionsquote, (4) Floprate, (10) Preiselastizität der Nachfrage, (11) Werbe-Response ...*
- Lern- und Entwicklungsperspektive: ... *(3) Eigenkündigungsquote, (6) Krankenquote, (13) Verbesserungsvorschlagsquote ...*

1.13   Marketing-Organisation

Die folgenden Übungsaufgaben beziehen sich auf **Kapitel 13: Marketing-Organisation**.
Dieses Kapitel vermittelt,:

* was man unter Marketing-Organisation versteht,

* welche Varianten von Marketing-Organisation existieren,

* welche Vor- und Nachteile mit der jeweiligen Organisationsform verbunden sind,

* wie ein Customer Relationship Management (CRM), eine Form der Ablauforganisation, in deren Mittelpunkt der Kunde steht, idealtypisch aufgebaut sein sollte und

* wie sich der Wert eines Kunden berechnen lässt.

1.13.1   Aufgaben

Aufgabe 13.1: Funktionale Organisation

Markieren Sie, ob die folgenden Aussagen richtig oder falsch sind!

Die Ablauforganisation gliedert ein Unternehmen in Teileinheiten (Stellen- und Abteilungsbildung), ordnet ihnen Aufgaben und Kompetenzen zu und gewährleistet so die Koordination der verschiedenen Organisationseinheiten.   *Richtig* ☐   *Falsch* ☐

Die Aufbauorganisation regelt die hierarchische Struktur eines Unternehmens.
                                                                       Richtig ☐   *Falsch* ☐

Die funktionale Organisation gliedert sich nach dem Verrichtungsprinzip, d. h. es werden möglichst heterogene Tätigkeiten gebündelt.   *Richtig* ☐   *Falsch* ☐

Ein zentraler Vorteil der funktionalen Organisation liegt in der Effizienz durch Spezialisierung und Standardisierung.   *Richtig* ☐   *Falsch* ☐

Eine Stärke der funktionalen Organisation sind die kurzen Informations- und Instanzenwege.
                                                                       Richtig ☐   *Falsch* ☐

Aufgrund des großen Aufwands an vertikaler Koordination birgt die funktionale Organisation die Gefahr in sich, die Leitungsebene zu überlasten.   *Richtig* ☐   *Falsch* ☐

Die funktionale Organisation fördert ein ausgeprägtes Ressort- bzw. Funktionsdenken mit entsprechendem Konfliktpotential zwischen den Einheiten und fehlendem Blick für Unternehmensziele.   *Richtig* ☐   *Falsch* ☐

Grundsätzlich empfiehlt sich die funktionale Organisation für Unternehmen mit homogenem bzw. schmalem Angebotsprogramm.   *Richtig* ☐   *Falsch* ☐

Im Falle einer funktionalen Unternehmensorganisation ist der Vertrieb immer dem Marketing nachgeordnet. *Richtig* ☐ *Falsch* ☐

Aufgabe 13.2: Objektorganisation

Markieren Sie, ob die folgenden Aussagen richtig oder falsch sind!

Die Spartenorganisation ist eine Variante der objektorientierten Organisation.
Richtig ☐ *Falsch* ☐

Im Falle der Objektorganisation werden nicht unterschiedliche Verrichtungen, sondern unterschiedliche Objekte gebündelt. *Richtig* ☐ *Falsch* ☐

Die Produktorganisation bietet sich für Unternehmen mit homogener Programmstruktur an.
Richtig ☐ *Falsch* ☐

Ein Vorteil der Produktorganisation liegt in der hohen Marktnähe und damit der hohen Flexibilität sowie Reaktionsgeschwindigkeit bei Marktveränderungen. *Richtig* ☐ *Falsch* ☐

Die Produktorganisation eignet sich für die Durchsetzung von Dachmarkenstrategien.
Richtig ☐ *Falsch* ☐

Mögliche Nachteile der Produktorganisation liegen in der Vernachlässigung der Oberziele eines Unternehmens und einer nicht aufeinander abgestimmten Gesamtangebotspolitik.
Richtig ☐ *Falsch* ☐

Die Produktorganisation fördert die Nutzung von Synergieeffekten im Falle ähnlicher Aktivitäten für verschiedene Produkte. *Richtig* ☐ *Falsch* ☐

Die Kundenorganisation bietet sich für Unternehmen an, die Nachfragergruppen gegenüberstehen, die in sich homogen sind, zwischen denen aber große Unterschiede bestehen.
Richtig ☐ *Falsch* ☐

Eine Kundenorganisation fördert standardisierte Problemlösungen für den Kunden.
Richtig ☐ *Falsch* ☐

Eine Kundenorganisation bietet sich immer dann an, wenn dieselben Produkte bzw. Dienstleistungen von verschiedenen Kundengruppen erworben werden. *Richtig* ☐ *Falsch* ☐

Die Kundenorganisation birgt die Gefahr in sich, die Mitarbeiter zu überfordern, da entsprechendes Spezialwissen fehlt. *Richtig* ☐ *Falsch* ☐

Das Key Account Management ist eine spezifische Form der Kundenorganisation.
Richtig ☐ *Falsch* ☐

Die Gebietsorganisation empfiehlt sich insbesondere bei kleinen bzw. homogenen Absatzgebieten. *Richtig* ☐ *Falsch* ☐

Die Gebietsorganisation gewährleistet eine überschneidungsfreie Marktbearbeitung.

Richtig ☐   *Falsch* ☐

Die Gebietsorganisation entlastet die Firmenzentrale von Koordinationsaufgaben.

Richtig ☐   *Falsch* ☐

Aufgabe 13.3: Mehrdimensionale Organisationssysteme

Markieren Sie, ob die folgenden Aussagen richtig oder falsch sind!

Die mehrdimensionalen Systeme zielen darauf ab, die jeweiligen Vorteile eindimensionaler Systeme dadurch zu nutzen, dass sie zwei (im Falle der Tensororganisation) und mehr (im Falle der Matrixorganisation) Gliederungsprinzipien koppeln.   *Richtig* ☐   *Falsch* ☐

Die Funktions-Produkt-Matrix stellt eine Variante der Matrixorganisation dar.

Richtig ☐   *Falsch* ☐

Als möglicher Vorteil der mehrdimensionalen Organisationssysteme gilt die Verbesserung der Entscheidungsqualität durch Kooperation.   *Richtig* ☐   *Falsch* ☐

Mehrdimensionale Organisationssysteme beinhalten einen ständigen Zwang zu Koordination und Kooperation.   *Richtig* ☐   *Falsch* ☐

Durch mehrdimensionale Organisationssysteme kann Konflikten und Kompetenzgerangel entgegengewirkt werden.   *Richtig* ☐   *Falsch* ☐

Aufgabe 13.4: Kundenbeziehungslebenszyklus

Markieren Sie, ob die folgenden Aussagen richtig oder falsch sind!

Der Kundenbeziehungslebenszyklus beschreibt die Beziehung eines Unternehmens zum Kunden als Abfolge mehrerer Phasen anhand ausgewählter Größen (etwa Kundenwert).

Richtig ☐   *Falsch* ☐

Der Kundenbeziehungslebenszyklus beginnt mit der Anbahnungsphase und endet mit der Kündigungsphase.   *Richtig* ☐   *Falsch* ☐

In der Kundebindungsphase gilt es, nicht-rentable Kundenbeziehungen zu stabilisieren und auszubauen.   *Richtig* ☐   *Falsch* ☐

Durch eine Minimierung der Beschwerden gelingt es, dass verärgerte Kunden still und leise abwandern.   *Richtig* ☐   *Falsch* ☐

Die Beziehung zum Kunden ist zeitlich begrenzt, was ausschließlich auf ein Ableben des Konsumenten zurückzuführen ist.   *Richtig* ☐   *Falsch* ☐

Die Entwicklung der Beziehung zum Kunden lässt sich im Grundkonzept des Kundenbeziehungslebenszyklus anhand einer umgekehrten U-Funktion (∩-Funktion) beschreiben.

Richtig ☐   *Falsch* ☐

Das „KANBAN"-System des Beschwerdemanagement steht für **KAN**onieren, **B**agatellisieren, **A**nzweifeln und **N**ichterfüllen von Beschwerden gegenüber Querulanten.

Richtig ☐   *Falsch* ☐

Aufgabe 13.5: Architektur eines CRM-Systems

Ordnen Sie die folgenden Module den entsprechenden Bereichen eines CRM zu!

(1) Data Mining, (2) Data Warehouse, (3) Inbound Call Center, (4) Marketing Automation, (5) OLAP, (6) Outbound Call Center, (7) Sales Automation, (8) Service Automation

- Kommunikatives CRM: ....

  ....

- Operatives CRM: ....

  ....

- Analytisches CRM: ....

  ....

Aufgabe 13.6: Customer Interaction Center

Füllen Sie die Lücken im Text mit den richtigen Begriffen aus!

Call, Competitor, Customer, Information, Interaction, Kommunikationskanäle, Multi, zweidimensionale, multimediale, Single, Vertriebswege

Das Customer .... Center stellt die .... Weiterentwicklung des .... Center dar. Hier werden neben der Telephonie auch alle anderen .... wie Briefpost, Fax oder Internet unterstützt. Angesichts des sich immer stärker entwickelnden ....-Channel-Marketing, bei dem eine Vielzahl unterschiedlicher Kommunikationskanäle zum und vom Kunden parallel genutzt wird, ist es hierbei erforderlich, einen sog. „........................... Point of Entry" einzurichten und damit koordiniert im Sinne eines „One Face to the .... „ zu kommunizieren.

Aufgabe 13.7: CRM

Markieren Sie, ob die folgenden Aussagen richtig oder falsch sind!

CRM steht für Competitor Relationship Management und bezeichnet eine Unternehmensphilosophie und -kultur, in deren Zentrum die Ausrichtung an den Wettbewerbern steht.
Richtig ☐   *Falsch* ☐

Dem operativen CRM fällt die Aufgabe zu, sämtliche Kundeninformationen zusammenzuführen und auszuwerten.
Richtig ☐   *Falsch* ☐

Das kommunikative CRM steuert und synchronisiert die Kommunikationskanäle zum Kunden.
Richtig ☐   *Falsch* ☐

Das Call Center stellt die multimediale Weiterentwicklung des Customer Interaction Center dar.
Richtig ☐   *Falsch* ☐

Das Inbound-Call Center wickelt Telefonaktionen in Vertrieb, Kundendienst und Marketing-Forschung ab.
Richtig ☐   *Falsch* ☐

Im Outbound-Call Center geht das Unternehmen aktiv auf den Kunden zu.
Richtig ☐   *Falsch* ☐

Unter Database Marketing versteht man die Nutzung der in Kundendatenbanken gespeicherten Informationen für eine standardisierte Kommunikation mit dem Kunden.
Richtig ☐   *Falsch* ☐

Kundenorientierte Geschäftsprozesse zeichnen sich dadurch aus, dass einzelne Marketing- und Vertriebskampagnen nicht unabhängig voneinander, sondern getreu dem Prinzip „One Face to the Customer" vernetzt konzipiert und durchgeführt werden.   *Richtig* ☐   *Falsch* ☐

Marketing-Enzyklopädien sind ausschließlich über Intranet abrufbar und werden dezentral gepflegt.
Richtig ☐   *Falsch* ☐

Produktkonfiguratoren eröffnen die Option des Customizing, in dem Produkte aus mehreren Komponenten kundenindividuell zusammengestellt werden können.   *Richtig* ☐   *Falsch* ☐

Im Zuge der Lost Order-Analyse werden sämtliche Angebote, die nicht zu einem Auftrag geführt haben, analysiert.
Richtig ☐   *Falsch* ☐

Beim Ordertracking werden Wiederbeschaffungszeitpunkte (z. B. für Telefonkartenverträge) vorgemerkt, um die rechtzeitige Ansprache des Kunden zu gewährleisten und dadurch der Kundenabwanderung entgegenzuwirken.
Richtig ☐   *Falsch* ☐

Das Opportunity Management vermittelt einen aktuellen Gesamtüberblick über bestehende Verkaufschancen (Betrag, Abschlusswahrscheinlichkeit, Abschlusstermin) pro Kontaktstufe.
Richtig ☐   *Falsch* ☐

Der Einsatz von Interactive Selling Systems auf Web-Sites und an Kiosk-Systemen ist grundsätzlich ausgeschlossen.
Richtig ☐   *Falsch* ☐

Eskalations-Management erfordert die Festlegung von Zeitschranken für die Bearbeitung von Geschäftsprozessen.
Richtig ☐   *Falsch* ☐

Case Based Reasoning-Systeme sind Datenbanken mit formatierten Beschreibungen von Problemen und entsprechenden Lösungen bzw. Lösungswegen sowie deren Qualitätseinstufung. *Richtig* ☐ *Falsch* ☐

Schadensanalysen dienen dazu, bei einem auftretenden Mangel auf das Problem möglichst schnell reagieren zu können. *Richtig* ☐ *Falsch* ☐

Der Anwender hat grundsätzlich nur lesenden Zugriff auf das Data Warehouse.

Richtig ☐ *Falsch* ☐

Auch nach Übernahme von Daten ins Data Warehouse ist jederzeit eine Änderung möglich.

Richtig ☐ *Falsch* ☐

Die Daten im Data Warehouse stammen ausschließlich aus unternehmensinternen Quellen.

Richtig ☐ *Falsch* ☐

Das Data Mining fordert vom Anwender a priori-Hypothesen und damit Aussagen über die gesuchten Inhalte. *Richtig* ☐ *Falsch* ☐

Im Data Mining kommen uni- und bivariate, nicht aber multivariate Analyseverfahren zum Einsatz. *Richtig* ☐ *Falsch* ☐

OLAP steht für Off-Line Analytical Processing. *Richtig* ☐ *Falsch* ☐

Im Zuge des OLAP werden betriebswirtschaftlich relevante Daten (etwa Umsätze, Deckungsbeiträge, Kosten) in multidimensionalen Datenwürfeln abgebildet.

Richtig ☐ *Falsch* ☐

Aufgabe 13.8: Kundenzufriedenheit

Markieren Sie, ob die folgenden Aussagen richtig oder falsch sind!

Dem Confirmation-Paradigma folgend ist Kundenzufriedenheit das Ergebnis eines psychischen Vorgangs, bei dem der Kunde zwischen dem wahrgenommenen Leistungsniveau eines Unternehmens (= Soll-Leistung) und einem wie auch immer gearteten Standard, in der Regel seinen Erwartungen (= Ist-Leistung), vergleicht. *Richtig* ☐ *Falsch* ☐

Im Fall der progressiven Zufriedenheit hebt eine Person – mit Blick auf zukünftige Zufriedenheitsurteile – ihr Anspruchsniveau (= Soll-Wert) an. *Richtig* ☐ *Falsch* ☐

Bei diffuser Unzufriedenheit können die betroffenen Personen ihre kognitiven Dissonanzen dadurch abzubauen versuchen, dass sie ihr Anspruchsniveau – bewusst oder unbewusst – auf das niedrigere Ist-Niveau senken (= Pseudo-Zufriedenheit).   *Richtig* ☐   *Falsch* ☐

Im *Kano*-Modell repräsentieren die Basisanforderungen Sollkriterien, mit deren zunehmender Erfüllung die Zufriedenheit des Kunden steigt. Werden diese Kriterien hingegen nicht erfüllt, erhöht sich de Unzufriedenheit.   *Richtig* ☐   *Falsch* ☐

Die Nichterfüllung der Begeisterungsanforderungen löst keine Unzufriedenheit aus.

Richtig ☐   *Falsch* ☐

Variety-Seeking tritt insbesondere bei Produkten auf, deren Erwerb in den Augen des Verbrauchers ein hohes Risiko in sich birgt und schwerpunktmäßig von rationalen Aspekten bestimmt wird.   *Richtig* ☐   *Falsch* ☐

Die Fähigkeit des Unternehmens, Kunden an sich zu binden, bezeichnet man als Akquisitorisches Potential.   *Richtig* ☐   *Falsch* ☐

Liegt die die doppelt geknickte Preis-Absatz-Funktion unter der linearen Preis-Absatz-Funktion, bringt dies zum Ausdruck, dass der Konsument auf Preiserhöhungen eines Anbieters weniger sensibel reagiert, d. h. dem Unternehmen treu bleibt und nicht zum Konkurrenten abwandert.   *Richtig* ☐   *Falsch* ☐

Die Auswertung von Reklamationen, Garantiefällen und Beschwerden zählt zu den subjektorientierten Verfahren zur Erfassung der Kundenzufriedenheit.   *Richtig* ☐   *Falsch* ☐

Aufgrund der mangelnden Reliabilität objektiver Kriterien, die auf eine individuell unterschiedliche Wahrnehmung einer gleichartigen Konsumsituation zurückzuführen sein mag, wird die Zufriedenheit häufig auf Basis eines subjektiven Konzeptes erfasst.

Richtig ☐   *Falsch* ☐

Die Methode der kritischen Ereignisse zählt zu den merkmalsgestützten Verfahren zur Erfassung der Kundenzufriedenheit.   *Richtig* ☐   *Falsch* ☐

Aufgabe 13.9: Kundenbewertung

Markieren Sie, ob die folgenden Aussagen richtig oder falsch sind!

Die ABC-Analyse lässt sich für die Zwecke der Kundenbewertung nicht einsetzen.

Richtig ☐   *Falsch* ☐

Bei der im Zuge der Kundenbewertung eingesetzten Variante der Portfolioanalyse zeichnen sich abhängige Kunden dadurch aus, dass sie zwar einen hohen Beitrag zum Umsatz des Lieferanten beisteuern, die Position des Lieferanten aufgrund seines geringen Anteils am Einkaufsvolumen des Kunden aber vergleichsweise schwach ist.   *Richtig* ☐   *Falsch* ☐

Klassifikationsschlüssel bergen die Gefahr von Zahlenfriedhöfen in sich, auf denen der Kunde zu einer Zahlenkombination degradiert wird.   *Richtig* ☐   *Falsch* ☐

Beim RFMR-Ansatz bewertet man den Kunden nach seinem letzten Kauf, der Kaufhäufigkeit sowie der Kaufmenge.   *Richtig* ☐   *Falsch* ☐

Nach dem RFMR-Ansatz wird der Kunde, der erst vor kurzem eingekauft hat, niedriger bewertet als der Kunde, der vor längerer Zeit etwas erworben hat.   *Richtig* ☐   *Falsch* ☐

In ein fundiertes Scoring-Modell zur Bestimmung des Kundenwerts müssen sowohl harte Faktoren wie Umsatz als auch weiche Faktoren wie Umsatzpotential einfließen.

Richtig ☐   *Falsch* ☐

Die Güte eines Scoring-Modells hängt im Wesentlichen von der Vollständigkeit und der Überschneidungsfreiheit der Kundenwertfaktoren ab.   *Richtig* ☐   *Falsch* ☐

Die Berechnung des Customer-Lifetime-Value basiert auf der Break-Even-Analyse.

Richtig ☐   *Falsch* ☐

Weiche Kundenwertfaktoren sind grundsätzlich leichter zu erfassen als harte Kundenwertfaktoren.   *Richtig* ☐   *Falsch* ☐

Bei der Berechnung des Customer-Lifetime-Value bezeichnet man den nicht diskontierten Kundendeckungsbeitrag p. a. als Present Value.   *Richtig* ☐   *Falsch* ☐

Mit der Retention Rate trägt man bei der Ermittlung des CLV dem Sachverhalt Rechnung, dass ein Teil der Kunden im Zeitablauf abwandert.   *Richtig* ☐   *Falsch* ☐

Kunden mit einem positiven Kundenwert sind immer attraktive Kunden und müssen systematisch an das Unternehmen gebunden werden.   *Richtig* ☐   *Falsch* ☐

Aufgabe 13.10: Berechung des Customer-Lifetime-Value am Beispiel eines PKW-Kunden

Ein Kunde kauft bei einem Autohändler erstmalig ein Fahrzeug. Der Verkaufsleiter möchte den Customer-Lifetime-Value dieses Kunden auf einen Horizont von 12 Jahren berechnen. Hierzu zieht er den der folgenden Tabelle zu entnehmenden Auszug über den typischen Erstkunden aus der Kundenstatistik heran.

Unterstützen Sie den Verkaufsleiter und berechnen Sie den CLV auf einen Horizont von 12 Jahren!

Charakteristika des typischen Erstkunden

Verkaufspreis Neuwagen (exklusive MwSt.)	15.000 Euro
Einstandspreis Neuwagen (exklusive MwSt.)	13.000 Euro
Einstandspreis in Zahlung genommener Gebrauchtwagen (exklusive MwSt.)	3.500 Euro
Verkaufspreis in Zahlung genommener Gebrauchtwagen (exklusive MwSt.)	3.300 Euro
Akquisitionskosten (fallen bei erstmaligem Kauf an)	500 Euro
Vertriebskosten (fallen bei jedem Kauf an)	400 Euro
Kundenbindungskosten p. a.	50 Euro
Nutzungsdauer	5 Jahre
Wiederkaufrate (= Wahrscheinlichkeit, dass der Kunde bei dem betreffenden Unternehmen wieder ein Fahrzeug kauft)	50 % nach 5 Jahren, 60 % nach 10 Jahren
Upgrading (sowohl bei Verkaufspreis als auch bei Einstandspreis Neuwagen und Gebrauchtwagen)	20 %
Werkstattumsatz p. a. (exklusive MwSt.)	800 Euro
Werkstattkosten p. a. (exklusive MwSt.)	600 Euro
Werkstattloyalität	100 % in den ersten beiden Jahren nach Neukauf, danach 75 %
Cross-Selling-Umsatz p. a. (exklusive MwSt.)	500 Euro
Cross-Selling-Kosten p. a. (exklusive MwSt.)	300
Upgrading Werkstatt- und Cross-Selling-Erlöse	20 % bei jedem Neuwagenkauf
Abzinsungsfaktor	10 %

1.13.2   Lösungen

Lösungen Aufgabe 13.1: Funktionale Organisation

Falsch, Falsch, Richtig, Falsch, Falsch, Richtig, Richtig, Falsch

Lösungen Aufgabe 13.2: Objektorganisation

Falsch, Falsch, Falsch, Richtig, Falsch, Richtig, Falsch, Richtig, Falsch, Falsch, Richtig, Richtig, Falsch, Richtig, Falsch

Lösungen Aufgabe 13.3: Mehrdimensionale Organisationssysteme

Falsch, Richtig, Richtig, Richtig, Falsch

Lösungen Aufgabe 13.4: Kundenbeziehungslebenszyklus

Richtig, Falsch, Falsch, Falsch, Falsch, Falsch, Falsch

Lösungen Aufgabe 13.5: Architektur eines CRM-Systems

- Kommunikatives CRM: *... (3) Inbound Call Center, (6) Outbound Call Center ...*
- Operatives CRM: *... (4) Marketing Automation, (7) Sales Automation, (8) Service Automation ...*
- Analytisches CRM: *... (1) Data Mining, (2) Data Warehouse, (5) OLAP ...*

Lösungen Aufgabe 13.6: Customer Interaction Center

Das Customer *...Interaction...* Center stellt die *...multimediale...* Weiterentwicklung des *...Call...* Center dar. Hier werden neben der Telephonie auch alle anderen *...Kommunikationskanäle...* wie Briefpost, Fax oder Internet unterstützt. Angesichts des sich immer stärker entwickelnden *...Multi...*-Channel-Marketing, bei dem eine Vielzahl unterschiedlicher Kommunikationskanäle zum und vom Kunden parallel genutzt wird, ist es hierbei erforderlich, einen sog. „*....Single...* Point of Entry" einzurichten und damit koordiniert im Sinne eines „One Face to the *...Customer...* „ zu kommunizieren.

Nicht eingesetzt: *Competitor, Information, zweidimensionale, Single, Vertriebswege.*

Lösungen Aufgabe 13.7: CRM

Falsch, Falsch, Richtig, Falsch, Falsch, Richtig, Falsch, Richtig, Falsch, Richtig, Richtig, Falsch, Richtig, Falsch, Richtig, Richtig, Falsch, Richtig, Falsch, Falsch, Falsch, Falsch, Falsch, Richtig

Lösungen Aufgabe 13.8: Kundenzufriedenheit

Falsch, Richtig, Falsch, Falsch, Richtig, Falsch, Richtig, Falsch, Falsch, Falsch, Falsch

Lösungen Aufgabe 13.9: Kundenbewertung

Falsch, Falsch, Richtig, Richtig, Falsch, Falsch, Richtig, Richtig, Falsch, Falsch, Richtig, Falsch

Aufgabe 13.10: Berechung des CLV am Beispiel eines PKW-Kunden

Der Customer-Lifetime-Value beläuft sich auf 3.669,68 Euro (= $\sum$CLV) und berechnet sich nach dem in der folgenden Tabelle vorgestellten Schema (Angaben in Euro).

Jahr	1	2	3	4	5	6
Verkaufserlös Neuwagen	2000,--					2400,--
Verkaufserlös Gebrauchtwagen	–200,--					–240,--
Akquisitionskosten	–500,--					
Vertriebskosten	–400,--					–400,--
Kundenbindungskosten	–50,--	–50,--	–50,--	–50,--	–50,--	–50,--
Werkstatterlös	200,--	200,--	150,--	150,--	150,--	240,--
Cross-Selling-Erlös	200,--	200,--	200,--	200,--	200,--	240,--
Kundendeckungsbeitrag	1.250,--	350,--	300,--	300,--	300,--	2.190,--
Abzinsungsfaktor	1,00	0,91	0,83	0,75	0,68	0,62
Kundenwert	1.250,--	318,50	249,--	225,--	204,--	1.357,80
Wiederkaufrate	1,00	1,00	1,00	1,00	1,00	0,50
CLV	**1.250,--**	**318,50**	**249,--**	**225,--**	**204,--**	**678,90**

Jahr	7	8	9	10	11	12
Verkaufserlös Neuwagen					2.880,--	
Verkaufserlös Gebrauchtwagen					288,--	
Akquisitionskosten						
Vertriebskosten					–400,--	
Kundenbindungskosten	–50,--	–50,--	–50,--	–50,--	–50,--	–50,--
Werkstatterlös	240,--	180,--	180,--	180,--	288,--	288,--
Cross-Selling-Erlös	240,--	240,--	240,--	240,--	288,--	288,--
Kundendeckungsbeitrag	430,--	370,--	370,--	370,--	2.718,--	526,--
Abzinsungsfaktor	0,56	0,51	0,47	0,42	0,38	0,35
Kundenwert	240,80	188,70	173,90	155,40	1.032,18	184,10
Wiederkaufrate	0,50	0,50	0,50	0,50	0,30	0,30
CLV	**120,40**	**94,35**	**86,95**	**77,70**	**309,85**	**55,23**

2 Konzeption der Fallstudien

In den vorliegenden Fallstudien kann der Leser sein im Studium erlangtes Wissen zum Marketing-Management auf **zwei komplexe Praxisfälle** anwenden, was den Transfer sowie die Vernetzung des Erlernten fördert. Der Aufbau der Fallstudie „*Schaufelbräu* Bier" orientiert sich am entscheidungsorientierten Ansatz und beinhaltet Aufgabenstellungen, die von der Marketingforschung über die Zielbildung bis hin zur Entwicklung von Strategien und deren Umsetzung durch das Marketing-Mix reichen. Die Fallstudie „*Pronto Pizza*" fokussiert auf die Marktforschung und damit auf die Analyse des Käuferverhaltens.

Bei den angebotenen **Lösungen** lassen sich zwei Varianten unterscheiden: Eine Gruppe bietet die „richtigen" Lösungen, die keinen Spielraum offen lassen (etwa bei der Berechnung der Preiselastizität). Die andere Gruppe (z. B. im Falle der Situationsanalyse) zeigt die grundsätzliche Vorgehensweise bei der Bearbeitung eines Problems auf, wobei die vorgestellte Lösung lediglich als Beispiel dient, aber keinesfalls den Anspruch auf alleinige Gültigkeit oder Vollständigkeit erhebt.

Um die Fallstudien sowohl möglichst **praxisnah** als auch **theoretisch fundiert** zu gestalten, wurden zwei Wege beschritten. Die Branchenspezifika betreffenden Informationen wurden zum einen aus einschlägigen Marktstudien (im Wesentlichen *Statistisches Bundesamt* sowie *Deutscher Brauer-Bund*) entnommen. Zum anderen wurde im Falle der Fallstudie „*Schaufelbräu* Bier" auf die Internetseiten von Brauereien und Zeitungsverlagen (bzgl. der Anzeigenpreise) zurückgegriffen. Konkret waren dies: *www.becks.de*, *www.bitburger.de*, *www.krombacher.de*, *www.riegeler.de*, *www.tucherbraeu.de*, *www.warsteiner.de* sowie *www.baden-online.de*, *www.badische-zeitung.de*, *www.morgenweb.de* sowie *www.rnz.de*.

Um die theoretische Fundierung zu gewährleisten, wurde sich an derjenigen Marketing-Literatur orientiert, die das Instrument der Fallstudie nutzt. Dies waren schwerpunktmäßig *Meffert/Burmann/Kirchgeorg* (2008) sowie (in alphabetischer Reihenfolge) *Helm/Gierl* (2005), *Höfner/Paul/Stroschein* (1996), *Kaapke/Fröböse* (1999), *Meffert* (1992), *Nieschlag/Dichtl/Hörschgen* (2002), *Stender-Monhemius* (2002), *Uhr/Müller* (1998) sowie *Wöhe/Kaiser/Döring* (2010).

3 Fallstudie *Schaufelbräu* Bier

3.1 Ausgangslage

3.1.1 Der Biermarkt in Deutschland

Die wirtschaftliche Situation der deutschen Bier-Branche ist seit Jahren angespannt. Der **Absatz** von Bier, der Bierverbrauch sowie der Pro-Kopf-Verbrauch gehen seit Jahren **zurück**. Lediglich in 2010 konnte dieser Trend kurzfristig durchbrochen werden, was im Wesentlichen auf die Fußballweltmeisterschaft zurückzuführen sein dürfte (vgl. Tab. 3.1). Experten sind sich jedoch einig, dass sich die sinkende Tendenz auch zukünftig fortsetzen wird.

Tab. 3.1: Die Entwicklung der Deutschen Brauwirtschaft zwischen 2004 und 2010 im Überblick (Quellen: Statistisches Bundesamt und Deutscher Brauer-Bund, Berlin, Jahreszahlen verändert)

Jahr Kriterium	Einheit	2004	2005	2006	2007	2008	2009	2010
Betriebene Braustätten	Anzahl	1.279	1.298	1.287	1.275	1.281	1.280	1.284
Bierabsatz	Mio. hl	109,8	107,8	107,8	105,6	105,8	105,4	106,8
Bierausstoß	1.000 hl	110.400	108.500	107.600	105.990	108.366	107.678	107.174
Bierausfuhr	1.000 hl	10.752	10.842	11.056	12.094	14.555	13.859	14.799
Anteil am Ausstoß	%	9,8	10,0	10,3	1,4	13,4	12,9	13,8
Biereinfuhr	1.000 hl	3.689	3.806	3.661	3.066	4.399	5.413	5.668
Anteil am Verbrauch	%	3,6	3,8	3,4	3,2	4,6	5,7	5,9
Bierverbrauch	1.000 hl	103.309	101.042	100.622	97.189	95.668	95.096	95.421
Pro-Kopf-Verbrauch	Liter	125,6	122,6	121,9	117,8	116,0	115,3	116,0
Beschäftigte	Anzahl	37.818	36.636	35.984	34.421	33.400	31.466	31.121
Umsatz	Mio. €	9.173	9.228	9.325	9.022	8.396	8.201	8.022
Biersteuer-Einnahmen	Mio. €	830	829	811	786	787	777	779

Der sinkende Absatz im Inland kann auch durch einen **leicht gestiegenen Export** nicht kompensiert werden. Dementsprechend nimmt auch der **Bierausstoß** in Deutschland tendenziell ab. Die angespannte Situation in der Bierbranche lässt sich des Weiteren ablesen, dass auf der Anbieterseite sowohl die Beschäftigtenzahl als auch die Umsätze kontinuierlich zurückgehen.

Wirft man einen genaueren Blick auf den Bierabsatz, so lassen sich grundsätzlich **zwei Vertriebskanäle** unterscheiden: **Gastronomie und Handel**, wobei in aller Regel eine Großhandelsstufe (insbesondere bei national vertriebenen Marken der Getränkefachgroßhandel) zwischengeschaltet ist.

Rund 70 % des Bierausstoßes werden über den Handel abgesetzt, wobei sich auf der Einzelhandelsebene im Wesentlichen **vier Betriebstypen** unterscheiden lassen:

- Verbrauchermärkte,
- Discounter,
- traditioneller Lebensmitteleinzelhandel und
- Getränkeabholmärkte.

Als **Gewinner** im preisaggressiven Wettbewerb des Bierhandels gelten die **Verbrauchermärkte** (in der Regel mit eigenem Getränkeshop) und die Discounter.

Im Zuge des scharfen Preiswettbewerbs im Lebensmitteleinzelhandel wird Bier häufig als **Lockvogelangebot** bzw. Demonstrationsobjekt für besondere Preiswürdigkeit des gesamten Sortiments genutzt. Im Mittelpunkt solcher Aktionen stehen häufig die imageträchtigen, werbewirksamen **Premiummarken**.

Der Preiswettbewerb lässt sich am **Preisindex** (vgl. Tab. 3.2) ablesen. Im Vergleich zu den Erzeugerpreisen für Bier sowie den allgemeinen Lebenshaltungskosten stiegen die Preise für Bier unterproportional an.

Tab. 3.2: *Preisindex (in %; Basis: 100,0 % 2004; Quelle: Deutscher Brauer-Bund, Berlin, Jahre verändert)*

Jahr	2002	2003	2004	2005	2006	2007	2008	2009	2010
Erzeugerpreisindex für Bier	98,3	98,7	100,0	101,7	104,2	106,9	108,1	108,8	109,4
Preisindex für die Lebenshaltung aller privaten Haushalte	98,0	98,6	100,0	102,0	103,4	105,1	107,3	109,6	111,1
Preisindex für die Lebenshaltung Bier	99,7	100,0	100,0	101,0	102,7	105,2	106,6	107,4	108,8

Angesichts der skizzierten Entwicklung wird nachvollziehbar, warum sich der **Wettbewerb** zwischen Brauereien von Jahr zu Jahr **verschärft**. Die Zahl an Brauereien stagniert. Tab. 3.3 dokumentiert den Wandel in der Brauereilandschaft, von dem sehr kleine und sehr große

Brauereien profitieren. Dass Brauereien mit einem Ausstoß von über 1 Million Hektoliter zahlenmäßig nicht zunehmen, ist auf Fusionen und Akquisitionen zurückzuführen, die in Tab. 3.3 nicht zum Ausdruck kommen.

Tab. 3.3: Betriebene Braustätten nach Gesamtjahreserzeugung 1999 – 2006 (Quelle: Statistisches Bundesamt, Jahre verändert)

Jahr Betriebsgrößenklasse nach der Gesamtjahreserzeugung (hl)	2002	2003	2004	2006	2007	2008	2009	2010	% der Braustätten
bis 5000	725	746	781	789	773	801	807	816	63,6
bis 10 000	107	97	88	93	83	87	90	89	6,9
bis 50 000	233	222	231	212	219	194	189	195	15,2
bis 100 000	77	86	77	71	72	73	74	70	5,5
bis 200 000	52	41	41	45	45	43	35	34	2,6
bis 500 000	36	36	28	25	31	32	35	33	2,6
bis 1 Mill.	21	21	23	21	25	21	23	18	1,4
über 1 Mill.	30	30	29	31	27	30	26	29	2,3
Braustätten insgesamt	1.281	1.279	1.298	1.287	1.275	1.281	1.280	1.284	100,0

Der Druck (insbesondere auf die mittelständischen Unternehmen) wächst. Übernahmen, Stilllegungen und Betriebsaufgaben sind die Folge. Insgesamt ist eine **starke Konzentration** unter den Brauereien festzustellen, die sich u. a. daran ablesen lässt, dass die Top 10 Brauereigruppen mehr als die Hälfte des gesamten Bierabsatzes auf sich vereinigen. Addiert man die Marktanteile der größten 15 Brauerei-Konzerne auf, vereinen diese schon zwei Drittel des gesamten Biermarktes auf sich mit steigender Tendenz. Symptomatisch für eine solche Wettbewerbssituation sind die **steigenden Werbeinvestitionen** bei **gleichzeitig sinkendem Pro-Kopf-Verbrauch**.

Damit einher geht der Befund, dass – neben Billiganbietern – lediglich für Premiumbrauer, die eine intensive und kontinuierliche Markenpflege betreiben, gute Marktchancen bestehen. Die Absatzzunahmen für Premium- und Handelsmarken gehen zu Lasten der mittleren Preisklassen, vertreten insbesondere durch mittelständische Brauereien mit regionalen Konsumbieren. Insbesondere **internationale Premiumbiere** und **lokale Nischenprodukte** sind im Vormarsch.

Bei den Gebindearten stagniert seit Jahren der Anteil von Fassbier. **Mehrwegflaschen** hingegen nehmen zu Lasten der Einwegflaschen zu, was im Wesentlichen auf die Verpackungsverordnung zurückzuführen ist (vgl. Tab. 3.4).

Tab. 3.4:   Anteil der Gebinde am Bierausstoß (in %; Quelle: Gesellschaft für Verpackungsmarktforschung, Wiesbaden, Jahre verändert)

Jahr / Gebindetyp	2004	2005	2006	2007	2008	2009
Fassbier	19,6	19,5	19,2	19,5	19,9	19,3
Mehrwegflaschen	55,2	53,4	51,1	64,9	62,1	63,5
Einweg gesamt	25,2	27,1	29,7	15,6	18,0	17,2
Alle Packmittel	100,0	100,0	100,0	100,0	100,0	100,0

Seit einiger Zeit ist auf dem Biermarkt eine regelrechte **Innovationswelle** zu beobachten. Dabei ist festzustellen, dass von Biermischungen wie Radler im Jahr 2010 rund 3,5 Millionen Hektoliter abgesetzt wurden, das sind 17,7 % mehr als im Vorjahr (vgl. Tab. 3.5). Mit diesen Innovation sollen vor allem „junge, kosmopolitische Frauen und Männer" angesprochen werden.

Tab. 3.5: *Absatz von Biermischgetränken (Quelle: Statistisches Bundesamt, Jahre verändert)*

Jahr	hl	Veränderung (%) Gegenüber Vorjahr
2002	1.192.405	
2003	1.429.533	+19,9
2004	1.895.105	+32,6
2005	2.253.733	+18,6
2006	2.921.002	+29,6
2007	2.752.250	-5,8
2008	2.585.946	-6,3
2009	2.984.594	+15,3
2010	3.512.558	+17,7

Der Strukturwandel im Biermarkt setzt sich fort. Die folgenden **Entwicklungen** werden sich aller Voraussicht nach weiter verfestigen bzw. verstärken:

• Pro-Kopf-Verbrauch und Produktion sinken weiter.

• Die Polarisierung (Handelsmarken/Premium) wächst, was insbesondere regionale Konsumbiere hart trifft.

• Lediglich Markenartikler (Premium), Nischenspezialisten und Vertreter des Billigsegments verfügen über Wachstumschancen.

• Image-Marken, die zielgruppengerecht vermarktet werden, haben gute Chancen am Markt.

• Sponsoring erfreut sich wachsender Beliebtheit.

• Durch ausländische Marken, die insbesondere bei jüngeren Verbrauchern beliebt sind, verschärft sich die Konkurrenzsituation.

• Biermischgetränke werden weiterhin hohe Wachstumsraten verzeichnen.

3.1.2 Das Unternehmen

Der Augsburger Braumeister *Vincent Schäufele* und der Kaufmann *Wilhelm Fugger* gründen 1888 das Brauhaus *Schaufelbräu*. Im Rahmen umfangreicher Erweiterungsarbeiten wurden in kurzer Zeit mehrere Braustätten erbaut und eröffnet. Die schnelle Expansion markiert den Beginn einer Erfolgsgeschichte, die den *Schaufelbräu* über die Grenzen von Augsburg hinweg bekannt macht.

Aufgrund des rasch steigenden Absatzes und den damit verbundenen Investitionen wurde die Brauerei 1900 in eine **Aktiengesellschaft** umgewandelt. In jüngerer Zeit stand die *Schaufelbräu* AG unter Führung der Rot-Gruppe, bis die Brüder *Theo* und *Karl Ulbrecht* im Jahr 1996 die überwiegenden AG-Anteile erwarben. Heute sind 100 % der Aktien im Besitz der Familie *Ulbrecht* und *Schaufelbräu* ist wieder eine Privatbrauerei.

Für die *Schaufelbräu* Brauerei war die **natürliche Herstellung** von Anfang an oberstes Gebot – am Reinheitsgebot von 1516 wird nicht gerüttelt. Das Malz liefern seit Jahrzehnten renommierte Mälzereien. Das Wasser stammt aus einem eigenen, 40 Meter tiefen Brunnen. Für optimale Hefestämme sorgt die Brauerei mit eigener Reinzucht. Das Biersortiment ist gekennzeichnet durch die Leitmarke *Schaufelbräu* Premiumpils mit der Variante *Schaufelbräu* Alkoholfrei. Beide Biere lassen sich anhand der in Tab. 3.6 aufgeführten Kriterien charakterisieren. Daneben wird eine Reihe von Spezialitätenbieren angeboten wie Bock, Maibock und Terminator, ein Starkbier für die kalte Jahreszeit.

Tab. 3.6: *Zentrale Charakteristika der Leitmarke Schaufelbräu Premiumpils mit der Variante Schaufelbräu Alkoholfrei*

BRAUEREI *Schaufelbräu*	*Schaufelbräu* Premiumpils	*Schaufelbräu* Alkoholfrei
Brauart	Untergärig*	Untergärig*
Geschmackstyp	Spitzen-Pilsener, frisch-herb	Spitzen-Pilsener, frisch-herb
Farbe (EBC-Einheiten)	hell 5,6	hell 6,1
Ca. Alkohol		
Gew. %	3,7	0,30
Vol. %	4,7	0,35
Kalorien (kcal) berechnet auf 100g Bier	42	25
Kilojoule berechnet auf 100g Bier	175	106
Kohlenhydrate (g) berechnet auf 100g Bier	4,5	2,6
Trinkgefäss	Pokal	Pokal
Besondere Merkmale	Extrem kalte Lagerung und Reifung	Voller Pilsgeschmack durch schonenden Alkoholentzug
Empfohlene Trink-/Lagertemperatur	8-10 Grad Celsius	8-10 Grad Celsius
Angebotsform	Mehrweg/Fass	Mehrweg

*Untergärig: Die untergärige Hefe vergärt den Malzzucker in ca. 8 Tagen bei einer Temperatur zwischen 6 – 10 Grad Celsius. Die Hefe setzt sich am Boden ab.

Im Mittelpunkt der Unternehmensphilosophie steht der Gedanke, dass der *Schaufelbräu* als **reines Naturprodukt** auf eine intakte Umwelt angewiesen ist. U. a. wurde das Umweltmanagement-System der Brauerei, das sich durch einen niedrigen Energieverbrauch auszeichnet, preisgekrönt. Außerdem engagiert sich *Schaufelbräu* im Umweltsponsoring. Hier werden u. a. Wiederaufforstungsprojekte in der Region finanziell unterstützt. Daneben fördert *Schaufelbräu* den ortsansässigen Bundesligafußballklub Germania Augsburg.

Durch eine klare und **glaubwürdige Geschäftspolitik** konnten das Vertrauen in die Marke „*Schaufelbräu*" und das Ansehen der Brauerei in den letzten 30 Jahren in einem starken Maße erhöht werden. Dadurch hat sich der Bierausstoß von 1965 bis 1995 von 87.000 Hektoliter auf 625.000 Hektoliter pro Jahr erhöht, ohne dass große Werbeaktionen durchgeführt worden wären, die Verkaufszahlen mit Sonderangeboten angeheizt würden oder die Brauerei am in der Branche leider üblichen Nebenleistungswettbewerb durch ungerechtfertigte Rabatte oder Zugaben teilgenommen hätte. Doch seit 1995 stagniert der Bierausstoß auf diesem Niveau und ist seit zwei Jahren sogar um rund 10 % rückläufig.

Hier noch einmal die **Eckdaten** für das Jahr 2010 im Überblick:

- Mitarbeiter: 180 + 25 Auszubildende

- Absatz p. a.: ca. 563.000 hl

- Umsatz p. a.: 40 Mio. Euro

- Stammkapital: 4,9 Mio. Euro

3.2 Aufgabenstellungen

3.2.1 Situationsanalyse

Analysieren Sie die Situation von *Schaufelbräu*, indem Sie

- die wesentlichen **Stärken** und **Schwächen** von *Schaufelbräu* benennen,
- die wesentlichen **Chancen** und **Risiken** identifizieren und
- diese Erkenntnisse in eine **Key-Issue-Matrix** transferieren.

3.2.2 Marktforschungsstudie Käuferverhalten

Die *Schaufelbräu* AG will sich einen Überblick über **Loyalität** und **Abwanderungsverhalten** ihrer Kunden verschaffen. Zu diesem Zweck gibt sie bei einem Marktforschungsinstitut eine Studie in Auftrag. Hierbei werden 800 Biertrinker in einer Längsschnittuntersuchung im Abstand von einem Jahr befragt, welches Bier sie am häufigsten kaufen. Die Ergebnisse der Untersuchung sind in der folgenden Fluktuationsmatrix zusammengefasst. Aus Gründen der Übersichtlichkeit wird das Augenmerk auf die zwei wesentlichen Hauptwettbewerber gelegt, nämlich *Butbirger* und *Blauhaus*.

Tab. 3.7: Markenloyalität und -wechsel der untersuchten Kunden

		Käufer der Marke in *2011*				Marktanteil in Periode *2010*	
		Schaufel-bräu	*Butbirger*	*Blauhaus*	*Sonstige*	absolut	in %
Käufer der Marke in Periode *2010*	*Schaufelbräu*	120	75	55	40	290	36,3
	Butbirger	90	10	20	30	150	18,7
	Blauhaus	40	5	85	10	140	17,5
	Sonstige	30	15	35	140	220	27,5
Marktanteil in Periode *2011*	absolut	280	105	195	220	800	
	in %	35,0	13,1	24,4	27,5		100

Erläutern und interpretieren Sie die vorliegenden Befunde.

3.2.3   Messung von Einstellungen

(a) Im Folgenden finden Sie einen Fragebogen zur Ermittlung des **Einstellungswerts** von Kunden zu *Schaufelbräu* Bier auf Basis des *Fishbein*-Modells (siehe Abb. 3.1) sowie die dazugehörigen Befragungsergebnisse von vier Probanden (siehe Tab. 3.8).

Tab. 3.8: Ein Beispiel für ein Befragungsergebnis auf Basis des Fishbein-Modells

Aussage Proband	1	2	3	4	5	6	7	8
A	3	2	2	0	2	1	3	-1
B	2	2	1	-1	1	1	2	-2
C	4	2	5	1	2	-1	3	1
D	5	2	5	2	2	-1	4	1

Bestimmen Sie die Einstellungswerte der vier Personen und interpretieren Sie diese.

(b) Des weiteren finden Sie in Tab. 3.9 Befragungsergebnisse zur Ermittlung des **Einstellungswerts** von vier Probanden zu *Schaufelbräu* Bier auf Basis des *Trommsdorff*-Modells. Bestimmen Sie auch hier die Einstellungswerte und interpretieren Sie diese.

Tab. 3.9: Ein Beispiel für ein Befragungsergebnis auf Basis des Trommsdorff-Modells

Kriterium	Realbild A	Idealbild A	Realbild B	Idealbild B	Realbild C	Idealbild C	Realbild D	Idealbild D
Geschmack	2	5	3	5	4	5	4	5
Reinheitsgebot	2	3	4	4	5	5	4	5
Preisgünstigkeit	1	5	1	4	2	2	2	3
Image	3	3	1	5	4	5	4	5

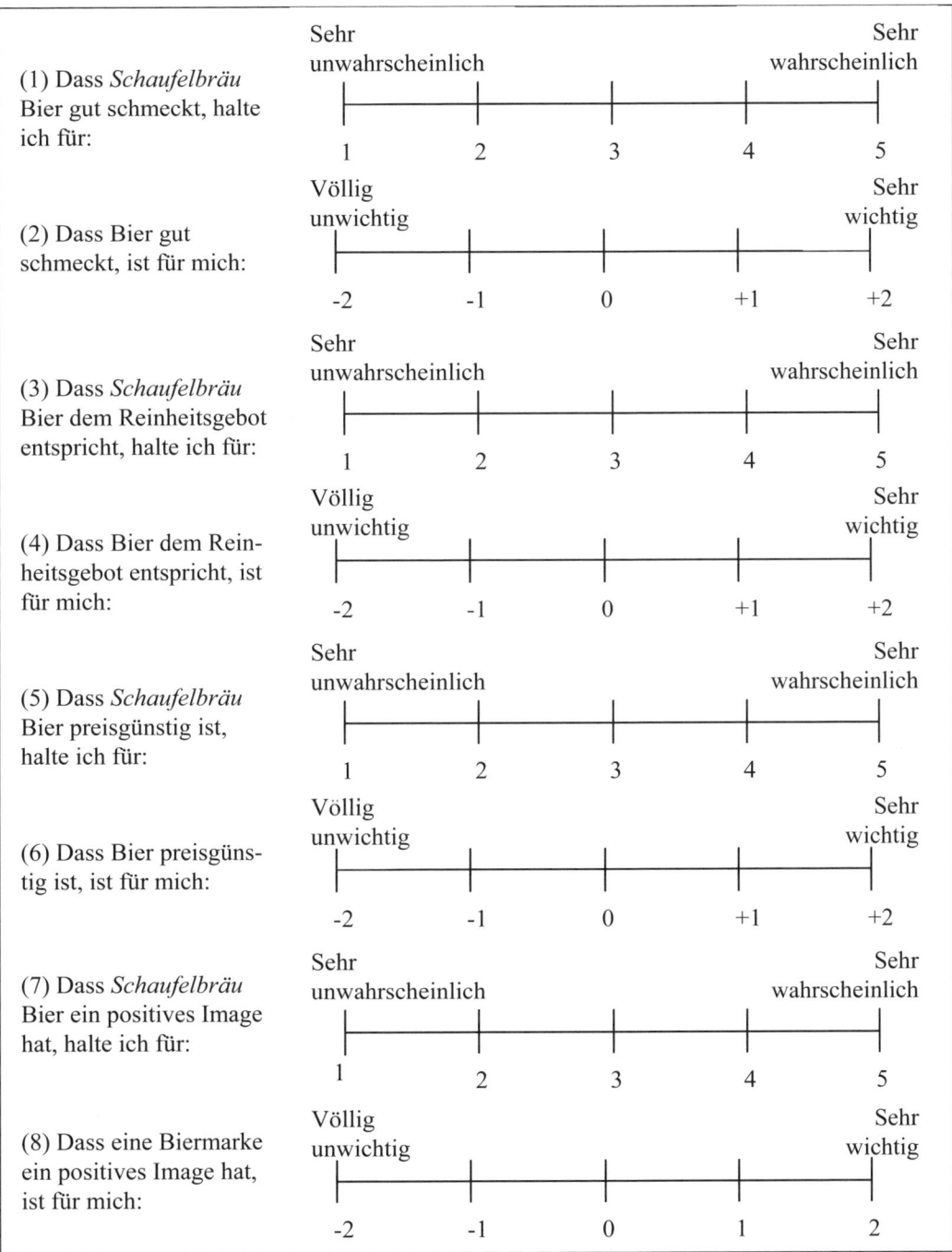

Abb. 3.1: Fragebogen zur Ermittlung des Einstellungswerts einer Biermarke auf Basis des Fishbein-Modells

3.2.4   Testmarktanalyse

Uduki, ein Handelspartner von *Schaufelbräu*, will untersuchen, wie sich Sonderangebote bei Bier auf den Absatz auswirken. In einem Experiment wird in zwei aufeinander folgenden Wochen in drei Verbrauchermärkten (mindestens 800 qm Verkaufsfläche, Lebensmittel-Vollsortiment einschließlich aller Frischwaren-Abteilungen, zusätzliche Gebrauchsgüter-Abteilungen entsprechend Gesamtverkaufsfläche des jeweiligen Markts) in Ulm der Preis für den 20 x 0,5-Liter-Kasten *Schaufelbräu* Premiumpils von 11,45 Euro (Woche 1) auf 10,90 Euro (Woche 2) gesenkt. Als Kontrollgrößen werden drei Verbrauchermärkte aus dem weiteren Umland von Ulm herangezogen. Während des Experiments wurden folgende **Umsatzzahlen** gemessen (vgl. Tab. 3.10):

Tab. 3.10: Befunde eines Textmarktexperiments

	Testmarkt: durchschnittlicher Umsatz pro Verbrauchermarkt (*in Euro*)	Kontrollmarkt: durchschnittlicher Umsatz pro Verbrauchermarkt (*in Euro*)
Woche 1	4.007,50	4.351,00
Woche 2	4.905,00	4.694,50

(a) Berechnen Sie anhand der Umsatzwerte den **prozentualen Nettoeffekt**. Um welche Art von **Untersuchungsdesign** handelt es sich?

(b) Welche **Störgrößen** können bei der skizzierten Versuchsanlage auftreten? Und welche **zusätzlichen Informationen** benötigt die Handelszentrale, um die Wirkungen der Preissenkungen fundiert beurteilen zu können?

3.2.5   Marketingziele

In jüngerer Zeit ist es zwischen den Brüdern *Ulbrecht* immer häufiger zu Auseinandersetzungen über die einzuschlagende Unternehmensstrategie gekommen. Hauptstreitpunkt ist hierbei insbesondere die Einführung der neuen Marke *Schaufelbräu* MAX, mit dem das Unternehmen in das wachstumsstarke Marktsegment der Bier-Mix-Getränke eintreten will.

Das neue Produkt verursacht **fixe Kosten** in Höhe von 5.000 Euro – die vorhandenen Anlagen können aufgrund noch freier Kapazitäten vollständig für die Herstellung des neuen Produktes genutzt werden – und **variable Kosten** in Höhe von 50 Euro pro 1 Einheit des Produkts. Der Absatz des Produktes ist in erster Linie vom Preis abhängig. Die Marketingforschung hat dabei folgenden **Zusammenhang** zwischen **Preis** und **Absatz** von *Schaufelbräu* MAX ermittelt:

$$x = 80.000 - 1.000 \, p.$$

Der Absatz wird in Hektoliter (1 hl = 100 l) gemessen.

Auseinandersetzungen gibt es insbesondere darüber, welche Zielsetzungen mit der Einführung des neuen Produktes verfolgt werden sollen. Konsens herrscht lediglich darüber, dass der Bekanntheitsgrad des Produkts 75 % erreichen soll. Bezüglich der ökonomischen Ziele hingegen herrscht Uneinigkeit.

Theodor Ulbrecht möchte den Umsatz maximieren, da er sich von einem hohen Umsatz einen höheren Einfluss des Unternehmens auf die Kommunalpolitik verspricht. Dies könnte u. a. mit öffentlichen Zuwendungen für das Unternehmen verbunden sein.

Karl hingegen plädiert für die Maximierung des Gewinns. Seiner Ansicht nach ist der bisherige Gewinn nicht ausreichend, um mit seinem Anteil den aufwendigen Lebensstil mit seiner neuen Freundin zu finanzieren.

Die Mutter der beiden Brüder, die noch 20 % der Aktien hält, will aus Sicherheitsgründen auf jeden Fall die Kosten für die Herstellung des Produktes gedeckt wissen und dabei den Absatz maximieren.

Die drei Anteilseigner verfolgen offensichtlich unterschiedliche ökonomische Zielsetzungen für die Einführung des Produktes *Schaufelbräu* MAX.

(a) Bestimmen Sie analytisch die jeweils **optimale Absatzmenge** von *Schaufelbräu* MAX unter Berücksichtigung der jeweiligen Zielsetzungen der drei Anteilseigner.

(b) Welche **Anforderungen** sind an **operationale Ziele** zu stellen, und inwieweit entsprechen die **psychographischen Ziele** von *Schaufelbräu* diesen Anforderungen?

3.2.6   Portfolioanalyse

Sie führen nun eine **Portfolio-Analyse** nach ***BCG*** *(Boston Consulting Group)* durch, um sich einen Überblick bzgl. der Geschäftsbereiche zu verschaffen. Die Brauerei *Schaufelbräu* operiert, wie bereits skizziert, in folgenden **Strategischen Geschäftsfeldern**:

- SGF A: Pils – Marke „*Schaufelbräu* Premiumpils"
- SGF B: Alkoholfreie Biere – Marke „*Schaufelbräu* Alkoholfrei"
- SGF C: Spezialitätenbiere – Marken „*Schaufelbräu* Bock", „*Schaufelbräu* Maibock" und „*Schaufelbräu* Terminator"

Hauptwettbewerber in der Region sind die überregionale Brauerei *Butbirger* sowie die *Blauhaus-Brauerei*, die beide in allen Geschäftsfeldern aktiv sind. Der Umsatz der drei Wettbewerber und der Umsatz auf dem Gesamtmarkt sind in Tab. 3.11 dargestellt.

Tab 3.11:. Umsatz ausgewählter Brauereien im Verhältnis zum Gesamtmarkt

	SGF A	SGF B	SGF C
Schaufelbräu Umsatz 2011 (*Mio. Euro*)	25	7	8
Butbirger Umsatz 2011 (*Mio. Euro*)	15	21	6
Blauhaus Umsatz 2011 (*Mio. Euro*)	35	3	6
Gesamtmarkt regional Umsatz 2010 (*Mio. Euro*) Umsatz 2011 (*Mio. Euro*)	320 256	80 100	40 44

(a) Skizzieren Sie zunächst den **Grundgedanken** des **Marktwachstums-Marktanteils-Portfolio** der *Boston Consulting Group* und veranschaulichen Sie Ihre Ausführungen anhand eines Schaubildes. Stellen sie in diesem Zusammenhang dar, inwieweit das Produktlebenszyklus-Konzept und der Erfahrungskurven-Effekt den Ausgangspunkt dieses Strategischen Planungsinstrumentes bilden.

(b) Führen Sie eine **Portfolioanalyse** für die Brauerei *Schaufelbräu* nach *BCG* durch und skizzieren Sie das Ergebnis in einer **Matrix**.

(c) Welche **Normstrategien** lassen sich aus den Positionen im Portfolio nach *BCG* ableiten? Nehmen Sie zum Aussagegehalt und den Normstrategien kritisch Stellung.

(c) Zeigen Sie schließlich auf, wo die **Stärken** und wo die **Schwächen** des Marktwachstums-Marktanteils-Portfolio liegen.

3.2.7   Strategische Planung mit Hilfe der *Ansoff*-Matrix

Der Vorstand beauftragt Sie, mögliche Strategien für die *Schaufelbräu* AG zu entwickeln. Stellen Sie zu diesem Zweck zunächst die *Ansoff*-Matrix vor und leiten Sie daraus **zwei Wachstumsstrategien** ab, die für *Schaufelbräu* geeignet sein könnten. Begründen Sie Ihre Entscheidung und erläutern Sie die empfohlenen Strategien.

3.2.8   Mischkalkulation

Uduki, der Handelspartner von *Schaufelbräu*, führt die Artikel A, B und C. Im Zuge der Kalkulation stellt sich heraus, dass der kostenorientierte Preis der Artikel A und B am Markt nicht realisiert werden kann. Man entscheidet sich, die Unterdeckung im Rahmen einer **Mischkalkulation** von Artikel C (= *Schaufelbräu* Bier) kompensieren zu lassen.

(a) Ermitteln Sie zu diesem Zweck die mit einem **Fragezeichen** gekennzeichneten Positionen in Tab. 3.12.

(b) Welche vereinfachenden **Annahmen** werden bei dieser Modellrechnung getroffen?

Tab. 3.12: Beispiel für eine Mischkalkulation

	Artikel A	Artikel B	Artikel C
(Geplanter) Absatz (*in Tsd. Stück*)	250	300	500
Angestrebter Erlös (*in Tsd. Euro*)	2.000,00	3.000,00	4.500,0
Kostenorientierter Stückpreis (*in Euro*)	8,00	10,00	9,00
Realisierbarer Stückpreis (*in Euro*)	7,49	9,49	-
Realisierbarer Erlös (*in Tsd. Euro*) (Absatz x realisierbarer Stückpreis)	?	?	-
Unterdeckung (*in Tsd. Euro*)	?	?	-
Aggregiertes Erlösdefizit der Ausgleichsempfänger (*in Tsd. Euro*)	-	-	?
Angestrebter Erlös nach dem kalkulatorischen Ausgleich in (*in Tsd. Euro*)	-	-	?
Stückpreis nach dem kalkulatorischen Ausgleich (*in Euro*)	7,49	9,49	?

3.2.9   Berechnung der Preiselastizität der Nachfrage

Um den Absatz, der im September typischerweise zurückgeht, zu stimulieren, senkt *Schaufelbräu* den Abgabepreis für den 20 x 0,5-Liter-Kasten an die Verbrauchermärkte von 7,40 Euro auf 7,20 Euro pro Kasten. Dadurch verspricht man sich für diesen Monat eine Absatzsteigerung von 60.000 auf 65.000 Einheiten. Berechnen Sie die **Preiselastizität der Nachfrage** und interpretieren Sie diese.

3.2.10   Eine vergleichende Analyse der Werbeaufwendungen von Braucreiwirtschaft und Gesamtmarkt

Tab. 3.13 zeigt den Mediensplit im deutschen Biermarkt im vergleich zwischen 2004 und 1-9/2010 sowie als Vergleichsmaßstab den Mediensplit über alle Branchen im gleichen Zeitraum.

(a) Beschreiben und interpretieren Sie die **Entwicklung des Mediensplits** in der Bierbranche.

(b) Arbeiten Sie die **zentralen Unterschiede** zwischen dem Mediensplit in der Bierbranche und dem Mediensplit über alle Branchen hinweg heraus und erklären Sie diese.

Tab. 3.13: Mediensplit in der Bierbranche und über alle Branchen im Vergleich 2004 zu 1-9/2010 (Angaben in %; Quelle: ACNielsen Werbeforschung; Nielsen Media Research, zitiert nach: SevenOne Media: Wirtschaftsreport – Monitoring : Wirtschaft und Werbemarkt, auf: http://appz.sevenonemedia. de/download/publikationen/WirtschaftsReport20Herbst202006%5B1%5D.pdf.)

Medium	Bier	Gesamt
Zeitschriften	6,2/6,4	26,0/23,3
Tageszeitungen	5,7/6,2	22,1/26,9
Plakate	11,7/14,1	2,6/3,8
TV	65,4/61,9	43,7/40,2
Rundfunk	10,9/11,4	5,7/5,8

3.2.11   Mediaselektion

Aufgrund der verschärften Wettbewerbssituation auf dem Biermarkt gestaltet es sich für die *Schaufelbräu* Brauerei in jüngster Zeit zunehmend schwieriger, die anvisierten Absatz- und Umsatzziele zu erreichen. Vor diesem Hintergrund soll eine Werbekampagne gestartet werden. Zur Auswahl stehen die in Tab. 3.14 aufgeführten Werbeträger.

Tab. 3.14: Charakteristika ausgewählter Werbeträger

Zeitung	Leser pro Ausgabe	Anvisierte soziode-mographische Ziel-gruppe	Räumliche Reichwei-te im Kernabsatzge-biet von *Schaufelbräu*	Einschaltkosten 1/1-Seite mit 3 Farben
Augsburger neueste Nachrichten	420.000	252.000	70 %	11.970 Euro
Augsburger Tage-blatt	180.000	100.000	80 %	5.470 Euro
Augsburger Bote	240.000	120.000	95 %	6.600 Euro

Sie sind Assistenten/innen der Geschäftsleitung und sollen die betriebswirtschaftliche Grundlage für eine fundierte **Mediaselektion** schaffen. Für **welche Zeitung** würden Sie sich aus **welchen Gründen** entscheiden?

3.2.12   Analyse des Sponsoring-Engagements von Brauereien

a)   Grenzen Sie den Begriff des **Sponsoring** vom **Mäzenatentum** ab.

b)   Welche **Hauptziele** verfolgen die Brauer mit ihrem intensiven Sponsoring-Engagement?

c)   Welche **Gründe** sind für das wachsende Sponsoring ausschlaggebend? **Warum** sponsert gerade die Brauwirtschaft **Fußball** und **Natur** so stark?

d)   Weshalb kann Sponsoring nur als **ergänzendes Kommunikationsinstrument** eingesetzt werden?

e)   Welches **Risiko** ergibt sich für die einzelne Brauerei durch das hohe Sponsoringvolumen der gesamten Branche?

3.3 Lösungsskizze

3.3.1 Lösung Aufgabe 3.3.1: Situationsanalyse

(a), (b) und (c)

Zunächst werden eine **Stärken/Schwächen-** und eine **Chancen/Risiko-Analyse** durchgeführt (vgl. Tab. 3.15 und 3.16).

Tab. 3.15: Die Befunde der Stärken/Schwächen-Analyse (exemplarisch)

Unternehmensstärken	Unternehmensschwächen
• Hoher regionaler Bekanntheitsgrad	• Stagnierender Bierausstoß
• Hohe Qualität und gutes Image	• Rückläufiger Umsatz
• Glaubwürdige Geschäftspolitik	• Keine Innovationen (z. B. Biermixgetränke)
• Traditionsmarke (seit 1888)	• Schlechte Werbung
• Sponsoringengagement (Sport, Umwelt)	• „Stuck-in-the-Middle"-Problematik, d. h. mittelgroßes Unternehmen
• Ausschließlich Mehrwegverpackungen	
• ...	• ...

Tab. 3.16: Die Befunde der Chancen/Risiken-Analyse (exemplarisch)

Chancen	Risiken
• Zunehmendes Interesse an Bier-Mix-Getränken	• Verschärfter Wettbewerb
• Steigendes Markenbewusstsein	• Zunehmende Unternehmenskonzentration
• Hohe Beliebtheit von Sponsoring	• Zunehmende Konkurrenz aus dem Ausland
• ...	• Sinkender Pro-Kopf-Verbrauch bei Bier
	• Pfand für Einwegverpackungen durch Verpackungsverordnung
	• Preisverfall durch „Lockvogelangebote"
	• Wirkungsverlust der klassischen Werbung
	• ...

Im Anschluss werden die Befunde im Zuge einer SWOT-Analyse (Strengths, Weaknesses, Opportunities, Threats) mit Hilfe einer **Key-Issue-Matrix** graphisch verdichtet (vgl. Tab. 3.17).

Tab. 3.17: Die Verdichtung der Befunde in einer Key-Issue-Matrix

	Unternehmensstärken	Unternehmensschwächen
Marktchancen	*Ausbauen:* • Sportsponsoring, da Biertrinker im Regelfall hohe Affinität zu Sport • Umweltsponsoring, da hohe Affinität zu Produkt Bier • Glaubwürdige Geschäftspolitik • Starke Marke mit Zusatznutzen: Tradition (seit 1888), Qualität, Image • Diversifikation in Nischen- und Premiumprodukte	*Aufholen:* • Innovationen (z. B. Biermixgetränke), da bislang unterrepräsentiert • Werbung, da bislang kaum betrieben
Marktrisiken	*Absichern:* • Bislang ausschließlich Mehrwegsysteme und keine Einwegverpackungen, dadurch keine negativen Auswirkungen durch Verpackungsverordnung • Begrenztes Rohstoffvolumen, da Beschaffung des Wassers aus eigenem Brunnen	*Meiden bzw. Verändern:* • „Stuck-in-the-Middle"-Problematik, d. h. Unternehmen ist regional etabliert, aber weder groß (= nationaler oder internationaler Anbieter) noch klein (Nischenanbieter) • Sinkender Inlandsabsatz, da rein regionale bzw. allenfalls nationale Marken ⇒ evtl. durch Auslandsabsatz kompensieren

3.3.2 Lösung Aufgabe 3.3.2: Marktforschungsstudie Käuferverhalten

Schaufelbräu kann mit deutlichem Abstand den **größten Marktanteil** auf sich verbuchen, muss jedoch leichte Marktanteilsverluste ($-1,3$ %) verkraften. Dieses zunächst kaum besorgniserregende Ergebnis wird getrübt, wenn man einen Blick auf die **Markenloyalität** wirft. Hier nämlich zeigt sich, dass gerade einmal 120 Käufer aus dem Jahr 2010 und damit weniger als die Hälfte (= 41,4 %) *Schaufelbräu* in 2011 wiederkaufen.

Ganz anders stellt sich der Fall bei *Blauhaus* dar: Hier kaufen 85 der 140 Käufer das Produkt erneut in der Folgeperiode, so dass die Markenloyalität bei 60,7 % und damit deutlich höher als bei *Schaufelbräu* liegt. Ernst zu nehmen ist dieser Konkurrent nicht zuletzt auch deshalb, weil *Blauhaus* als einziger Anbieter **Marktanteilsgewinne** verzeichnet. Die mit Abstand geringste Markenloyalität weist *Butbirger* mit gerade einmal 6,7 % (= 10 von 150 Käufern in 2011) auf. Die kann auch durch Neukundengewinnung nicht kompensiert werden, so dass der Marktanteil hier von 18,7 % auf 13,1 % in 2011 fällt.

3.3.3 Lösung Aufgabe 3.3.3: Messung von Einstellungen

(a) Die **Einstellungswerte** nach *Fishbein* lauten:

- Proband A: 5
- Proband B: 0
- Proband C: 14
- Proband D: 22

Damit weisen Proband D die beste und Proband B die schlechteste Einstellung auf. Das Spektrum der Einstellungswerte nach dem *Fishbein*-Modell reicht von –40 bis +40. Erst durch den Vergleich mit den Einstellungswerten anderer Biermarken gewinnen die vorliegenden Befunde an Aussagekraft.

(b) Die **Einstellungswerte** nach *Trommsdorff* lauten:

- Proband A: –8
- Proband B: –9
- Proband C: –2
- Proband D: –4

Damit weisen Proband C die beste und Proband B die schlechteste Einstellung auf. Das Spektrum der Einstellungswerte nach dem *Trommsdorff*-Modell reicht theoretisch von –16 bis +16. In der Realität ist jedoch davon auszugehen, dass sich die Werte in einer Bandbreite von –16 bis 0 bewegen, dass das reale Produkt im Extremfall nur genauso gut sein kann wie das Idealprodukt (Einstellungswert = 0). Auch hier gewinnen die vorliegenden Befunde erst durch den Vergleich mit den Einstellungswerten anderer Biermarken an Aussagekraft.

3.3.4 Lösung Aufgabe 3.3.4: Testmarktanalyse

a) **Experimentalgruppe**: 4.905,00 Euro – 4.007,50 Euro = 897,50 Euro, das entspricht 22,4 % von 4.007,50 Euro

Kontrollgruppe: 4.694,50 Euro – 4.351,00 Euro = 343,50 Euro, das entspricht 7,9 % von 4.351,00 Euro

Prozentualer Nettoeffekt: 22,4 % – 7,9 % = 14,5 % von 4.007,50 Euro = 581,09 Euro

Es handelt sich um ein **EBA-CBA-Design** (Experimental Group Before After – Controll Group Before After).

b) Mögliche **Störgrößen** können in der unzureichenden Gleichartigkeit von Kontroll- und Testverbrauchermärkten bzgl. Größe, Sortiment, Kundenstruktur, Kommunikationspolitik, Wettbewerbsumfeld etc. liegen.

Im Wesentlichen bedarf es **zusätzlicher Informationen** über die erwirtschafteten Deckungsbeiträge, weil die ausschließliche Betrachtung von Umsätzen die (variablen) Kosten außen vor lässt. Bei einer tiefer greifenden Analyse wären u. a. folgende Informationen interessant: Kundenfrequenz, durchschnittlicher Einkaufsbetrag, Verbundkäufe und damit Ansatzpunkte für eine Mischkalkulation, (Preis-)Image.

3.3.5   Lösung Aufgabe 3.3.5: Marketingziele

(a) Die **Anteilseigner** verfolgen drei **unterschiedliche ökonomische Zielsetzungen**:

- *Theodor Ulbrecht*: Umsatzmaximierung
- *Karl Ulbrecht*: Gewinnmaximierung
- *Mutter Ulbrecht*: Kostendeckung, d. h. auf jeden Fall Erreichen des Break-Even-Points.

Die grundlegenden Funktionen sind für alle drei Zielsetzungen identisch und haben folgende Gestalt:

$x = 80.000 - 1.000\, p \Rightarrow p = 80 - 0,001x$

$K = 5.000 + 50\, x$

$U = p \cdot x = 80 \cdot x - 0,001x^2$

Kostendeckung unter der **Nebenbedingung Absatzmaximierung** ist dann erreicht, wenn der Gewinn = 0 ist.

$G = U - K = 0$

$80\, x - 0,001x^2 - (5.000 + 50\, x) = 0$

$x^2 - 30.000x + 5.000.000 = 0$

Anwendung der p/q-Formel: $x^2 + px + q = 0 \Rightarrow x_{1/2} = -p/2 +/- \sqrt{(p/2)^2 - q}$

$x_{1/2} = 15.000 +/- \sqrt{225.000.000 - 5.000.000}$

$x_1 = 15.000 + 14.832,40 = 29.832,4$ $x_2 = 15.000 - 14.832,40 = 167,6$

Da Mutter *Ulbrecht* den maximalen Absatz erreichen will, möchte sie die Alternative mit 29.832,4 hl realisieren. Der entsprechende Preis ergibt sich durch Einsetzen der Menge in die Preis-Absatz-Funktion:

$p = 80 - 0,001 \cdot 29.832,4 = 50,17$ Euro

Das **Umsatzmaximum** ergibt sich wie folgt:

$U = p \cdot x = 80\,x - 0{,}001x^2 \Rightarrow \text{max.}$

$dU/dx = 80 - 0{,}002x = 0$

$x = 40.000$

Da die 2. Ableitung < 0 ist, liegt ein Maximum vor. Demnach ist das Umsatzmaximum bei einem Absatz von 40.000 Einheiten erreicht. Der dazugehörige Preis lautet:

$p = 80 - 0{,}001 \cdot 40.000 = 40$ Euro

Unter der Zielsetzung der **Gewinnmaximierung** errechnet sich folgende optimale Absatzmenge:

$G = U - K \Rightarrow \text{max.}$

$G = 80\,x - 0{,}001x^2 - (5000 + 50\,x)$

$dG/dx = 80 - 0{,}002x - 50 = 0$

$x = 15.000$

Das Gewinnmaximum ist bei einem Absatz von 15.000 hl erreicht. Der dazugehörige Preis lautet:

$p = 80 - 0{,}001 \cdot 15.000 = 65$ Euro.

Die Ergebnisse sind in der Tab. 3.17 zusammengefasst.

Tab. 3.17: Preis- und Absatzoptima bei unterschiedlichen ökonomischen Zielsetzungen

Optima Zielsetzung	Preis p (in Euro)	Absatzmenge x (in hl)
Kostendeckung bei Absatzmaximierung (Mutter *Ulbrecht*)	50,17	29.832,4
Umsatzmaximierung (*Theodor Ulbrecht*)	40	40.000
Gewinnmaximierung (*Karl Ulbrecht*)	65	15.000

(b) Die *Schaufelbräu* AG möchte mit der Marke *Schaufelbräu* MAX einen **Bekanntheitsgrad** von **75 %** erreichen. Hierbei handelt es sich um ein **psychographisches Ziel**. Damit Ziele ihre Funktion erfüllen können, müssen sie bestimmten **formalen Anforderungen** entsprechen. Hierzu zählen:

- Zielinhalt (was?): im Beispiel Bekanntheitsgrad
- Objektbezug (womit?): im Beispiel die Marke *Schaufelbräu* MAX
- Zielausmaß (wie viel?): im Beispiel 75 %
- Zeitbezug (wann?): keine Aussage
- Segmentbezug (wo?): keine Aussage

Damit ist die psychographische Zielsetzung nicht operational. Außerdem müsste geklärt werden, ob es sich um den **gestützten oder ungestützten Bekanntheitsgrad** handelt.

3.3.6   Lösung Aufgabe 3.3.6: Portfolioanalyse

(a) **Lösungsskizze**:

- Ausgangspunkt
  - Produkt-Lebenszyklus
  - Erfahrungskurven-Effekt: Verdoppelung des kumulierten Absatzes ergibt ein Stück-kostenreduzierungspotential von ca. 20 bis 30 %
- Konsequenzen
  - Bevorzugung von Wachstumsmärkten
  - Ausbau des relativen Marktanteils
- PIMS-Studie (Profit Impact of Market Strategie): Positiver Zusammenhang zwischen Marktanteil und ROI

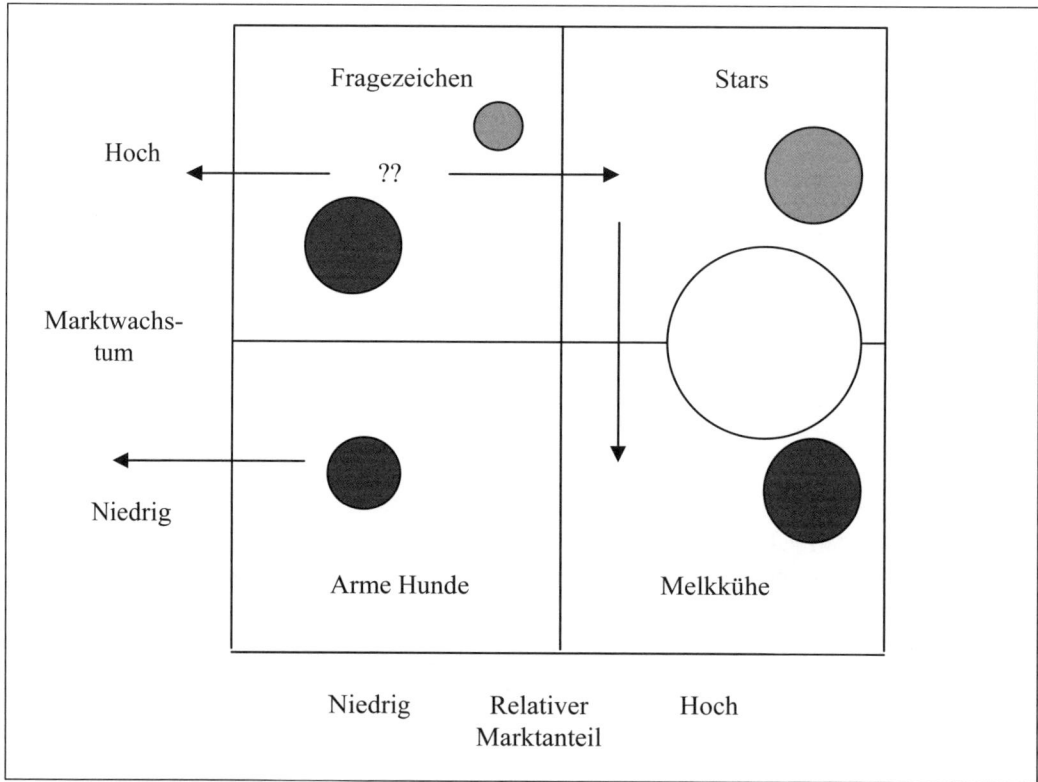

Abb. 3.2: Das Marktanteils-Marktwachstums-Portfolio der Boston Consulting Group

(b) **Befunde**

Tab. 3.18: Befunde der Portfolioanalyse

	Strategische Geschäftseinheit A	Strategische Geschäftseinheit B	Strategische Geschäftseinheit C
Relativer Marktanteil (*in %*)	71,43	33,33	133,33
Marktwachstum (*in %*)	−20	+25	+10

(c) **Normstrategien**:

- A = Poor Dog: Desinvestieren
- B = Fragezeichen: Investieren oder desinvestieren?
- C = Star: Investieren

Kritisch bleibt anzumerken, dass *Schaufelbräu* über keine Cash Cow verfügt. Demnach können die für B = Fragezeichen und C = Star erforderlichen finanziellen Mittel nicht auf internem Wege beschafft werden.

(d)

- **Stärken** der Portfolioanalyse:
  - Gedankliche Strukturierung und Visualisierung komplexer strategischer Probleme eines Unternehmens
  - Denkraster zur Generierung von Strategien
- **Schwächen** der Portfolioanalyse: Mangelnde/keine Berücksichtigung ...
  - schwer quantifizierbarer Größen (z. B. Qualität des Managements, leistungsorientierte Unternehmensphilosophie)
  - der Interdependenzen sprich Verbundbeziehungen zwischen einzelnen Produkten bzw. Produktlinien
  - neu in den Markt eintretender, aggressiver kleiner Konkurrenten, da u. a. auf den relativen Marktanteil fokussiert wird
  - dynamischer Aspekte, da statisches Konzept
  - von Umsatzanteilen, Deckungsbeiträgen, Verbundeffekten/Synergien, Imagetransfer etc.
  - *BCG*-Portfolio veraltet, da andere Wettbewerbssituation und Zielsetzung (ausgeglichene Finanzierung), deshalb Dimensionen als alleinige Erfolgsfaktoren nicht mehr geeignet
  - Abgrenzung zwischen Quadranten subjektiv (Wo soll die Grenzlinie zwischen niedrig und hoch gelegt werden?)
  - Nur zwei Erfolgsfaktoren, einseitige Betrachtungsweise

3.3.7   Lösung Aufgabe 3.3.7: Strategische Planung mit Hilfe der *Ansoff*-Matrix

Tab. 3.19: Die Marktfeldstrategien nach Ansoff im Überblick

Märkte Produkte	Gegenwärtig	Neu
Gegenwärtig	Marktdurchdringung	Marktentwicklung
Neu	Produktentwicklung	Diversifikation

Strategievorschlag 1: *Bier-Maxx* – das Bier zum Selber machen (Produktentwicklung bzw. vertikale Diversifikation = Produktion wird in die Haushalte verlagert)

Das Produkt stellt eine Produktinnovation dar, die nach dem Prinzip des *Wasser-Maxx* konzipiert ist. Der Kunde hat die Möglichkeit, sein Bier mit **Bierpulver** bzw. **Flüssigkonzentrat** selbst zu mixen. Hierzu füllt er die PET-Flasche mit Wasser und stellt sie in den *Bier-Maxx*. Durch die Zuführung von CO_2 und Bierpulver bzw. Flüssigkonzentrat erhält er sekundenschnell Bier.

Als **Zusatznutzenkomponenten** dieses Produktes sind zu nennen:

- Platz- und Geldeinsparung („sparsam und preiswert")
- Convenience, d. h. der Verbraucher muss weniger tragen („nie mehr Kisten schleppen")
- Möglichkeit der Vorratshaltung verschiedener Sorten und individueller Geschmacksrichtungen
- Praktische Dosierbarkeit
- Individuelle Dosierbarkeit der Kohlensäure
- Kein Pfand und keine Entsorgung
- Ökologisch und ökonomisch
- Ganz ohne Strom
- Keine Montage

Als **potentielle Zielgruppen** sind zu nennen:

- Neukunden, die den Zusatznutzen zu schätzen wissen
- Wenigtrinker (infolge der längeren Haltbarkeit)
- Innovationsfreudige junge Zielgruppen

Strategievorschlag 2: *HABANA* – **das Biermixgetränk für Frauen und junge Zielgruppen (Produktentwicklung bzw. Diversifikation = neues Produkt für neuen Markt)**

Hierbei handelt es sich um ein Biermixgetränk aus Weizenbier und Bananensaft. Mit dem Slogan „*HABANA* – ProBier mal ´ne Banana" sollen insbesondere Segmente angesprochen werden, die normalerweise wenig Bier trinken: **Frauen** und **jugendliche Zielgruppen**. Vor diesem Hintergrund wurde bewusst ein Markenname gewählt, der auf den ersten Blick keinen Bezug zu *Schaufelbräu* aufweist. Hierdurch sollen zum einen Irritationen der klassischen Zielgruppe der Brauerei (u. a. viel trinkende Männer) vermieden werden. Zum anderen tritt durch Hervorhebung der Banane der Bier-Aspekt etwas in den Hintergrund.

Für dieses Produkt sprechen folgende **Argumente**:

- Derzeit gibt es auf dem deutschen Markt noch wenige Bananenweizen in der Flasche.
- Insgesamt ist eine zunehmende Tendenz hin zu Biermixgetränken festzustellen.
- Frauen können „zur Flasche greifen", da Biermixgetränke gesellschaftsfähig sind.
- Im Gegensatz zu den meisten anderen Biermixgetränken, die chemische Inhaltsstoffe aufweisen, sind die Grundstoffe hier natürlich. Dies ist u. a. mit dem umweltfreundlichen Image der *Schaufelbräu* Brauerei kompatibel.

In der Einführungsphase sollen zunächst Promotionstouren durch Diskotheken und bei Veranstaltungen durchgeführt werden, um auf diese Weise Meinungsführer anzusprechen. Parallel wird das Produkt durch die Vertriebskanäle klassischer Lebensmittelhandel, Tankstellen und Gastronomie eingeführt. Die Verkaufsförderung erfolgt mit Verkostungen und Zugaben (Lebensmittelhandel: Zugabe eines Weizen-Bananenglases beim Kauf eines Kastens; Tankstelle: Zugabe einer Marzipanbanane zu jeder Flasche). Die Preispositionierung erfolgt im Premiumsegment.

Strategievorschlag 3: *COOL (S)EX* – **das Party-Bier (Produktentwicklung)**

Zielgruppen dieser Produktinnovation sind Partygänger zwischen 16 und 35 Jahren und Party- sowie Eventveranstalter. Der **Marketing-Mix** lässt sich folgendermaßen charakterisieren:

- **Produkt**
  - Durchsichtige 0,44 l-Flasche
  - Sich verändernde Bierfarbe je nach Temperatur
  - Schraubverschluss
  - Normaler Alkoholgehalt
  - Flaschenform: Männliche bzw. weibliche Torsos, die ergonomisch gestaltet sind und angenehm in der Hand liegen
  - Abgabe in Einzelflaschen, Six-Packs und (20er Kasten für den Großhandel)

- **Preis**
  - Positionierung im Premiumsegment
  - Bei Six-Packs: „Pay 5, get 6"
- **Kommunikation**
  - Sponsoring von Events inklusive Verkostungen vor Ort
  - Preisausschreiben
  - Verteilung von Kühlschränken, Partytischen und Sonnenschirmen an die (Szene-) Gastronomie
  - Give-Aways: Feuerzeuge
- **Vertrieb**
  - Vertriebskanäle: klassischer Lebensmittelhandel, Tankstellen und (Szene-)Gastronomie

Strategievorschlag 4: *Schaufelbräu-Bio-Bier* **(Produktentwicklung)**

Zielgruppe dieser Produktinnovation sind **ökologisch orientierte Biertrinker**. Die Produktphilosophie lässt sich folgendermaßen charakterisieren: „*Schaufelbräu* als reines Naturprodukt für eine intakte Umwelt." Eckpunkte des **Marketing-Mix** sind:

- Es wird eine Präferenzstrategie in Verbindung mit Qualitätsführerschaft verfolgt, die den Zusatznutzen „Bio-Produkt" in den Vordergrund stellt und den entsprechend hohen Preis rechtfertigt. Hierbei fungiert *Schaufelbräu* als Nischenanbieter, der sich aus der „Stuck-in-the-Middle"- Position befreit.
- Im Zentrum der Kommunikationsstrategie stehen Umweltgedanke und Bier als Naturprodukt, wobei u. a. der Herstellungsprozess werblich hervorgehoben wird. Dabei wird auf zwei Ebenen argumentiert: Bio-Bier schützt nicht nur die Umwelt, sondern ist auch vergleichsweise gesund bzw. bekömmlich.
- Um dem Kunden eine entsprechende Schlüsselinformation zu vermitteln, wird die Auszeichnung mit einem Biosiegel angestrebt.
- Neben dem gehobenen Getränkefacheinzelhandel wird das neue Produkt über Reformhäuser, auf Bioprodukte spezialisierte Lebensmitteleinzelhandelsunternehmen sowie in der einschlägigen Gastronomie (Vollwertrestaurants, vegetarische Restaurants etc.) vertrieben.

3.3.8   Lösung Aufgabe 3.3.8: Mischkalkulation

(a) Bei den **Produkten A** und **B** handelt es sich um sog. **Ausgleichsnehmer**. Bei diesen Produkten kann der kostenorientierte Stückpreis nicht am Markt realisiert werden, so dass hier Verluste in Höhe von 280,5 Tsd. Euro (= 127,5 Tsd. Euro + 153,0 Tsd. Euro) entstehen. Diese müssen von **Produkt C** (= **Ausgleichsträger**) übernommen werden, so dass hier der Stückpreis nach dem kalkulatorischen Stückpreis über dem kostenorientierten Stückpreis angesiedelt ist. Der Vollständigkeit halber sei angemerkt, dass man in der Realität versuchen würde, den Preis für Artikel C anzuheben und damit näher an eine Preisschwelle zu legen (z. B. 9,59 Euro).

Tab. 3.20: Beispiel für eine Mischkalkulation

	Artikel A	Artikel B	Artikel C
(1) (Geplanter) Absatz (*in Tsd. Stück*)	250	300	500
(2) Angestrebter Erlös (*in Tsd. Euro*)	2.000,00	3.000,00	4.500,00
(3) Kostenorientierter Stückpreis (*in Euro*)	8,00	10,00	9,00
(4) Realisierbarer Stückpreis (*in Euro*)	7,49	9,49	–
(5) = (1) x (4) Realisierbarer Erlös (*in Tsd. Euro*) (Absatz x realisierbarer Stückpreis)	1.872,5	2847,0	–
(6) = (5) – (2) Unterdeckung (*in Tsd. Euro*)	–127,5	–153,0	–
(7) = ∑ Aggregiertes Erlösdefizit der Ausgleichsempfänger (*in Tsd. Euro*)	–	–	–280,5
(8) = (2) – (7) Angestrebter Erlös nach dem kalkulatorischen Ausgleich (*in Tsd. Euro*)	–	–	4.780,5
(9) = (8) : (1) Stückpreis nach dem kalkulatorischen Ausgleich (*in Euro*)	7,49	9,49	9,56

(b) Zwei **vereinfachende Annahmen** werden getroffen:

- Angestrebter Erlös : geplanter Absatz = <u>kostenorientierter</u> Stückpreis
- Der geplante Absatz für die Produkte A, B und C bleibt trotz der Preisveränderungen konstant.

3.3.9   Lösung Aufgabe 3.3.9: Berechnung der Preiselastizität der Nachfrage

Die **Preiselastizität der Nachfrage** dient zur Beurteilung von Preisänderungen und ist definiert als relative Änderung der Nachfrage in Relation zur relativen Änderung des Preises. Die Formel lautet: $\varepsilon = (dx/dp) \bullet (p/x)$. Im Falle von $\varepsilon < -1$ spricht man von einer elastischen Nachfrage: Hier überkompensiert der Mengeneffekt den Preiseffekt, d. h. die Absatzsteigerung ist so groß, dass der Umsatz trotz Preissenkung steigt. Bei $\varepsilon = -1$ handelt es sich um die sog. indifferente Nachfrage. Hier wird der maximale Erlös erzielt. Bei $\varepsilon > -1$ schließlich reagiert die Nachfrage unelastisch, d. h. der Preiseffekt überkompensiert den Mengeneffekt. Hier löst die Preissenkung einen Umsatzrückgang aus.

Die Preiselastizität der Nachfrage beträgt ε = ((65.000 Stück – 60.000 Stück)/(7,20 Euro – 7,40 Euro)) · (7,40 Euro/60.000 Stück) = –(5.000 Stück /–0,20 Euro) · (0,0001233) = –3,08. Damit handelt es sich um eine **elastische Nachfrage** ($\varepsilon < -1$), der Mengeneffekt überkompensiert den Preiseffekt. Die Preissenkung führt demnach zu einer Umsatzsteigerung. Konkret beträgt der Umsatz 444.000 Euro im Falle des Abgabepreises an den Handel von

7,40 Euro. Senkt man den Preis hingegen auf 7,20, sind Umsätze in Höhe von 468.000 Euro zu erwarten.

Bei der Interpretation der Preiselastizität darf keinesfalls vernachlässigt werden, dass hier nur Erlös- und damit **Umsatzveränderungen** betrachtet werden. Demnach lässt sich aus der Preiselastizität **kein Rückschluss** auf die **Gewinnveränderung** ziehen. So kann durch eine Preissenkung durchaus der Umsatz steigen, gleichzeitig führt aber die höhere Absatzmenge zu überproportionalen Kostensteigerungen, was in Extremfällen einen Gewinnrückgang bewirken kann. Folglich lässt sich eine gewinnmaximale Lösung nur durch eine flankierende Einbeziehung der Kosten ermitteln.

3.3.10   Lösung Aufgabe 3.3.10: Eine vergleichende Analyse der Werbeaufwendungen von Brauereiwirtschaft und Gesamtmarkt

- Das **Fernsehen** ist mit 65,4 %/61,9 % Marktanteil mit deutlichem Abstand stärkster Werbeträger. Gründe hierfür finden sich zunächst darin, dass sich das Fernsehen besser als die übrigen Medien zur Vermittlung von Emotionen eignet. Gerade aufgrund der hohen Austauschbarkeit der Produkte im Biermarkt spielt die emotionale Differenzierung hier eine bedeutende Rolle. Hinzu kommen das vergleichsweise hohe Aktivierungspotential dieses Mediums sowie die Möglichkeit, die Kommunikation präzise an der Zielgruppe der Biertrinker auszurichten (beispielsweise durch die zeitlich nahe Positionierung der Werbung zu Sportsendungen). Des Weiteren ist Fernsehwerbung hervorragend geeignet, um das im Brauereisektor weit verbreitete Sportsponsoring zu flankieren.

- Derer hohe Anteil der TV-Werbung ist auch auf die zunehmende Bedeutung national bzw. international agierender Brauereien zurückzuführen.

- **Plakat-** und **Rundfunkwerbung** bewegen sich insgesamt auf einem niederen Niveau, verzeichnen aber leichte Gewinne,. Gründe hierfür sind in der Eignung dieser Medien für lokale und regionale Brauereien zu finden. Diese gewinnen im Zuge des Polarisierungsprozesses zwischen großen und kleinen Unternehmen an Bedeutung.

(b) Auf der einen Seite fällt der deutliche Unterschied in der **Printwerbung** auf. Hier verzeichnet die Brauwirtschaft im Vergleich zur Branchen übergreifenden Betrachtung eine deutlich unterdurchschnittliche Belegung. Auf der anderen Seite fließt ein **überdurchschnittlich hoher Anteil** der **Werbebudgets** in **TV-, Rundfunk-** und **Plakatwerbung**. Hierfür bieten sich folgende **Erklärungen** an:

- Der in Relation zu anderen Branchen **hohe Anteil** an **Plakatwerbung** liegt in der regionalen Zielgenauigkeit dieses Mediums begründet, welche sich vor allem lokal bzw. regional agierende Brauereien zunutze machen. Außerdem handelt es sich beim Plakat um ein Medium, das auch bei einem kleinen Werbebudget und damit kleineren Brauereien Massenkommunikation erlaubt.

- Der vergleichsweise **hohe Anteil** an **Rundfunkwerbung** ist zum einen auf die regionale Ausrichtung der Hörfunksender zurückzuführen, was sich insbesondere regionale und lokale Brauereien zunutze machen. Zum anderen kann mit Hilfe dieses Mediums eine Konditionierung über akustische Reize erfolgen. Beispielsweise nutzen zahlreiche Brauereien Musik als Wiedererkennungsmerkmal oder das Geräusch beim Öffnen einer Flasche bzw. eines sich füllenden oder gerade ausgetrunkenen Bierglases zur Aktivierung.

- Der **hohe Anteil** an **TV-Werbung** ist auf drei Gründe zurückzuführen: Zum einen spiegelt sich hier der Konzentrationsprozess der Brauereibranche wieder. Dies führ dazu, dass Biermarken mehr und mehr deutschlandweit positioniert werden, was mittels TV-Werbung am besten möglich ist. Zum anderen kann mit Hilfe der TV-Werbung zielgruppengenau geworben werden. Beispielsweise werden die TV-Spots der Brauereien häufig vor, während oder nach Sportübertragungen ausgestrahlt. Dies lässt sich flankierend mit dem hohen Anteil im Sportsponsoring erklären. Schließlich entspricht dieses Medium den Erfordernissen der Bierwerbung, den Betrachter mit akustischen und visuellen Reizen eher aktivierend und weniger kognitiv anzusprechen. Hier haben Printmedien offensichtliche Nachteile.

3.3.11   Lösung Aufgabe 3.3.11: Mediaselektion

Der **Quantitative Tausend-Leser-Preis** berechnet sich folgendermaßen:
- *Augsburger neueste Nachrichten*: (11.970 Euro/420.000 Leser) x 1.000 = 28,50 Euro
- *Augsburger Tageblatt*: (5.470 Euro/180.000 Leser) x 1.000 = 30,39 Euro
- *Augsburger Bote*: (6.600 Euro/240.000 Leser) x 1.000 = 27,50 Euro

Der Augsburger Bote weist mit 27,50 Euro den günstigsten Quantitativen Tausend-Leser-Preis auf. Diese Kennzahl besitzt jedoch nur begrenzte Aussagekraft, da sie die ins Auge gefasste Zielgruppe unberücksichtigt lässt. Deshalb erscheint es zweckmäßig, den Qualitativen Tausend-Leserpreis zu berechnen, da dieser die anvisierte Zielgruppe ins Kalkül zieht.

Der **Qualitative Tausend-Leser-Preis** berechnet sich wie folgt:
- *Augsburger neueste Nachrichten*: (11.970 Euro/252.000 Leser) x 1.000 = 47,50 Euro
- *Augsburger Tageblatt*: (5.470 Euro/100.000 Leser) x 1.000 = 54,70 Euro
- *Augsburger Bote*: (6.600 Euro/120.000 Leser) x 1.000 = 55,00 Euro

Hier weisen die *Augsburger neueste Nachrichten* mit 47,50 Euro den günstigsten Tausend-Leser-Preis auf. Nunmehr gilt es noch, die räumliche Reichweite im Kernabsatzgebiet von *Schaufelbräu* ins Kalkül einzubeziehen. Zu diesem Zweck werden die Qualitativen Tausend-Leser-Preise mit der jeweiligen räumlichen Reichweite gewichtet.

Der mit der **räumlichen Reichweite gewichtete Qualitative Tausend-Leser-Preis** berechnet sich wie folgt:
- *Augsburger neueste Nachrichten*: (11.970 Euro/252.000 Leser) x 1.000 = 47,50 Euro/ 70 % = 67,86 Euro

- *Augsburger Tageblatt*: (5.470 Euro/100.000 Leser) x 1.000 = 54,70 Euro/80 % = 68,38 Euro

- *Augsburger Bote*: (6.600 Euro/120.000 Leser) x 1.000 = 55,00 Euro/95 % = 57,89 Euro

Den günstigsten mit der räumlichen Reichweite gewichteten Qualitativen Tausend-Leser-Preis weist der *Augsburger Bote* mit 57,89 Euro auf. Unter der Annahme, dass sich *Schaufelbräu* auf das bisherige Absatzgebiet konzentrieren und keine neuen Zielgruppen erschließen will, spräche der mit der räumlichen Reichweite gewichtete Qualitative Tausend-Leser-Preis für die Auswahl dieser Zeitung. Es gilt jedoch festzuhalten, dass es sich hier um eine **reine Kostenbetrachtung** handelt und **Nutzenaspekte** (etwa Attraktivität des redaktionellen Anzeigenumfeldes) **außen vor** bleiben.

3.3.12 Lösung Aufgabe 3.3.12: Analyse des Sponsoring-Engagements von Brauereien

(a) Sponsoring bezeichnet die Förderung einer Person bzw. Institution mit dem Ziel, diese in Form festgelegter Gegenleistungen (im Regelfall der Einräumung der wirtschaftlichen Rechte) für bestimmte, dem Unternehmen förderliche Zwecke nutzen zu können (Prinzip des gegenseitigen Leistungsaustauschs). Die **Förderung** kann bestehen aus:

- finanziellen Zuwendungen,

- der Vergabe von Sachmitteln (Fahrzeuge für Transportdienste, Computer und Software für Schulen und Hochschulen, Ausstattung von Sportlern mit Sportgeräten und -kleidung u. ä.) und

- Dienstleistungen (etwa Veranstaltungsmanagement, Vermittlung von Know-how, Abordnung von Mitarbeitern für einen bestimmten Zeitraum [= Secondment]).

Das Motto von Sponsoring lautet: **„Tue Gutes und rede darüber."** Mäzenatentum hingegen stellt einen einseitigen Leistungstransfer dar. Es handelt sich hier um gemeinnütziges Engagement.

(b) **Hauptziele** des Sponsoring sind:

- Steigerung des Bekanntheitsgrades sowie der Erinnerungswirkungen (kognitive Reaktion)

- Imagevariation, -verbesserung, -stabilisierung sowie Einstellungswirkungen durch Transfer des Images vom Gesponsorten auf den Sponsor (affektive Reaktion)

- Kontaktpflege zu ausgewählten Zielgruppen, wie z. B. Schlüsselkunden, Meinungsbildnern, Multiplikatoren (mittels Hospitality-Maßnahmen wie z. B. VIP-Lounges bei Sportveranstaltungen)

(c) Ausschlaggebende **Gründe** sind:

- Günstigerer (qualitativer) Tausender-Preis der Bandenwerbung im Vergleich zur klassischen TV-Werbung

- Erreichen schwer zugänglicher Zielgruppen (z. B. Verbraucher, die Werbung bewusst – etwa durch Zapping – ausweichen)

- Umgehen von möglichen zukünftigen Werbebeschränkungen

- Ansprache von Zielgruppen in einem attraktiven, nicht unmittelbar kommerziellen Umfeld (z. B. während Veranstaltungen)

- Umgehen von Kommunikationsbarrieren (z. B. Nicht-Wahrnehmung von Werbung durch das Informationsüberangebot)

- Verminderte Reaktanzwahrscheinlichkeit (Reaktanz = der Umworbene widersetzt sich bewusst der Einflussnahme seitens des Werbetreibenden)

- Multiplikatorfunktion, d. h. durch Sponsoring kann die Botschaft der klassischen Kommunikationsinstrumente glaubhaft untermauert werden

- Imagetransfer vom Gesponserten auf den Sponsor und umgekehrt

- Hohe Affinität zwischen Fußballzuschauer und Biertrinker

- Hohe Affinität zwischen Natur und Bier („Reinheitsgebot")

(d) Sponsoring besitzt eine **begrenzte Informationsmöglichkeit**, da nur das Logo präsentiert wird. Deshalb ist eine Vernetzung mit anderen Kommunikationsinstrumenten erforderlich (vgl. Tab. 3.21).

(e) Mögliche **Risiken** sind:

- Gefahr der Austauschbarkeit von Marken, da nahezu alle überregionalen Brauereien Fußball sponsern

- Badwill-Transfers (etwa bei Doping, Abstieg, Erfolglosigkeit der/des Gesponserten)

Tab. 3.21: Ansatzpunkte zur Vernetzung klassischer kommunikationspolitischer Instrumente mit Sponsoring-Aktivitäten

Klassische kommunikations-politische Instrumente	Ansatzpunkte zur Vernetzung mit Sponsoring-Aktivitäten
Werbung	• Verwendung von Signets des Gesponserten zur Produkt- und Verpackungskennzeichnung (Produktsponsoring) • Sponsorship-Hinweise in der TV-, Hörfunk- und Anzeigenwerbung
Verkaufsförderung	• Bereitstellung von Displaymaterial mit dem Hinweis auf das Förderengagement (Händler-Promotions) • Durchführung von Gewinnspielen im Zusammenhang mit dem Sponsoring-Engagement (Verbraucher-Promotions)
Öffentlichkeitsarbeit	• Darstellung des Sponsorship in Pressemitteilungen, Fachzeitschriften, Geschäftsberichten

4 Fallstudie „*Pronto Pizza*"

4.1 Ausgangslage

Francesco T. Omato, Geschäftsführer des noch unangefochtenen lokalen Pizza-Service Marktführers *Pronto Pizza* (2011: 35 % Marktanteil) mit fünf Filialen, kämpft seit drei Jahren gegen sinkende Marktanteile und Umsätze. Da er infolge der daraus resultierenden finanziellen Engpässe mit den Schutzgeldzahlungen gegenüber der Mafia im Rückstand ist, möchte er reagieren, bevor sich die Situation noch weiter verschärft. Unterstützt durch eine Gruppe engagierter Studierender an der ortsansässigen Hochschule, der auch Sie angehören, möchte er seine Vermarktungsstrategie analysieren. Hierzu soll eine **Kundenzufriedenheitsstudie** konzipiert und durchgeführt werden.

4.2 Aufgabenstellungen

4.2.1 Eigen- versus Fremdforschung

Zunächst stellt sich die Frage, ob mit der Durchführung der Kundenzufriedenheitsstudie bzw. -befragung ein Marktforschungsinstitut beauftragt oder ob die Befragung in Eigenregie durchgeführt werden soll. Erarbeiten Sie im Sinne einer **Entscheidungsgrundlage** die jeweiligen **Vorteile**.

4.2.2 Konzeption einer Kundenzufriedenheitsbefragung

Francesco T. Omato hat sich nach Abwägung der jeweiligen Vor- und Nachteile für eine Studie in Eigenregie entschieden. Die aus Studierenden der Hochschule bestehende Projektgruppe soll nun eine genaue **Konzeption** für die **Kundenzufriedenheitsbefragung** einschließlich **Fragebogen** erarbeiten. Welche grundlegenden Entscheidungsprobleme gilt es bei der Konzeption der Befragung zu bedenken?

4.2.3   Festlegung der Zielgruppe

Welche Zielgruppe würden soll in die Untersuchung einbezogen werden? Begründen Sie Ihre Entscheidung.

4.2.4   Wahl der Befragungsform

Welche grundsätzlichen Befragungsformen bieten sich *Francesco T. Omato*. Und welche Befragungsform würden Sie ihm empfehlen? Begründen Sie Ihren Vorschlag.

4.2.5   Aufbau des Fragebogens, Festlegung der Befragungsinhalte und Formulierung der Fragen

Entwickeln Sie nun einen Fragebogen, wobei Sie diesen zwischen Bestell- und Abholkunden differenzieren sollten.

4.2.6   Festlegung der Stichprobengröße

Da sich eine Vollerhebung, d. h. eine Befragung sämtlicher Kunden, unter Kosten- und Zeitaspekten als zu aufwendig gestalten würde und da auch in diesem Fall die Gefahr bestünde, dass die Befunde in Folge von Antwortverweigerungen nicht repräsentativ wären, entscheiden wir uns für eine **Teilerhebung**.

Eine zentrale Frage im Falle der Stichprobenziehung lautet: **Wie viele Untersuchungsteilnehmer** braucht man für eine vernünftige, d. h. aussagekräftige Erhebung, und wie werden diese ausgewählt? Da wir uns in der vorliegenden Untersuchung auf die derzeitigen Kunden fokussieren, bilden diese unsere Grundgesamtheit. Diese unterteilen wir in Kunden, die telefonisch bestellen und beliefert werden, und Kunden, die ihre Pizza in den Filialen abholen.

Die **Stichprobengröße** hängt davon ab, wie groß die Grundgesamtheit ist, wie genau das Stichprobenergebnis sein soll und mit welcher Sicherheit die Aussagen zutreffen sollen. Als empfehlenswert hat sich eine Sicherheit von mindestens 95,5 % mit einer Genauigkeit von $\pm$ 5 % erwiesen.

Wir gehen im vorliegenden Fall für alle fünf Filialen von einer Grundgesamtheit von 5.000 Selbstabholern, welche die Speisen und Getränke in den Filialen abholen, und 5.000 Kunden, die zu Hause oder im Büro beliefert werden, aus. Wie groß muss die jeweilige Stichprobe bei einer Grundgesamtheit von jeweils 5.000 Kunden, einer anvisierten Sicherheit von 95,5 % und einer Genauigkeit von $\pm$ 5 % sein? Berücksichtigen Sie hierbei, dass bei den belieferten Kunden die Rücklaufquote auf 20 % geschätzt wird.

4.2.7 Auswahl eines Stichprobenverfahrens

Welche grundsätzlichen Stichprobenverfahren bieten sich *Francesco T. Omato*. Und welches Stichprobenverfahren würden Sie ihm empfehlen? Begründen Sie Ihren Vorschlag und zeigen Sie die konkrete Vorgehensweise auf.

4.2.8 Einsatzpotential multivariater Analyseverfahren

Bei der Analyse der Kundenbefragung sollen u. a. folgende **Sachverhalte** ausgewertet werden:

(1) Welchen Einfluss haben die jeweiligen Teilzufriedenheiten (Preis, Qualität, Freundlichkeit, Schnelligkeit, Angebotspalette, Sauberkeit, Innenausstattung etc.; Messung auf einer von +3 bis –3 reichenden Skala) auf die Zufriedenheit der Kunden (Messung auf einer von +3 bis –3 reichenden Skala)?

(2) Gibt es hinsichtlich der einzelnen Pizza-Filialen sowie des Verkaufszeitpunkts (Wochentage) signifikante Unterschiede hinsichtlich der Kundenzufriedenheit (Messung auf einer von +3 bis –3 reichenden Skala)?

(3) Welche Unterschiede bestehen zwischen zufriedenen und unzufriedenen Kunden bezüglich Bestellhäufigkeit und Rechnungsbetrag?

(4) Inwieweit hängen das Vorhandensein eines negativen Erlebnisses und der Wohnort einer Person zusammen?

Welches **multivariate Analyseverfahren** eignet sich für die Beantwortung der jeweiligen Frage? Und welches Skalenniveau müssen jeweils die unabhängige/n Variable/n sowie die abhängige/n Variable/n aufweisen?

Des Weiteren gilt es folgende **Fragen** zu klären:

(5) Lässt sich die Vielzahl der erhobenen Teilzufriedenheiten (Messung auf einer von +3 bis –3 reichenden Skala) auf wenige übergeordnete Faktoren verdichten?

(6) Lassen sich in Bezug auf die Teilzufriedenheiten (Messung auf einer von +3 bis –3 reichenden Skala) Kundensegmente identifizieren, die ein ähnliches Urteil abgeben?

Welches **multivariate Analyseverfahren** eignet sich hier für die Beantwortung der jeweiligen Frage?

4.2.9   Preisexperiment

Francesco T. Omato will untersuchen lassen, ob eine Preissenkung zu einer Steigerung des Umsatzes führen würde. Zu diesem Zweck führt er ein **Preisexperiment** durch. Hierbei wird in zwei aufeinander folgenden Wochen in einer Filiale im Stadtzentrum der Preis für die durchschnittliche Pizza von 4,90 Euro (Woche 1) auf 4,50 Euro (Woche 2) gesenkt. Als Kontrollgröße wird eine Filiale am Stadtrand herangezogen, bei der die Preise unverändert bleiben. Während des Experiments wurden die in Tab. 4.1 aufgeführten Umsatzzahlen gemessen.

(a) Berechnen Sie anhand der Umsatzwerte den **prozentualen Nettoeffekt**. Um welche Art von **Untersuchungsdesign** handelt es sich?

(b) Welche **Störgrößen** können bei der skizzierten Versuchsanlage auftreten? Und welche **zusätzlichen Informationen** benötigt *Francesco T. Omato*, um die Wirkungen der Preissenkung fundiert beurteilen zu können?

Tab 4.1: Befunde eines Preisexperiments

	Testmarkt: durchschnittlicher Umsatz (in Euro)	Kontrollmarkt: durchschnittlicher Umsatz (in Euro)
Woche 1	4.007,50	4.351,00
Woche 2	4.905,00	4.694,50

4.2.10   Preiselastizität der Nachfrage

Um den Umsatz zu stimulieren, senkt *Francesco T. Omato* den Preis der durchschnittlichen Pizza von 4,90 Euro auf 4,70 Euro. Dadurch verspricht man sich für den nächsten Monat eine Absatzsteigerung von 30.000 auf 33.000 Einheiten. Berechnen Sie die **Preiselastizität der Nachfrage** und **interpretieren** Sie diese.

4.2.11 Auswahl einer Befragungsform im Rahmen der Konkurrenzanalyse unter Wirtschaftlichkeitsaspekten

Die Studierenden der Hochschule empfehlen *Francesco T. Omato*, auch die Kunden der Konkurrenten einer genaueren Analyse zu unterziehen. Für eine repräsentative Erhebung ist eine Stichprobe von 250 Personen erforderlich. Fraglich ist, **welche Befragungsmethode** eingesetzt werden soll. Bei einer schriftlichen Befragung wird im günstigsten (ungünstigsten) Fall mit einer Rücklaufquote von 15 % (7 %) gerechnet. Die Portogebühren für die Versendung des Fragebogens sowie die Gebühren eines Freiumschlags zur Rücksendung der ausgefüllten Fragebögen betragen jeweils 1 €. Die Konfektionierung der Fragebögen (Eintüten, Klammern, Falten, Sortieren et.) ist mit 0,50 € pro Fragebogen zu kalkulieren.

Bei einer mündlichen Befragung durch Interviewer liegt die Erfolgsquote mit 95 % deutlich höher. Für einen Interviewer fallen pro Tag Kosten von 100 €. Auch hier fallen Konfektionierungskosten von 0,50 € pro Fragebogen an. Es wird davon ausgegangen, dass jeder Interviewer pro Tag 20 Interviews führen kann. Die Kosten für den Druck der Fragebögen hängen von der jeweiligen Auflagenhöhe ab und sind folgendermaßen gestaffelt:

Tab 4.2: Kosten pro Fragebogen in Abhängigkeit von der Anzahl der Fragebögen

Anzahl der Fragebögen	Kosten pro Fragebogen (*in €*)
200 – 250	0,50
251 – 350	0,45
351 – 450	0,40
Mehr als 450	0,35

(a) Welche Befragungsform soll unter **Wirtschaftlichkeitsaspekten** gewählt werden? Berücksichtigen Sie bei Ihren Berechnungen die unterschiedlichen Ausprägungen der Rücklaufquote bei der schriftlichen Befragung.

(b) Bei welcher Rücklaufquote der schriftlichen Befragung besteht hinsichtlich der Kosten **Indifferenz** gegenüber der mündlichen Befragung?

(c) Welche **zusätzlichen Kriterien** sollten in die Entscheidungsfindung einbezogen werden?

4.3   Lösungsskizze

4.3.1   Lösung Aufgabe 4.2.1: Eigen- versus Fremdforschung

Für die **Eigenforschung** sprechen im vorliegenden Fall folgende **Vorteile**:

- Größere Vertrautheit mit dem Problem
- Höhere Praxisrelevanz der Analyse
- Größere Einfluss- und Kontrollmöglichkeiten der Geschäftsführung auf den Ablauf der Untersuchung
- Geringere Kommunikationsprobleme
- Höhere Diskretion über die Untersuchungsergebnisse
- Verbleib der Erfahrungen für zukünftige Studien im eigenen Haus

Sind keine entsprechenden Personalkapazitäten im eigenen Haus vorhanden, kann ein Unternehmen auf die Dienste von Unternehmens- bzw. Marktforschungsberatern zurückgreifen. Diese fungieren in erster Linie als Vermittler sowie Berater und unterstützen insbesondere kleinere und mittlere Unternehmen bei der Durchführung von Marktforschungsprojekten.

Häufig gilt es jedoch zu prüfen, ob Studien nicht extern vergeben werden sollen und damit für das Unternehmen Kosten- und/oder Effizienzvorteile verbunden sind. Als **Vorteile** der **Fremdforschung** gelten:

- Keine Betriebsblindheit
- Geringere Gefahr interessengefärbter Ergebnisse und damit höhere Objektivität
- Einsatz von Spezialisten (z. B. bei Fragebogengestaltung, statistischer Auswertung der Ergebnisse)

4.3.2 Lösung Aufgabe 4.2.2: Konzeption einer Kundenzufriedenheitsbefragung

Zunächst gilt es einen **Zeitplan** für die Kundenzufriedenheitsbefragung festzulegen. Hierbei sind folgende **Arbeitsschritte** zu unterscheiden:

- Konzeption
- Pretest
- Feldarbeit
- Datenaufbereitung
- Datenanalyse
- Abfassen des Berichts

An die Zeitplanung schließt sich die die **Konzeption** einer **Kundenzufriedenheitsbefragung** an. In diesem Zusammenhang sind folgende Sachverhalte zu klären:

- Festlegung der Zielgruppe

- Wahl der Befragungsform

- Aufbau des Fragebogens, Festlegung der Befragungsinhalte und Formulierung der Fragen

- Auswahl der Befragungsteilnehmer

- Durchführung der Feldarbeit

4.3.3 Lösung Aufgabe 4.2.3: Festlegung der Zielgruppe

Als **Zielgruppen** der Befragung bieten sich grundsätzlich an:

- **Potentielle Kunden**, um Neukunden und Verbesserungspotential durch Benchmarking (Ursprung: Benchmarks = Höhepunkte bei der Landvermessung; die eigenen Leistungen und Prozesse werden in Relation zu den Spitzenleistungen der Konkurrenz und/oder von Marktführern in anderen Branchen gesetzt) aufspüren zu können

- **Derzeitige Kunden** mit dem Ziel, die Kundenbindung zu erhöhen und Cross-Selling-Potential auszuschöpfen.

- **Ehemalige Kunden** mit dem Ziel, gefährliche Schwachstellen aufzudecken sowie abgewanderte Kunden zurückzugewinnen.

Die Zielgruppe der Kunden sollte, wie der Begriff Kundenzufriedenheitsbefragung schon zum Ausdruck bringt, im Zentrum einer solchen Untersuchung stehen. Bei diesen gilt es zu differenzieren zwischen **Selbstabholern**, welche die Speisen und Getränke in den Filialen abholen, und **Kunden**, die zu Hause oder im Büro **beliefert** werden.

4.3.4   Lösung Aufgabe 4.2.4: Wahl der Befragungsform

Als Befragungsformen bieten sich grundsätzlich die schriftliche, mündliche und telefonische Befragung an. Obwohl Kunden, die beliefert werden, telefonisch bestellen, ist diese Form der Befragung u. E. ungeeignet. Hierfür sprechen folgende **Argumente**:

- Die Skepsis der Kunden gegenüber dieser Befragungsform ist in Deutschland stark verbreitet.

- Das Speichern der Telefonnummern und die spätere Befragung dürften ohne die Zustimmung der Kunden datenschutzrechtlich zumindest bedenklich sein.

- Die Kunden werden kaum bereit sein, in unmittelbarem Anschluss an ihre Bestellung Fragen zu beantworten. Mit Ausnahme der Stammkunden werden sie auch nicht in der Lage sein, die Leistung von *Pronto Pizza* vor Anlieferung und Konsum der Speisen und Getränke zu beurteilen.

- *Pronto Pizza* verfügt über keine qualifizierten Personalressourcen, um eine solche Befragung durchzuführen.

Eine mündliche Befragung stufen wir ebenfalls als ungeeignet ein, da auch gegen diese Befragungsform die beiden letztgenannten Punkte ins Feld geführt werden können. Vor diesem Hintergrund plädieren wir dafür, die Kunden, die beliefert werden, **schriftlich zu befragen**. Die grundsätzlichen **Vor- und Nachteile** der **schriftlichen Befragung** sind Tab. 4.3 zu entnehmen.

Tab. 4.3: Vor- und Nachteile der schriftlichen Befragung

Vorteile	Nachteile
• Schnelle Auskunft von vielen Auskunftspersonen • Befragte haben ausreichend Zeit zum Nachdenken • Da keine Interviewer benötigt werden, – ist die Befragung leichter zu organisieren, – entfällt der Interviewer-Einfluss (= „Interviewer bias") und damit (nahezu vollständig) die Gefahr sozial erwünschter Antworten, – entstehen vergleichsweise geringe Kosten, was insbesondere in großen Befragungsgebieten zu Buche schlägt.	• Die Teilnahmebereitschaft der Auskunftspersonen sinkt bei längeren Fragebogen bzw. bei heiklen Fragen (z. B. Einkommen). • Abfrage spontaner Antworten nicht möglich • Geringe Möglichkeit zur Stichprobenkontrolle (= keine Sicherheit, ob der Adressat selbst antwortet) • Tendenziell eher geringe Rücklaufquoten (u. a. abhängig vom Thema der Befragung)

Der diesbezügliche Fragebogen wird mit der Lieferung überreicht und kann bei der nächsten Bestellung dem Mitarbeiter persönlich übergeben werden. In diesem Fall erhält der Kunde einen Preisnachlass von 10 % auf seine Bestellung. Durch Gewährung solcher Incentives soll eine möglichst hohe Rücklaufquote gewährleistet werden, da die Befunde durch Antwortverweigerungen erheblich verzerrt werden können (sog. **„Non-Response"-Problem**). Um einen Verzerrungseffekt dahingehend zu vermeiden, dass nur Stammkunden bzw. zufriedene Kunden antworten, sollte parallel dazu die Möglichkeit eingeräumt werden, den Fragebogen in einem bereits adressierten und mit dem Vermerk „Gebühr bezahlt Empfänger" versehenen Rückumschlag zurückzusenden. In diesem Fall dürfte es schwer fallen, einen Anreiz zu gewähren.

Auch im Falle der **Selbstabholer** entscheiden wir uns für die **schriftliche Befragung**. Die Kunden können den Fragebogen in der Filiale ausfüllen, während sie auf ihre Bestellung warten (sog. Store-Befragung), oder mit nach Hause nehmen und beim nächsten Besuch ausgefüllt abgeben. Jeder Kunde, der einen Fragebogen ausfüllt, erhält als Anreiz ein Freigetränk.

4.3.5 Lösung Aufgabe 4.2.5: Aufbau des Fragebogens, Festlegung der Befragungsinhalte und Formulierung der Fragen

Überwiegend sollten **geschlossene Fragen** eingesetzt werden, da deren Beantwortung, Codierung sowie Auswertung vergleichsweise wenig Mühe bereiten. Im Mittelpunkt der Befragung steht die Zufriedenheit der Kunden mit *Pronto Pizza*. Wir bedienen uns hierzu des **merkmalsgestützten Verfahrens**, bei dem die Kundenzufriedenheit im Zuge einer **standardisierten Befragung** anhand sog. **Rating-Skalen** erfasst. Es bietet sich immer dann an, wenn bei einer größeren Anzahl von Auskunftspersonen ein repräsentativer Überblick über den Leistungsstand eines Unternehmens ermittelt werden soll. Konkret setzen wir eine 7-stufige Skala ein, die von + 3 = sehr zufrieden bis – 3 = sehr unzufrieden reicht. Eine solche Skala hat sich in der Praxis bewährt, da sie dem Kunden die Möglichkeit eines differenzierten Urteils bietet, ohne ihn zu überfordern.

Um mögliche Ursachen von (Un-)Zufriedenheit aufzudecken, erfassen wir nicht nur die **Gesamtzufriedenheit**, sondern auch die **Zufriedenheit mit einzelnen Leistungsdimensionen** (etwa Qualität der Produkte, Auswahl, Preis/Leistungsverhältnis, Freundlichkeit, Öffnungszeiten).

Bei der Frage nach der Zufriedenheit mit einzelnen Leistungsdimensionen ist es wichtig, dem Befragungsteilnehmer flankierend zur Zufriedenheitsskala eine **Kategorie „keine Angabe"** anzubieten. Verzichtet man auf diese, besteht die Gefahr, dass sich die Indifferenzkategorie „weder/noch (0)" nicht eindeutig interpretieren lässt: Ist der Kunde mit dieser Eigenschaft weder zufrieden noch unzufrieden, oder kreuzt er die Null an, weil er diese Leistungskategorie nicht bewerten kann?

ProntoPizza-Kundenbefragung zum Thema "Kundenzufriedenheit"

Fragebogen Lieferservice   Fahrer: _____

Fragebogen-Nr.: _____

1) Wie oft pro Monat bestellen Sie normalerweise Speisen/Getränke bei ProntoPizza?

ca. ....mal pro Monat

☐ Ich bestelle zum 1mal bei ProntoPizza

2) Wie zufrieden sind Sie mit folgenden Eigenschaften von ProntoPizza? Tragen Sie hierzu bitte die entsprechende Zahl in das jeweilige Kästchen ein. „k.A." kreuzen Sie bitte an, wenn Sie eine Eigenschaft nicht beurteilen, d.h. „keine Angabe" machen können.

sehr zufrieden	zufrieden	eher zufrieden	weder / noch	eher un-zufrieden	un-zufrieden	sehr un-zufrieden
+3	+2	+1	0	-1	-2	-3

k.A.

Qualität/Geschmack der Speisen .... ☐

Auswahl an Speisen/Getränken .... ☐

Temperatur der Speisen/Getränke .... ☐

Preis/Leistungsverhältnis .... ☐

Freundlichkeit der Mitarbeiter .... ☐

Erscheinungsbild der Mitarbeiter .... ☐

Schnelligkeit der Lieferung .... ☐

Öffnungszeiten .... ☐

Telefonische Erreichbarkeit .... ☐

3) Wie zufrieden sind Sie insgesamt mit ProntoPizza?

sehr zufrieden	zufrieden	eher zufrieden	weder / noch	eher un-zufrieden	un-zufrieden	sehr un-zufrieden
+3	+2	+1	0	-1	-2	-3

Gesamt ....

Vielen Dank für Ihre Geduld und Ihre Mitarbeit!

4) Welche Speisen/Getränke würden Sie sich bei ProntoPizza noch wünschen.

....

....

5) Wie schätzen Sie ProntoPizza im Vergleich zu anderen Fast-Food-Anbietern ein? Tragen Sie hierzu in der linken Spalte ein, an wen Sie dabei denken, und in der rechten Spalte die Ihrer Bewertung entsprechende Zahl.

viel besser als Pronto Pizza	besser als Pronto Pizza	eher besser als Pronto Pizza	weder / noch	eher schlechter als Pronto Pizza	schlechter als Pronto Pizza	viel schlechter als Pronto Pizza
+3	+2	+1	0	-1	-2	-3

Wettbewerber:

....

Wettbewerber:

....

Wettbewerber:

....

6) Hatten Sie bei ProntoPizza schon einmal ein negatives Erlebnis?

☐ nein → *Bitte weiter mit Frage 7.*

☐ ja → **Bitte schildern Sie dieses kurz, aber so konkret wie möglich.**

....

....

7) Wie alt sind Sie?

☐ bis 25 Jahre   ☐ 26 - 40 Jahre   ☐ über 40 Jahre

8) Ihr Geschlecht?

☐ weiblich   ☐ männlich

9) Wohin ging die Bestellung?

☐   Wohnung   ☐ Arbeitsplatz

Stadtteil? ....   Stadtteil? ....

10) Uhrzeit/Wochentag der Lieferung? ....

Abb. 4.1: Fragebogen Befragung Bestellkunden

ProntoPizza-Kundenbefragung
zum Thema
"Kundenzufriedenheit"

Fragebogen Filiale

Filiale: _____

Fragebogen-Nr.: _____

1) Wie oft pro Monat bestellen Sie normalerweise Speisen/Getränke bei ProntoPizza?

✎ ca. ....mal pro Monat

❑ Ich bestelle zum 1mal bei ProntoPizza

2) Wie zufrieden sind Sie mit folgenden Eigenschaften von ProntoPizza? Tragen Sie hierzu bitte die entsprechende Zahl in das jeweilige Kästchen ein. „k.A." kreuzen Sie bitte an, wenn Sie eine Eigenschaft nicht beurteilen, d.h. „keine Angabe" machen können.

sehr zufrieden	zufrieden	eher zufrieden	weder / noch	eher un- zufrieden	un- zufrieden	sehr un- zufrieden
+3	+2	+1	0	-1	-2	-3

k.A.

Qualität/Geschmack der Speisen ✎ .... ❑

Auswahl an Speisen/Getränken ✎ .... ❑

Preis/Leistungsverhältnis ✎ .... ❑

Sauberkeit der Filiale ✎ .... ❑

Freundlichkeit der Mitarbeiter ✎ .... ❑

Erscheinungsbild der Mitarbeiter ✎ .... ❑

Wartezeiten ✎ .... ❑

Öffnungszeiten ✎ .... ❑

Parkplatzangebot ✎ .... ❑

3) Wie zufrieden sind Sie insgesamt mit ProntoPizza?

sehr zufrieden	zufrieden	eher zufrieden	weder / noch	eher un- zufrieden	un- zufrieden	sehr un- zufrieden
+3	+2	+1	0	-1	-2	-3

Gesamt ✎ ....

Vielen Dank für Ihre Geduld
und Ihre Mitarbeit!

4) Welche Speisen/Getränke würden Sie sich bei ProntoPizza noch wünschen.

✎ ....

....

5) Wie schätzen Sie ProntoPizza im Vergleich zu anderen Fast-Food-Anbietern ein? Tragen Sie hierzu in der linken Spalte ein, an wen Sie dabei denken, und in der rechten Spalte die Ihrer Bewertung entsprechende Zahl.

viel besser als Pronto Pizza	besser als Pronto Pizza	eher besser als Pronto Pizza	weder / noch	eher schlechter als Pronto Pizza	schlechte r als Pronto Pizza	viel schlechter als Pronto Pizza
+3	+2	+1	0	-1	-2	-3

Wettbewerber:

✎ .... ✎ ....

Wettbewerber:

✎ .... ✎ ....

Wettbewerber:

✎ .... ✎ ....

6) Hatten Sie bei ProntoPizza schon einmal ein negatives Erlebnis?

❑ nein → Bitte weiter mit Frage 7.

❑ ja → Bitte schildern Sie dieses kurz, aber so konkret wie möglich.

✎ ....

....

....

7) Wie alt sind Sie?

❑ bis 25 Jahre ❑ 26 - 40 Jahre ❑ über 40 Jhre

8) Ihr Geschlecht?

❑ weiblich ❑ männlich

9) In welchem Stadtteil wohnen Sie? ✎ ....

10) Uhrzeit/Wochentag? ✎ ....

Abb. 4.2: Fragebogen Befragung Filialkunden

Im vorliegenden Fall verzichten wir darauf, die Kunden nach der Wichtigkeit der einzelnen Leistungseigenschaften zu befragen, da dies den Fragebogen unnötig aufblähen, die Monotonie des Fragebogens die Befragungsteilnehmer langweilen und ohnehin keine sinnvollen Ergebnisse geliefert würden. Vielmehr bedienen wir uns des sog. **dekompositionellen Verfahrens**. Da wir die Teilzufriedenheiten und danach ein globales Qualitätsurteil erhoben haben, müssen wir den Kunden nicht direkt nach der Wichtigkeit einzelner Leistungskomponenten fragen, sondern können diese mittels multivariater Analyseverfahren (im Regelfall eine Kombination aus Regressions- und Faktorenanalyse) ermitteln. Demnach bedienen wir uns eines **impliziten Gewichtungsansatzes**.

Im Falle der **regressionsanalytischen Modelle** werden die Teilzufriedenheiten (= unabhängige Variablen) und die Gesamtzufriedenheit (= abhängige Variable) mathematisch miteinander verknüpft, um auf diese Weise Richtung und Stärke des Zusammenhangs zwischen diesen zu analysieren. Das Spektrum reicht von linear-additiven über multiplikative bis hin zu mathematisch komplexeren Modellen. Zur Veranschaulichung dient das folgende Beispiel, bei dem der Einfluss von Teilzufriedenheiten (z. B. Preis/Leistungsverhältnis, Freundlichkeit der Mitarbeiter, Qualität der Speisen und Getränke, Öffnungszeiten etc.) auf die Gesamtzufriedenheit mit Hilfe eines linear-additiven Modells analysiert wird. Die ermittelten Regressionskoeffizienten bilden die Stärke des Einflusses der einzelnen Teilzufriedenheiten auf die Gesamtzufriedenheit ab. Die Formel lautet:

$$GZ = a * EZ_1 + b * EZ_2 + c * EZ_3 + \ldots + x * EZ_i$$

Legende:

GZ =   Gesamtzufriedenheit

EZ =   Einzelzufriedenheit, d. h. Zufriedenheit mit der Leistungskomponente i

a, b, c, …, x   =   Regressionskoeffizienten, welche die Stärke des Einflusses abbilden

i =   1, 2, 3, …, n

Der wesentliche Vorteil des regressionsanalytischen Ansatzes liegt darin, dass auf eine explizite Ermittlung der Bedeutungsgewichte verzichtet werden kann. Dies führt zu einer erheblichen Entlastung der Probanden, was letztlich deren Antwortbereitschaft und -fähigkeit fördert.

Der Regressionsanalyse kann eine Faktorenanalyse vorgeschaltet werden. Diese zielt auf eine **Reduktion** bzw. **Bündelung von Variablen**, wobei es bei der **Verdichtung** der Informationen abzuwägen gilt zwischen **Komplexitätsreduktion** und **Informationsverlust**. Konkret soll die Frage beantwortet werden, inwieweit sich die Vielzahl der in einer Befragung erhobenen Teilzufriedenheiten auf wenige zentrale Zufriedenheitsdimensionen verdichten lässt. Auf diese Weise lässt sich zum einen die für eine fundierte Anwendung der Regressionsanalyse erforderliche Unabhängigkeit zwischen den unabhängigen Variablen gewährleisten. Zum anderen kann in zukünftigen Befragungen der Erhebungsaufwand reduziert werden, indem nicht mehr die ursprünglichen Teilzufriedenheiten, sondern die mittels der Faktorenanalyse ermittelten zentralen Zufriedenheitsdimensionen zugrunde gelegt werden.

Wenn man den erheblichen Aufwand einer Befragung auf sich nimmt, wäre es ökonomisch wenig sinnvoll, wenn man den Kunden lediglich nach seiner Zufriedenheit mit dem Unternehmen befragen würde. Um Hintergründe von und Reaktionen auf Kundenzufriedenheit beleuchten zu können, empfiehlt es sich, flankierend zu den o. a. Zufriedenheitsfragen **weitere Aspekte** in die Befragung einzubeziehen. Hierzu zählen:

- Bestellhäufigkeit,

- Wunsch nach weiteren Speisen/Getränken,

- Benchmarking = Nennung und Bewertung von Wettbewerbern,

- positive bzw. negative Erlebnisse mit dem Unternehmen,

- soziodemographische Merkmale (Geschlecht, Alter, Wohnort etc.) sowie

- Zeitpunkt der letzten Bestellung.

Die Fragebögen für Liefer- und Filialkunden mussten in einigen wenigen Facetten (etwa Frage 9) differenziert werden, sind aber weit überwiegend identisch, um entsprechende Vergleiche zwischen beiden Segmenten zu ermöglichen.

Beim Aufbau des Fragebogens haben wir uns des folgenden, bewährten **Ablaufschemas** bedient:

- **Eisbrecherfrage**, die dazu dient, die Befragung einzuleiten.

- **Sachfragen**, die den eigentlichen Untersuchungsgegenstand betreffen und den Hauptteil der Befragung bilden.

- **Fragen zur Person**, die am Ende der Befragung positioniert wurden, weil dann im Regelfall ein gewisses Vertrauen zur Befragungsperson aufgebaut ist. Die Erfassung von soziodemographischen Daten wie z. B. Alter, Geschlecht, Wohnort ermöglicht eine spätere Marktsegmentierung, d. h. die Entwicklung und Umsetzung auf einzelne Zielgruppen zugeschnittener Maßnahmen.

4.3.6   Lösung Aufgabe 4.2.6: Festlegung der Stichprobengröße

Die erforderliche Stichprobengröße errechnet sich nach folgenden Formeln:

Bei einer Grundgesamtheit > 100.000   Bei einer Grundgesamtheit < 100.000

$$n = \frac{t^2 \cdot p \cdot q}{e^2} \qquad\qquad n = \frac{t^2 \cdot p \cdot q \cdot N}{t^2 \cdot p \cdot q + e^2 \cdot (N - 1)}$$

n: Stichprobenumfang

t: zulässiger Fehlerbereich   ($t = 1$: 68,3 % Sicherheit; $t = 2$: 95,5 % Sicherheit;

$t = 3$: 99,7 % Sicherheit)

p: Anteil der Elemente in der Stichprobe, welche die Merkmalsausprägung aufweisen

q: Anteil der Elemente in der Stichprobe, welche die Merkmalsausprägung nicht auf-
          weisen (da p und q im Voraus nicht bekannt sind, wird der ungünstigste Fall ange-
          nommen, nämlich jeweils 50% [d. h. $50 \cdot 50$])

N: Grundgesamtheit

e: Genauigkeit

Wir gehen im vorliegenden Fall für alle fünf Filialen von einer Grundgesamtheit von 5.000
Selbstabholern, welche die Speisen und Getränke in den Filialen abholen, und 5.000 Kunden,
die zu Hause oder im Büro beliefert werden, aus. Bei einer Grundgesamtheit von 5.000 Kunden, einer anvisierten Sicherheit von 95,5 % und einer Genauigkeit von ± 5 % ergibt das für
jede Kundengruppe einen Stichprobenumfang von 370 Personen. Trifft man die Annahme,
dass alle Filialen eine ähnliche Anzahl an Kunden haben, dann müssen in jeder Filiale pro
Kundengruppe (Selbstabholer und belieferte Kunden) 74 auswertbare Kundenfragebögen
erreicht werden Bei schriftlichen Befragungen ist zudem noch die erwartete **Rücklaufquote**
miteinzuberechnen. Bei einem geschätzten Rücklauf von 20 % bei den belieferten Kunden
sind in unserem Beispiel zunächst 1.850 Fragebögen zu verteilen.

4.3.7   Lösung Aufgabe 4.2.7: Auswahl eines Stichprobenverfahrens

Im vorliegenden Fall haben wir uns für das **Quota-Verfahren** (= bewusste Auswahl) entschieden, d. h. die Probanden werden anhand befragungsrelevanter Merkmalsquoten ausgewählt. Hierzu benötigen wir Informationen über die Struktur der Grundgesamtheit. Im Falle
der Kunden, die telefonisch bestellen, werden zwei Merkmale als befragungsrelevant erachtet: Lieferung Büro/Wohnung und Stadtteil, in den geliefert wird. Um einen Überblick über
diese Merkmale in der Grundgesamtheit zu erhalten, müssen die Ausfahrer an zwei Wochen-
tagen (Mittwoch und Freitag) anhand einer Tabelle sämtliche Lieferungen dokumentieren.
Ein Beispiel hierfür findet sich in Tab. 4.4.

Tab. 4.4: Befunde Struktur Lieferkunden Filiale X

Stadtteil Lieferung	KA-Amerikanersiedlung	KA-Hardtwaldsiedlung	KA-Beiertheim	Sonstige
Wohnung	12 % (9 FB)	36 % (27 FB)	30 % (22 FB)	4 % (3 FB)
Büro	2 % (1 FB)	8 % (6 FB)	6 % (5 FB)	2 % (1 FB)

Auf der Basis dieser Informationen über die Grundgesamtheit lässt sich nunmehr das Quota-Verfahren einwenden. Hierbei ist es das Ziel, entsprechend der in Tab. 4.4 aufgeführten Verteilung auswertbare Fragebögen von 74 Kunden zu erhalten. Konkret müssen hierunter beispielsweise 27 Probanden aus der Hardtwalsiedlung sein, die von zu Hause aus bestellen, und fünf Befragungsteilnehmer, die von ihrem Arbeitsplatz in KA-Beiertheim anrufen. Die **Vorteile** dieses Verfahrens liegen in der einfachen Planung und Durchführung, den vergleichsweise geringen Kosten sowie der hohen Flexibilität. Als Nachteile gelten die subjektive Festlegung der Quotenmerkmale sowie das schwierige Auffinden von Restquoten. Auch hier müssen wir einem zweiten und gegebenenfalls dritten Schritt solange Fragebögen an solche Lieferkunden verteilt werden, die den noch offenen Restquoten (etwa Bestellung aus Wohnung KA-Amerikanersiedlung) entsprechen, bis sämtliche Quoten erfüllt sind.

Analog hierzu wird bei den Kunden vorgegangen, die ihre Speisen und Getränke in der jeweiligen Filiale abholen. Anhand der Merkmale Alter und Geschlecht – diese erfüllen die Voraussetzung, beobachtbar zu sein – wird die Kundenstruktur an zwei Tagen (Mittwoch und Samstag, um gegebenenfalls tagesbedingten Verzerrungseffekten in der Kundenstruktur entgegenzuwirken) dokumentiert. Entsprechend der Struktur der Grundgesamtheit und unter Anwendung des Quota-Verfahrens gilt es nunmehr, pro Filiale 74 auswertbare Fragebögen zu erhalten. Beispielsweise müssen in der Stichprobe 27 männliche und sechs weibliche Teilnehmer zwischen 25 und 45 Jahren vertreten sein (vgl. Tab. 4.5).

Tab. 4.5: Befunde Struktur Abholkunden Filiale X

Geschlecht \ Alter	Bis 24 Jahre	25 – 45 Jahre	Älter als 45 Jahre
Männlich	24 % (18 FB)	36 % (27 FB)	16 % (12 FB)
Weiblich	14 % (10 FB)	8 % (6 FB)	2 % (1 FB)

Nunmehr geht es an die **Feldarbeit**. Im Einzelnen sind folgende Aufgaben zu bewältigen:
- Druck der Fragebögen
- Anfertigung der Begleitschreiben und Rückantwortkuverts (bei Lieferkunden) sowie Verteilung der Fragebögen
- Schulung und stichprobenartige Kontrolle der Personen, welche die Fragebögen verteilen
- Dokumentation der Rücklaufquote und des Erhebungsfortschritts sowie Schalten einer zweiten und gegebenenfalls dritten Befragungswelle zur Erfüllung der Restquoten

4.3.8   Lösung Aufgabe 4.2.8: Einsatzpotential multivariater Analyseverfahren

(1) Mit Hilfe der **Regressionsanalyse** lässt sich Richtung und Stärke des Zusammenhangs zwischen einer abhängigen (hier die Zufriedenheit der Kunden) und einer oder mehreren unabhängigen Variablen (hier die jeweiligen Teilzufriedenheiten mit Preis, Qualität, Freundlichkeit, Schnelligkeit, Angebotspalette, Sauberkeit, Innenausstattung etc.) analysieren. Die Voraussetzung für die Anwendung dieses Verfahrens, dass sämtliche Variablen zumindest **metrisches Skalenniveau** besitzen, ist mit der Messung auf einer von +3 bis –3 reichenden Skala erfüllt.

(2) Hier weisen die unabhängigen Variablen (Pizza-Filiale sowie Verkaufszeitpunkt, d. h. Wochentag, an dem die Bestellung erfolgt) nominales und die abhängige Variable (Kundenzufriedenheit, gemessen auf einer von +3 bis –3 reichenden Skala) metrisches Skalenniveau auf. Demnach kommt die **Varianzanalyse** zum Einsatz.

(3) Die abhängige Variable ist im vorliegenden Fall die nominal skalierte Gruppenzugehörigkeit (zufriedene versus unzufriedene Kunden). Die unabhängigen Variablen (Bestellhäufigkeit sowie Rechnungsbetrag) hingegen weisen metrisches Skalenniveau auf, so dass die **Diskriminanzanalyse** eingesetzt wird.

(4) Abhängige (= Vorhandensein eines negativen Erlebnisses) und unabhängige Variable/n (Wochentag der Bestellung sowie Wohnort einer Person) sind beide nominal skaliert, so dass hier die **Kontingenzanalyse** eingesetzt wird.

(5) Konkret soll hier die Frage beantwortet werden, inwieweit zahlreiche Merkmale, die zu einem Sachverhalt erhoben wurden (hier die Teilzufriedenheiten), auf wenige zentrale Eigenschaften zurückgeführt werden können. Demnach empfiehlt sich hier die **Faktorenanalyse**, die auf eine **Reduktion** bzw. **Bündelung von Variablen** abzielt.

(6) Immer wenn es um die **Bündelung von Objekten** (hier die Zusammenfassung von Käufern zu Kundensegmenten) geht, kommt die **Clusteranalyse** zum Einsatz. Dabei werden die Kunden so gruppiert, dass die Kunden in einer Gruppe hinsichtlich der Teilzufriedenheiten möglichst ähnlich und die Gruppen untereinander möglichst unähnlich sind.

4.3.9   Lösung Aufgabe: 4.2.9: Preisexperiment

Lösung Aufgabenteil (a)

- **Experimentalgruppe**: 4.905,00 Euro – 4.007,50 Euro = 897,50 Euro, das entspricht 22,4 % von 4.007,50 Euro

- **Kontrollgruppe**: 4.694,50 Euro – 4.351,00 Euro = 343,50 Euro, das entspricht 7,9 % von 4.351,00 Euro

- **Prozentualer Nettoeffekt**: 22,4 % – 7,9 % = 14,5 % von 4.007,50 Euro = 581,09 Euro

Es handelt sich um ein **EBA-CBA-Design** (Experimental Group Before After – Controll Group Before After).

Lösung Aufgabenteil (b)

Mögliche **Störgrößen** können in der unzureichenden Gleichartigkeit von Kontroll- und Test-filiale bzgl. Größe, Kundenstruktur, Wettbewerbsumfeld etc. liegen.

Im Wesentlichen bedarf es **zusätzlicher Informationen** über die erwirtschafteten De-ckungsbeiträge, weil die ausschließliche Betrachtung von Umsätzen die (variablen) Kosten außen vor lässt. Bei einer tiefer greifenden Analyse wären u. a. folgende Informationen inte-ressant: Kundenfrequenz, durchschnittlicher Einkaufsbetrag, Verbundkäufe und damit An-satzpunkte für eine Mischkalkulation, (Preis-)Image.

4.3.10   Lösung Aufgabe 4.2.10: Preiselastizität der Nachfrage

Die Preiselastizität der Nachfrage dient zur Beurteilung von Preisänderungen und ist defi-niert als relative Änderung der Nachfrage in Relation zur relativen Änderung des Preises. Die Formel lautet: e = (dx/dp) • (p/x). Im Falle von e < – 1 spricht man von einer elastischen Nachfrage: Hier überkompensiert der Mengeneffekt den Preiseffekt, d. h. die Absatzsteige-rung ist so groß, dass der Umsatz trotz Preissenkung steigt. Bei e = – 1 handelt es sich um die sog. indifferente Nachfrage. Hier wird der maximale Erlös erzielt. Bei e > – 1 schließlich reagiert die Nachfrage unelastisch, d. h. der Preiseffekt überkompensiert den Mengeneffekt. Hier löst die Preissenkung einen Umsatzrückgang aus.

Die Preiselastizität der Nachfrage beträgt e = ((33.000 Stück – 30.000 Stück)/(4,70 Euro – 4,90 Euro)) • (4,90 Euro/30.000 Stück) = (3.000 Stück /–0,20 Euro) • (0,0001633) = –2,4495. Damit handelt es sich um eine **elastische Nachfrage** (e > 1), der Mengeneffekt überkompensiert den Preiseffekt. Die Preissenkung führt demnach zu einer Umsatzsteige-rung. Konkret beträgt der Umsatz 147.000 Euro im Falle des Abgabepreises von 4,90 Euro. Senkt man den Preis hingegen auf 4,70 Euro, sind Umsätze in Höhe 155.100 zu erwarten.

Bei der Interpretation der Preiselastizität darf keinesfalls vernachlässigt werden, dass hier nur Erlös- und damit Umsatzveränderungen betrachtet werden. Demnach lässt sich aus der Preis-elastizität **kein Rückschluss** auf die **Gewinnveränderung** ziehen. So kann durch eine Preis-senkung durchaus der Umsatz steigen, gleichzeitig führt aber die höhere Absatzmenge zu überproportionalen Kostensteigerungen, was in Extremfällen einen Gewinnrückgang bewir-ken kann. Folglich lässt sich eine gewinnmaximale Lösung nur durch eine **flankierende Einbeziehung** der **Kosten** ermitteln.

4.3.11   Lösung Aufgabe 4.2.11: Auswahl einer Befragungsform im Rahmen der Konkurrenzanalyse unter Wirtschaftlichkeitsaspekten

Lösung Aufgabenteil (a)

Zur Ermittlung der kostengünstigsten Befragungsform muss zunächst der für 250 auswertbare Fragebögen erforderlichen **Befragungsaufwand** ermittelt werden.

- Schriftliche Befragung:
    - Rücklaufquote 15 %: notwendiger Stichprobenumfang: 250 : 0,15 = 1.667 Personen
    - Rücklaufquote 7 %: notwendiger Stichprobenumfang 250 : 0,07 = 3.572 Personen
    - Mündliche: notwendiger Stichprobenumfang: 250 : 0,95 = 263 Personen

- Schriftliche Befragung: Rücklaufquote 15 %:

Tab. 4.6: Kosten schriftliche Befragung Rücklaufquote 15 %

Portogebühren	1.667 • 1,00 € + 250 • 1,00 € = 1.917,00 €
Konfektionierung der Fragebögen	1.667 • 0,50 € = 833,50 €
Druckkosten der Fragebögen	1.667 • 0,35 € = 583,45 €
Gesamtkosten	3.333,95 €

- Schriftliche Befragung: Rücklaufquote 7 %:

Tab. 4.7: Kosten schriftliche Befragung Rücklaufquote 7 %

Portogebühren	3.572 • 1,00 € + 250 • 1,00 € = 3.822,00 €
Konfektionierung der Fragebögen	3.572 • 0,50 € = 1.786,00 €
Druckkosten der Fragebögen	3.572 • 0,35 € = 1.250,20 €
Gesamtkosten	6.858,20 €

- Mündliche Befragung

Tab. 4.8: Kosten mündliche Befragung

Kosten für Interviewer	$(263 : 20) \bullet 100{,}00\ € = 1.315{,}00\ €$
Konfektionierung der Fragebögen	$263 \bullet 0{,}50\ € = 131{,}50\ €$
Druckkosten der Fragebögen	$263 \bullet 0{,}45\ € = 118{,}35\ €$
Gesamtkosten	$1.564{,}85\ €$

Die **mündliche Befragung** weist mit 1564,85 € mit Abstand die **geringsten Kosten** auf und ist demnach unter Wirtschaftlichkeitsaspekten vorzuziehen.

Lösung Aufgabenteil (b)

Die **Rücklaufquote** q ergibt sich auf analytischem Wege wie folgt:

$(250/q) \bullet 1{,}00 + 250 \bullet 1{,}00 + (250/q) \bullet 0{,}50 + (250/q) \bullet 0{,}35 = 1.564{,}85\ €$

$462{,}5/q + 250{,}00 = 1.564{,}85$

$462{,}5/q = 1.314{,}85$

$q = 35{,}2\ \%$

Die **kritische Rücklaufquote**, bei der zwischen mündlicher und schriftlicher Befragung Kostenindifferenz besteht, liegt bei 35,2 %. Dies entspricht einem Stichprobenumfang von $250/0{,}352 = 710$ Personen.

Lösung Aufgabenteil (c)

Neben quantitativen Aspekten müssen auch **qualitative Aspekte** bei der Auswahl der Befragungsform herangezogen werden. Hierzu zählen:
- Problem des sozial erwünschten Antwortverhaltens/Interviewerbias
- Akzeptanz bei den Probanden
- Erforderlicher Fragebogenumfang
- Länge des Durchführungszeitraums der Befragung
- Kontrollierbarkeit der Befragungssituation
- Risiko von Verzerrungen in der Repräsentanz bei abnehmender Rücklaufquote

- Verfügbarkeit von ausreichendem Datenmaterial zur Stichprobenermittlung
- Räumliche Verteilung der relevanten Zielgruppe
- Gefahr der Beeinflussung durch Dritte

5 Übungsklausuren

5.1 Konzeption

Die folgenden **Klausuren** dienen dazu, den eigenen Wissensstand unter **quasi realistischen Prüfungsbedingungen** und damit auch unter Zeitdruck zu testen. Zu diesem Zweck finden sich für jede Klausur zunächst die Aufgabenstellungen mit entsprechenden Punkteangaben. Die Gesamtzahl der zu erreichenden Punkte entspricht der Klausurdauer. Demnach kann pro erreichbaren Punkt eine Minute Bearbeitungsdauer einkalkuliert werden.

Daran anknüpfend werden **Lösungsskizzen** angeführt, wobei detailliert aufgezeigt wird, für welche Lösungsbestandteile wie viele Punkte vergeben werden. Um die Lösungsskizzen nicht unnötig aufzublähen, wird auf Quellenbelege verzichtet. Diese finden sich in den entsprechenden ausführlichen Passagen im Lehrbuch, auf die bei jeder Lösung querverwiesen wird. Unter Heranziehung der am Ende des Abschnitts aufgeführten **Notenskala** können nach der Klausurbearbeitung nunmehr die erreichte Note berechnet und damit der eigene Leistungsstand überprüft werden.

Konkret werden **fünf Klausuren** angeboten. Während sich die Klausuren „Grundlagen des Marketing" und „Einführung in die marketingorientierte Handelsbetriebslehre" für Studierende in den ersten Semestern des Bachelor-Studiums empfehlen, sollten die Klausuren „Marketing-Forschung", „Käuferverhalten" und „Marketing-Management" in späteren Phasen des Bacherlor-Studiums bzw. in Master-Studiengängen bearbeitet werden.

5.2   Klausur „Grundlagen des Marketing"

2. Semester Bachelor-Studium; Dauer: 75 Minuten; erlaubte Hilfsmittel: Nicht-programmierbarer Taschenrechner

5.2.1   Aufgabenstellung

Insgesamt werden 75 Punkte vergeben!

Aufgabe 1: Fünf-Kräfte-Modell von *Porter*

Erläutern Sie, was man unter dem Fünf-Kräfte-Modell von *Porter* versteht. Bedienen Sie sich hierzu auch einer Graphik. **(15 Punkte)**

Aufgabe 2: Marketing-Myopia

Erläutern Sie, was man unter Marketing-Myopia versteht und wer diesen Begriff geprägt hat. Zeigen Sie auch auf, welche Gründe der Autor des gleichnamigen Aufsatzes für das Scheitern von Unternehmen anführt und welche Lösung er anbietet.
(14 Punkte)

Aufgabe 3: Aufbau einer Marketing-Konzeption

Anmerkung: Für jede richtige Antwort erhalten Sie 1 Punkt, für jede falsche Antwort 1 Punkt Abzug!

Zählen Sie die Bausteine einer Marketing-Konzeption in ihrer richtigen Reihenfolge auf!
(5 Punkte)

(1) ....

(2) ....

(3) ....

(4) ....

(5) ....

Aufgabe 4: SOR-Modell

Anmerkung: Für jede richtige Antwort erhalten Sie 1/2 Punkt, für jede falsche Antwort 1/2 Punkt Abzug!

Ordnen Sie die folgenden Begriffe den jeweiligen Bereichen zu! <u>Bitte nur Ziffern eintragen!</u> **(7,5 Punkte)**

(1) Besondere Produkteigenschaften, (2) Einstellung, (3) Emotion, (4) Informationen aus dem sozialen Umfeld, (5) Informationsaufnahme, (6) Informationsspeicherung, (7) Informationsverarbeitung, (8) Kauf, (9) Motiv, (10) Mund-zu-Mund-Werbung, (11) Serviceleistungen, (12) Werbung, (13) Zufriedenheit

- Stimulus: ....
- Organismus: ....
- Response: ....

Aufgabe 5: Befragung

Anmerkung: Für jede richtige Antwort erhalten Sie 1/2 Punkt, für jede falsche Antwort ½ Punkt Abzug!

Markieren Sie, ob die folgenden Aussagen richtig oder falsch sind! **(3,5 Punkte)**

Die am weitesten verbreitete Form der Feldforschung ist die Befragung.

Richtig ☐   *Falsch* ☐

Fragen zur Person sollten am Anfang eines Fragebogens positioniert werden.

Richtig ☐   *Falsch* ☐

Als Vorteile offener Fragen sind das Aufspüren neuer Aspekte sowie keine Verzerrung der Antworten durch vorgegebene Antwortkategorien zu nennen.   *Richtig* ☐   *Falsch* ☐

Bei geschlossenen Fragen erschwert die Vielzahl an Antworten die Auswertung der Daten.

Richtig ☐   *Falsch* ☐

Als Vorteil der mündlichen Befragung ist u. a. zu nennen, dass der Befragte ausreichend Zeit zum Nachdenken hat.   *Richtig* ☐   *Falsch* ☐

Bei der schriftlichen Befragung entsteht kein Interviewer-Einfluss.   *Richtig* ☐   *Falsch* ☐

Schriftliche Befragungen haben meist relativ geringe Rücklaufquoten (abhängig vom Interesse am Befragungsgegenstand).   *Richtig* ☐   *Falsch* ☐

Aufgabe 6: Elemente des Marketing-Mix

Anmerkung: Für jede richtige Antwort erhalten Sie 1/2 Punkt, für jede falsche Antwort ½ Punkt Abzug!

Ordnen Sie die folgenden Aufgaben den richtigen Marketing-Mix-Bereichen zu! Bitte nur Ziffern eintragen! **(7,5 Punkte)**

(1) Absatzfinanzierung, (2) Auslistung, (3) Innovation, (4) Kundendienst, (5) Produktelimina-tion, (6) Product Placement, (7) Rabattgewährung, (8) Relaunch, (9) Space Management, (10) Sponsoring, (11) Standortwahl, (12) Verkaufsförderung, (13) Wahl der Vertriebspart-ner, (14) WKZ, (15) Zahlungsbedingungen

* Produkt-, Programm- bzw. Sortimentsmanagement: ....

* Kontrahierungsmanagement: ....

* Distributionsmanagement: ....

* Kommunikationsmanagement:..

Aufgabe 7: Markenartikel und Markenstrategien

Grenzen Sie Herstellermarke, klassische Handelsmarke und Gattungsmarke voneinander ab und verdeutlichen Sie Ihre Ausführungen jeweils anhand eines Beispiels. **(9 Punkte)**

Aufgabe 8: Preisdifferenzierung

Für jede richtige Antwort gibt es ½ Punkt, für jede falsche Antwort gibt es ½ Punkt Abzug.

Ordnen Sie die folgenden Kriterien den entsprechenden Beispielen der Preisdifferenzierung zu! Bitte nur Ziffern eintragen! **(3,5 Punkte)**

(1) Absatzmenge, (2) Leistung, (3) Person, (4) Preisbündelung, (5) Raum, (6) Vertriebsweg, (7) Zeit

* 10er Karte im Fitnessstudio: ....

* Tag- und Nachttarife eines Stromanbieters: ....

* Unterschiedliche Preise im Internet und im stationären Handel: ....

* Unterschiedliche Stadioneintrittspreise für Rentner, Behinderte, Kinder, Schüler, Studie-rende und Berufstätige: ....

* Unterschiedliche Preise für Kameras in Deutschland und Italien: ....

- Unterschiedliche Preise für normale und schwarze Kreditkarte: ....

- Unterschiedliche Preise für einzelne Produkte und Menü aus Hamburger, Pommes Frites und Softdrink bei einem Fast-Food-Restaurant: ....

Aufgabe 9: Berechnung des Skonto

Ein Unternehmen räumt seinen Kunden ein Zahlungsziel von 40 Tagen rein netto ein. Zahlt der Kunde innerhalb von 10 Tagen, werden ihm 2 % Skonto gewährt. Wie hoch sind die Zinsen p. a. für diesen Lieferantenkredit, falls der Kunde auf Skontierung verzichtet? **(4 Punkte)**

Lösung:
....

Aufgabe 10: Idealtypischer Ablauf der Werbeplanung

Anmerkung: Für jede richtige Antwort erhalten Sie 1 Punkt, für jede falsche Antwort 1 Punkt Abzug!

Zählen Sie die Aufgaben der Werbeplanung in ihrer idealtypischen Reihenfolge auf! **(6 Punkte)**

- ....

- ....

- ....

- ....

- ....

- ....

Viel Erfolg!!

5.2.2   Lösungsskizze

Lösungen Aufgabe 1: Fünf-Kräfte-Modell von *Porter*
(siehe Abschn. 1.2 Begriff und Grundkonzept des Marketing)

Nach *Porter* ist ein Unternehmen den folgenden **fünf Wettbewerbskräften** ausgesetzt:

- Auf der **vertikalen Ebene** stehen Unternehmen in einem **Spannungsfeld** zwischen ihren **Lieferanten** auf der Beschaffungsseite und ihren **Abnehmern** auf der Absatzseite. Zu den Lieferanten von Ressourcen im weiteren Sinne zählen die Lieferanten im engeren Sinne (betrifft Beschaffungsmarketing), die Kapitalgeber in Gestalt von Fremdkapitalgebern und Anteilseignern (betrifft Finanzmarketing) sowie potenzielle Mitarbeiter (betrifft Personalmarketing). Besitzen die Lieferanten im weiteren Sinne Macht über das Unternehmen, werden sie ihre Preise erhöhen und damit die Profitabilität des Unternehmens reduzieren. *(3 Punkte)* Auf der Absatzseite treffen Unternehmen (im Falle von Herstellern) auf den Handel (betrifft vertikales Marketing) sowie die Endverbraucher (betrifft endverbrauchergerichtetes Marketing). Verfügen die Kunden über einen Verhandlungsspielraum, werden sie diesen nutzen, was ebenfalls die Gewinnmargen und damit die Profitabilität eines Unternehmens negativ beeinflusst. *(3 Punkte)*

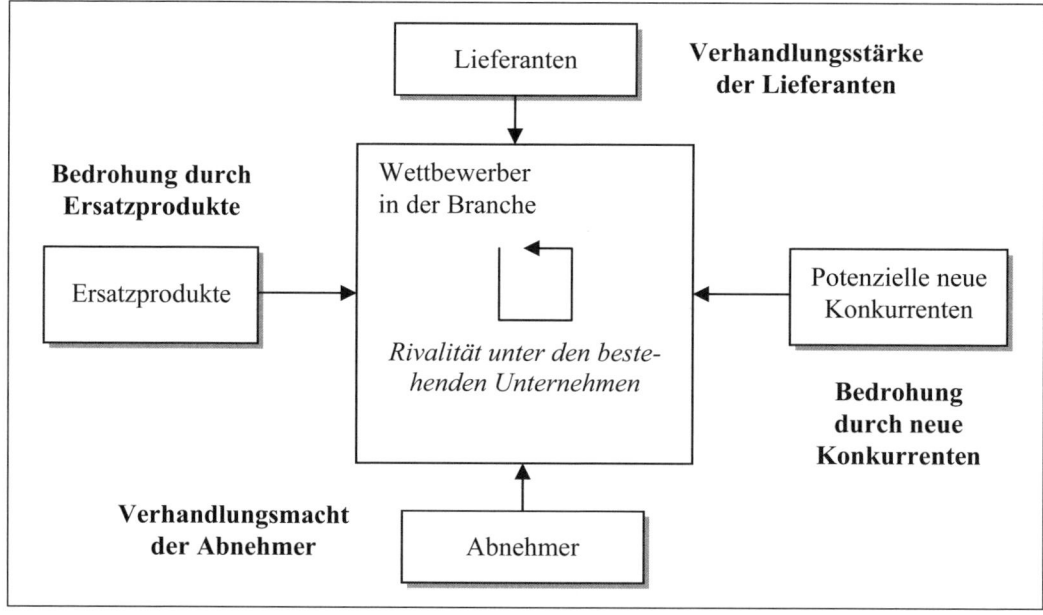

Die fünf Wettbewerbskräfte einer Branche

- Auf der **horizontalen Ebene** konkurrieren Unternehmen mit **derzeitigen** *(3 Punkte)* und **potenziellen neuen Wettbewerbern** (etwa im Falle von Apotheken Drogeriemärkte und Lebensmitteleinzelhandel beim freiverkäuflichen Sortiment sprich O[ver]T[he]C[ounter]-Produkten) *(3 Punkte)* sowie den **Anbietern von Substitutionsprodukten** (etwa Brauereien mit den Produzenten alkoholfreier Getränke oder mit Winzergenossenschaften). *(3 Punkte)* Je höher der Wettbewerbsdruck, desto mehr muss ein Unternehmen in Marketing, Forschung und Entwicklung investieren und/oder die Preise reduzieren, was letztlich die Profite senkt.

Lösung Aufgabe 2: Marketing-Myopia
(siehe Abschn. 1.2 Begriff und Grundkonzept des Marketing)

Theodore Levitt legte mit seinem Aufsatz Marketing-Myopia (**Myopia = Kurzsichtigkeit**) den Grundstein für das heutige Verständnis von Marketing und gilt somit als dessen Begründer. *Levitt* greift die Vorstellung an, Organisationen müssten produktionsorientiert sein, um Erfolge zu verzeichnen. Stattdessen geht er davon aus, dass der Unternehmenserfolg von der Befriedigung der Kundenbedürfnisse abhängt. *(1 Punkt)*

Ausgangspunkt der Argumentation von *Levitt* ist folgende These: „Der Niedergang von Unternehmen ist nicht durch Marktsättigung begründbar." Zu diesem Zweck stellt er die Frage: „In welchem Geschäftsfeld ist Ihr Unternehmen tätig?"

Geschäftsfelder lassen sich anhand von **drei Dimensionen** definieren:

- **Produktorientierung**: Was stellen wir her?
- **Kompetenzorientierung**: Was können wir?
- **Bedarfsorientierung**: Was wollen unsere Kunden? *(3 Punkte)*

Als Beispiel für die zu enge Auslegung des Geschäftsfeldes nennt *Levitt* den **Niedergang** der **Eisenbahngesellschaften**. Diese hätten sich traditionell nur als Eisenbahnbetreiber gesehen und infolge ihrer ausschließlichen Produktorientierung zu spät branchenfremde Unternehmen als Wettbewerber erkannt. Denn der Kunde fragt sich, welches das sicherste, bequemste, wirtschaftlichste oder billigste Transportmittel ist. Er wird das Transportmittel auswählen, das seinen Bedürfnissen am ehesten entspricht, und das muss nicht unbedingt die Bahn sein. Demnach agieren Eisenbahnen im Geschäft der Personenbeförderung (= Bedarfsorientierung) und konkurrieren mit Busunternehmen, Fluggesellschaften, Reedereien und nicht zuletzt dem PKW. Außerdem hätten die Eisenbahngesellschaften infolge ihrer mangelnden Kompetenzorientierung (= Transport von Objekten) die Möglichkeit des Güterverkehrs als Geschäftsfeld zu spät erkannt. *(1 Punkt)*

Seinen Überlegungen folgend resultieren die Schwierigkeiten von Unternehmen nicht aus mangelnden Chancen, sondern aus der Kurzsichtigkeit des Managements. Diesem fehle es an Weitsicht und Kreativität, das eigene Geschäftsfeld zu erweitern. Hierbei seien **vier zentrale Fehler** festzustellen:

- Annahme, dass aufgrund des Bevölkerungswachstums automatisch die Nachfrage nach dem eigenen Produkt steigt. Doch selbst wenn die Bevölkerung und demnach die Nachfrage nach beispielsweise Personenbeförderung wächst, garantiert dies nicht Wachstum für Eisenbahnen, da deren Funktion auch von Busunternehmen, Fluggesellschaften, Reedereien und nicht zuletzt dem PKW übernommen werden kann. Demnach muss das Management seinen Horizonte erweitern und neue Geschäftsfelder bearbeiten (im Falle der Eisenbahnen etwa den Güterverkehr). *(2 Punkte)*

- Vorstellung, dass Massenproduktion und damit Stückkostensenkung den Unternehmenserfolg gewährleisten. Die Massenfertigung hat sich zwar positiv auf den Preis ausgewirkt, die Berücksichtigung der Kundenwünsche blieb hierbei aber auf der Strecke. Häufig fragen die Kunden aber keine kostengünstigen, standardisierten Produkte nach, sondern individuelle Angebote, die durchaus auch etwas teurer sein dürfen. Ein typisches Beispiel hierfür ist die Modeindustrie, wo Kunden nicht nur die günstigen Produkte kaufen. Und zahlreiche Konsumenten wollen ein Auto, das in Optik, Leistung, Ausstattung etc. speziell auf sie zugeschnitten ist. Dafür sind sie auch bereit, einen höheren Preis zu bezahlen. *(2 Punkte)*

- Irrglaube, das eigene Produkt sei das Beste, und damit Missachtung von Substitutionsprodukten. Die Probleme der Filmindustrie waren u. a. darauf zurückzuführen, dass sie das Fernsehen zunächst nicht als ernstzunehmenden Konkurrenten wahrnahm. Ähnlich ging es den Eisenbahnen, deren Funktionen auch von anderen Branchen übernommen werden können. Wie fatal der Irrglaube der Unersetzbarkeit sein kann, zeigt sich auch in der Öl-Industrie: Benzin für Autos lässt sich etwa durch Erd- oder Biogas substituieren. Neuere Beispiele finden sich in der Unterhaltungselektronik. So wurde der Walkman durch den CD-Player und dieser wiederum durch den MP3-Player ersetzt. *(2 Punkte)*

- Konzentration auf technischen Fortschritt und damit ausschließliche Investition in die Weiterentwicklung vorhandener Technologien. Doch nicht das Produkt, das am weitesten technologisch entwickelt und wertvoll ist, verbucht Erfolge am Markt, sondern das, welches am ehesten den Kundenbedürfnissen entspricht. Häufig werden Resultate erzielt, die der Kunde gar nicht wünscht. Man denke etwa an immer kleinere Handys, die hierdurch an Bedienungsfreundlichkeit verlieren. Außerdem, so *Levitt*, konzentriere man sich zu stark auf die vorhandenen Produkte und investierte zu wenig in Innovationen. Der Videorecorder beispielsweise wurde aber nicht durch einen bessern Videorecorder, sondern durch einen DVD-Rekorder abgelöst. Und im März 2008 setzte sich als Nachfolgestandard für die DVD die Blue-Ray-Disc. Hierbei handelt es sich um einen optischen Datenträger, bei dem die Informationen mithilfe eines blauen Lasers ausgelesen werden. Sie ermöglicht mit 54 GByte mehr als zehnmal soviel Kapazität wie eine DVD (4,7 GByte) und wird in erster Linie benötigt, um digitalisierte Filme in hochauflösenden HD-Formaten zu speichern. *(2 Punkte)*

Angesichts der skizzierten Kurzsichtigkeit des Management fordert *Levitt*, die Produkt- durch die Kunden- sprich **Bedarfsorientierung** zu ersetzen. Wenn Unternehmen erfolgreich sein wollen, müssen sie die Bedürfnisse des Kunden in den Mittelpunkt ihres Handelns stellen. Marketing sei demnach keine Funktion am Ende des Fließbandes, sondern stehe an dessen Anfang. „Das Produkt ist das Ergebnis des Marketing, und nicht umgekehrt." *(1 Punkt)*

Lösungen Aufgabe 3: Aufbau einer Marketing-Konzeption
(siehe Abschn. 1.4 Aufbau einer Marketing-Konzeption)

(1) *Marketingforschung*

(2) *Marketingziele*

(3) *Marketingstrategien*

(4) *Marketinginstrumente*

(5) *Marketingkontrolle*

Lösung Aufgabe 4: SOR-Modell
(siehe Abschn. 2.3 Erklärungsansätze des Konsumentenverhaltens/2.3.1 Grundmodelle sowie 2.4 Determinanten des Konsumentenverhaltens)

- Stimulus: *1, 4, 10, 11, 12*

- Organismus: *2, 3, 5, 6, 7, 9, 13*

- Response: *8, 10,*

Lösungen Aufgabe 5: Befragung
(siehe Abschn. 4.5.4 Datengewinnung)

Richtig, Falsch, Richtig, Falsch, Falsch, Richtig, Richtig

Lösungen Aufgabe 6: Elemente des Marketing-Mix
(siehe Kap. 7 Produkt-, Programm- sowie Sortimentsmanagement, 8 Kontrahierungsmanagement, 9 Vertriebsmanagement und 10 Kommunikationsmanagement)

- Produkt-, Programm- bzw. Sortimentsmanagement: *Auslistung, Innovation, Kundendienst, Produktelimination, Relaunch*

- Kontrahierungsmanagement: *Absatzfinanzierung, Rabattgewährung, WKZ, Zahlungsbedingungen*

- Distributionsmanagement: *Standortwahl, Space Management, Wahl der Vertriebspartner*

- Kommunikationsmanagement: *Sponsoring, Verkaufsförderung, Product Placement*

Lösungen Aufgabe 7: Markenartikel und Markenstrategien
(siehe Abschn. 7.2.3 Markierung)

Die **Herstellermarke** (englisch: Manufacturer Brand) wird vom Erzeuger sprich produzierenden Unternehmen konzipiert sowie geführt. Gemäß ihrer Positionierung lassen sich **drei Kategorien** von Herstellermarken unterscheiden:

- **Premium-Herstellermarken**: Diese zeichnen sich sowohl hinsichtlich des Preisniveaus als auch hinsichtlich der Qualität durch eine Spitzenposition aus, wobei Prestigeaspekte eine zentrale Rolle spielen. Typische Vertreter sind bekannte Champagnermarken, Parfüms sowie Textilprodukte.

- **Klassische Herstellermarken**: Sie beanspruchen für sich die Position des Marktführers und sind durch eine hohe Distributionsquote, stetige Innovations- bzw. Relaunchzyklen, intensive Werbung sowie hohes Stammkäuferpotenzial charakterisiert. Beispiele sind Marken wie *Persil* und *Mars*.

- **Zweit- und Dritt-Herstellermarken**: Sie weisen im Vergleich zu den klassischen Herstellermarken einen geringeren Distributionsgrad, längere Innovations- bzw. Relaunchzyklen, geringere werbliche Unterstützung und damit einen geringeren Bekanntheitsgrad auf. Infolge ihrer weniger stark ausgeprägten Profilierung stehen sie im direkten Wettbewerb mit den klassischen Handelsmarken. Im Modemarkt versuchen Premiumhersteller, mit Zweitmarken jüngere bzw. weniger kaufkräftige Zielgruppen anzusprechen (etwa *Prada* mit seiner Zweitlinie *Miu Miu*). *(3 Punkte)*

Handelsmarken (englisch: Private Brand, Store Brand, Distributor Brand, Private Label) sind Waren- oder Firmenkennzeichen, mit denen Handelsbetriebe Waren versehen oder versehen lassen, wodurch sie als Eigner oder Dispositionsträger (= Disposition über die Gestaltung der Marke) der Marke auftreten. Konsequenterweise verfügen Handelsmarken über einen auf das jeweilige Handelsunternehmen oder die Handelsgruppe begrenzten Distributionsgrad. Häufig – wie auch hier – werden die Begriffe „Handelsmarke" und „Eigenmarke" sowie „Hausmarke" synonym verwendet. Während Haus- und Eigenmarken jedoch i. d. R. zu einem einzelnen Unternehmen gehören, können Handelsmarken auch die Schöpfung von großen Handelsgruppen sein. Typische Vertreter von Handelsmarken sind *Tandil* (*Aldi Süd*), *Mibell* (*Edeka*), *AS* (*Schlecker*), *Tip* (*Real, Extra*), *Aro* (*Metro Cash & Carry*) und *Erlenhof* (*Rewe*). Das Spektrum der Handelsmarken reicht von der Premium-Handelsmarke über die klassische Handelsmarke bis zur Discount-Handelsmarke. *(3 Punkte)*

Gattungsmarken (No Names, No Frills, Weiße Marken) sind markenlose Produkte und gelten als Spezialform der Handelsmarke. Sie wurden Mitte der 70er Jahre geschaffen und dienen der Abwehr der Discounter, weshalb sie fast ausschließlich im Lebensmittelhandel anzutreffen sind. Typische Vertreter sind die *Sparsamen* von *Spar*, *A&P* von *Tengelmann*, *Tip* von *Real* und *Extra*, *Gut & Günstig* von *Edeka* und *ja!* von *Rewe*.

Kennzeichen von Gattungsmarken, deren Marketing von Handelsunternehmen bzw. Handelsgruppen konzipiert und gesteuert wird, sind:

- Einfache Verpackung, die nur die Produktbezeichnung trägt und Preiswürdigkeit signalisieren soll

- Nach der Einführung schwache Werbung, um Kosten gering zu halten
- Hohe bis mittlere sowie gleich bleibende Qualität
- Günstiger Preis *(3 Punkte)*

Lösungen Aufgabe 8: Preisdifferenzierung
(siehe Abschn. 8.4.3 Abnehmerorientierte Preisfindung)

- 10er Karte im Fitnessstudio: ... *(1) Absatzmenge* ...

- Tag- und Nachttarife eines Stromanbieters: ... *(7) Zeit* ...

- Unterschiedliche Preise im Internet und im stationären Handel: ... *(6) Vertriebsweg* ...

- Unterschiedliche Stadioneintrittspreise für Rentner, Behinderte, Kinder, Schüler, Studierende und Berufstätige: ... *(3) Person* ...

- Unterschiedliche Preise für Kameras in Deutschland und Italien: ... *(5) Raum* ...

- Unterschiedliche Preise für normale und schwarze Kreditkarte: ... *(2) Leistung* ...

- Unterschiedliche Preise für einzelne Produkte und Menü aus Hamburger, Pommes Frites und Softdrink bei einem Fast-Food-Restaurant: ... *(4) Preisbündelung* ...

Lösungen Aufgabe 9: Berechnung des Skonto
(siehe Abschn. 8.5.4 Kreditmanagement)

24 % Zinsen p. a. = (2 % x 360 Tage) : 30 Tage ....

Lösungen Aufgabe 10: Idealtypischer Ablauf der Werbeplanung
(siehe Abschn. 10.4.1 Werbung)

(1) Festlegung des Werbeobjekts

(2) Festlegung von Werbeziel, Zielgebiet und Zielperson

(3) Festlegung des Werbebudgets

(4) Auswahl von Werbeträger und –mittel

(5) Auswahl der Beeinflussungsstrategie

(6) Werbetiming

5.3 Klausur „Einführung in die marketingorientierte Handelsbetriebslehre"

3./4. Semester Bachelor-Studium; Dauer: 180 Minuten; erlaubte Hilfsmitte: keine

5.3.1 Aufgabenstellung

Insgesamt werden 180 Punkte vergeben!

Aufgabe 1: „Handel ist Wandel!"

Nehmen Sie zu folgender These Stellung: „Handel ist Wandel." Bedienen Sie sich bei Ihrer Argumentation einer in diesem Zusammenhang bekannten Theorie. **(10 Punkte)**

Aufgabe 2: „Der Handel ist unproduktiv und beutet Verbraucher aus!"

Entkräften Sie mit einer theoretisch untermauerten Argumentation den Vorwurf, der Handel sei im Vergleich zur Industrie unproduktiv und beute den Verbraucher durch überhöhte Handelsspannen aus. **(24 Punkte)**

Aufgabe 3: Wahl des externen Standorts

Nennen und erläutern Sie zentrale Standortfaktoren im Handel. **(8 Punkte)**

Aufgabe 4: Management des innerbetrieblichen Standorts

Erläutern Sie, welche Aufgaben beim Space-Management (= innerbetriebliche Standortwahl und –gestaltung) in einem Handelsunternehmen anfallen. **(16 Punkte)**

Aufgabe 5: Betriebstypen des Handels

Im Folgenden finden Sie einige Handelsunternehmen. Geben Sie bitte an, um welchen Betriebstyp es sich hierbei handelt. **(9 Punkte)**

Anmerkung: Für jede richtige Antwort gibt es einen 1 Punkt, für jede falsche Antwort gibt es einen 1 Punkt Abzug.

Unternehmen	Betriebstyp
Metro-Cash&Carry, Handelshof, Fegro	....
Real, E center, Eurospar, E neukauf, Extra	....
Media Markt, Schlecker	....
Galeria Kaufhof, Karstadt	....
Aldi, Lidl, Netto, Plus, Penny	....
Kaiser's, Tengelmann, Spar, Rewe	....
Rhein-Neckar-Zentrum, CentrO/Oberhausen	....
Onkel Mehmet-, Tante Emma-Laden	....
C&A	....

Aufgabe 6: Konzentration im Handel

Auf welche Ursachen ist der Konzentrationsprozess im deutschen Einzelhandel zurückzuführen? **(10 Punkte)**

Aufgabe 7: Entwicklungen in der Handelsstruktur

Welche zentralen Entwicklungen lassen sich – abgesehen vom Konzentrationsprozess – in der Handelstruktur in Deutschland beobachten? **(12 Punkte)**

Aufgabe 8: „Push and pull"-Strategie

Was versteht man unter einer „Push and pull"-Strategie? Veranschaulichen Sie Ihre Ausführungen anhand einer Graphik. **(12 Punkte)**

Aufgabe 9: Handelsmarke sowie Gattungsmarke

(a) Was versteht man unter einer Handelsmarke? Führen Sie hierzu auch einige Beispiele aus der Praxis an. *(7 Punkte)*

(b) Welche Funktionen erfüllen Handelsmarken aus Sicht der Hersteller, des Handels sowie der Konsumenten? *(20 Punkte)*

(c) Welche Argumente sprechen für, welche gegen einer weitere Verbreitung von Handelsmarken? **(12 Punkte)**

(d) Was versteht man unter einer Gattungsmarke und welche Eigenschaften weist diese auf? Führen Sie hierzu auch einige Beispiele aus der Praxis an. **(7 Punkte)**

Aufgabe 10: Begriffe aus dem Handelsmarketing

Charakterisieren Sie die folgenden Begriffe:

- Mischkalkulation **(6 Punkte)**
- Rückwärtsintegration **(4 Punkte)**
- Nachfragemacht **(3 Punkte)**
- Handelsspanne **(10 Punkte)**
- Betriebsform und -typ **(4 Punkte)**
- Gebrochene Preise **(6 Punkte)**

Viel Erfolg!

5.3.2   Lösungsskizze

Lösung Aufgabe 1: „Handel ist Wandel!"
(siehe Abschn. 9.3.3 Gatekeeper Handel)

Nach der Theorie von der **Dynamik der Betriebstypen** durchläuft jedes Handelsunternehmen die in der folgenden Tabelle angeführten **vier Phasen** und unterliegt damit einem Wandel.

Dynamik der Betriebstypen

Phase	Charakteristika
Entstehung	• Aggressive Preisstrategie • Reduziertes Leistungsangebot (Auffinden preisgünstiger Bezugsmöglichkeiten, keine Bedienung/Beratung, drastische Reduzierung bzw. vollständiger Verzicht auf Serviceleistungen und zusätzliche Dienstleistungen, gezielte Sortimentsbegrenzung und Konzentration auf Schnelldreher [= Artikel bzw. Produkte mit hoher Umschlagshäufigkeit], einfache Ladenausstattung), rationeller Einsatz der übrigen Betriebsmittel (etwa Kasse, Lager, Fuhrpark etc.) etc. *(2 Punkte)*
Aufstieg	• Marktanteilsgewinne • Umsatzexpansion bei günstiger Gewinnentwicklung *(2 Punkte)*
Reife	• Stagnation von Umsatz und Gewinn (Ursache: Imitatoren, neue Betriebstypen, verändertes Konsumentenverhalten), Einsetzen von „Store Erosion" (= konzeptioneller Verschleiß eines Betriebstyps) • Trading-up durch verstärkten Einsatz von Nicht-Preisparametern (Sortimentsausweitung, Intensivierung des Kundendienstes etc.) *(2 Punkte)*
Assimilation	• Verlust der preispolitischen Flexibilität aufgrund erhöhter Betriebskosten • Annäherung des neuen Betriebstyps an konventionelle Betriebstypen • Dadurch Einstiegspotenzial für neue Betriebstypen *(2 Punkte)*

Wenn die Theorie des „Wheel of Retailing" auch ausschließlich auf das **Preis/Leistungsverhältnis fokussiert** (Gegenbeispiel: Entstehung des Erlebnishandels) und durch zahlreiche Gegenbeispiele aus der **Empirie widerlegt** wird (etwa *Aldi*, wo kein wesentliches Trading-up zu beobachten ist), bleibt doch unbestritten, dass die meisten Betriebsformen und -typen im Zeitablauf einem Funktionswandel unterliegen. Ein Beispiel ist *Metro Cash & Carry*, die sich im Getränkehandel zusätzliche Marktanteile sichern will und nunmehr mit dem Zustellhandel beginnt. *(2 Punkte)*

Aufgabe 2: „Der Handel ist unproduktiv und beutet Verbraucher aus!"
(siehe Abschn. 9.3.3 Gatekeeper Handel)

Die **funktionenorientierte Handelsbetriebslehre** wurde zu Beginn des vergangenen Jahr-hunderts entwickelt mit dem Ziel, den Vorwurf von der im Vergleich zur Industrie „Unpro-duktivität" des Handels und der Ausbeutung des Verbrauchers durch überhöhte Handels-spannen zu entkräften. Dieser Vorwurf kann als Ausdruck eines auflodernden Antisemitis-mus gewertet werden, wenn man sich vergegenwärtigt, dass sich zahlreiche Handelsunter-nehmen – etwa *Hertie* (Eigentümer: *Hermann Tietz*) – in jüdischer Hand befanden. *(1 Punkt)*

Ausgangspunkt des funktionenorientierten Ansatzes war die Erkenntnis, dass zwischen Pro-duktion und Konsum **räumliche, zeitliche, quantitative und qualitative Spannungen** be-stehen. Diese beziehen sich auf die **Handelsobjekte** (Waren, Dienstleistungen, Rechte sowie Abfall), **Entgeltobjekte** (Zahlungsmittel, -ansprüche und Verbindlichkeiten, Steuern, Gebüh-ren) sowie **Daten/Informationen** beziehen (vgl. folgende Tabelle). *(2 Punkte)*

Die **Funktionen** des Handels sollen am Beispiel des Realgüterstroms verdeutlicht werden:

- **Abbau räumlicher Spannungen**
  Ursache für solche Friktionen ist die räumliche Trennung zwischen Herstellung und Gebrauch bzw. Verbrauch von Gütern. Der Handel löst dieses Problem durch seine Be-schaffungs- und Transportsysteme und erreicht dadurch, dass die Ware vom Ort der Pro-duktion zum Ort des Konsums gelangt. *(2 Punkte)*

- **Abbau zeitlicher Spannungen**
  Während der Hersteller den sofortigen Absatz seiner Produktion anvisiert, tendiert der Nachfrager zu einem zeitlich versetzten Beschaffungsverhalten. Der Handel baut diese Spannung durch seine Vorratshaltung ab. *(2 Punkte)*

- **Abbau quantitativer Spannungen**
  Indem der Handel die Waren durch Aufteilen, Umpacken und Kommissionieren men-genmäßig aufteilt, gleicht er zwischen der Herstellung in großen und damit betriebswirt-schaftlich einzelkostensenkenden Mengen durch die Industrie und der Verwendung in kleinen, ge- oder verbrauchsgerechten Mengen durch den Verbraucher aus. *(2 Punkte)*

- **Abbau qualitativer Spannungen**
  Die Vorstellungen von Nachfragern und Herstellern über Nutzen und Verwendungsfähig-keit von Versorgungsobjekten können voneinander abweichen. Die hieraus resultierenden Spannungen versucht der Handel durch (Aus-)Sortieren, Manipulieren, Markieren, Sorti-mentieren sowie das Angebot von Zusatzleistungen abzubauen. Beispielsweise konstatie-ren zahlreiche Verbraucher *Aldi* eine Selektionsfunktion dergestalt, dass der Discount-Primus diejenigen Hersteller auswählt, die höchsten Qualitätsansprüchen gerecht werden und dem Verbraucher damit den höchsten Nutzen vermitteln. Damit das Qualitätsverspre-chen eingehalten werden kann, definiert *Aldi* im Auftragsheft die Vorgaben an die Her-steller bis ins kleinste Detail. Der Discounter rühmt sich, mit seinem Qualitätsanspruch selbst die Maßstäbe renommierter Markenartikler zu übertreffen. *(2 Punkte)*

Systematik der Distributionsfunktionen des Handels

Prozess-beziehungen	Dimensionen			
	Raum	Zeit	Quantität	Qualität
Realgüter-strom **(2 Punkte)**	Hersteller ← Handelsgüter → Verbraucher			
	Warentransporte von Ort zu Ort	Vorratshaltung	Sammeln, Aufteilen, Umpacken, Kommissionieren	(Aus-)Sortieren, Manipulieren (z. B. Mischen, Abpacken), Markieren (im Falle von Handelsmarken), Sortimentieren, Zusatzleistungen (technisch und kaufmännisch)
Nominalgüter-strom **(3 Punkte)**	Hersteller ← Zahlungsmittel → Verbraucher			
	Übermitteln der Zahlungsmittel von Ort zu Ort	Vorfinanzieren des Herstellers, Kreditieren des Verbrauchers	Sammeln, Aufteilen der Zahlungsbeträge und -belege	Umwandeln der Zahlungsmittel (z. B. im internationalen Warenverkehr) und Sicherungsformen
Informations-strom **(3 Punkte)**	Hersteller ← Informationen → Verbraucher			
	Übermitteln von Informationen von Ort zu Ort	Speichern, Vordisponieren	Sammeln von Informationen, Aufteilen von Kommunikationsmitteln (z. B. bei Werbekostenzuschüssen)	Verdichten, Kommentieren, Interpretieren, Ergänzen, Prognostizieren

Der Realgüterstrom fließt jedoch nicht nur vom Produzenten zum Verbraucher, sondern auch in umgekehrter Richtung (sog. **Redistribution**). Auch hier erfüllt der Handel eine wichtige Funktion, wie am Beispiel des Flaschenpfandsystems unmittelbar einsichtig wird. Insbesondere dem Lebensmitteleinzelhandel stellt sich des Weiteren das Problem einer effizienten Redistribution im Zusammenhang mit defekten (in der Garantiezeit), zurückgegebenen oder nichtabverkauften (im Falle entsprechender Rücknahmevereinbarungen mit den Lieferanten) Aktionsartikeln, die dezentral in den Vorratslägern der Filialen oder zentral (etwa im Logistikzentrum) gesammelt und zum festgelegten Abholungstermin an den Lieferanten zurückgegeben werden. *(2 Punkte)*

Der Vollständigkeit halber sei erwähnt, dass *Oberparleiter* noch eine **Kreditfunktion** sowie eine **Werbefunktion** anführt. Diese entsprechen im Wesentlichen den in o. a. Tabelle angeführten Funktionen des Handels zur Steuerung des Nominalgüter- und Informationsstroms. Der Ansatz von *Oberparleiter* wird in jüngerer Zeit durch **Sozialfunktionen** erweitert: Hierzu zählen das Einkaufen als Freizeitbeschäftigung sowie Handelsbetriebe als Ort menschlicher Kontakte. *(2 Punkte)*

Den Überlegungen des funktionalen Erklärungsansatzes folgend bezieht der Handel seine Existenzberechtigung dadurch, dass es je nach Betriebsform bzw. -typ mehr oder minder stark zum Abbau der skizzierten Spannungen beiträgt. *(1 Punkt)*

Lösung Aufgabe 3: Wahl des externen Standorts
(siehe Abschn. 9.2.1 Wahl des externen Standorts)

Die Ausprägungen der jeweils relevanten Standortfaktoren bedingen die Entscheidung für oder gegen einen Standort. Als **zentrale Standortfaktoren** nach *Bienert* gelten:

- Verkehr *(2 Punkte)*,
- Konkurrenz *(2 Punkte)*,
- Konsum *(2 Punkte)* sowie
- Raum *(2 Punkte) (mit entsprechender Erläuterung)*.

Lösung Aufgabe 4: Wahl des externen Standorts
(siehe Abschn. 9.2.2 Management des innerbetrieblichen Standorts)

Im Zuge der innerbetrieblichen Standortwahl bzw. -gestaltung (= Space Management) sind folgende Entscheidungsfelder zu unterscheiden:

- Ladengestaltung,
- Platzierung von Waren auf der Verkaufsfläche sowie
- Anordnung von Waren innerhalb der Warenträger. *(3 Punkte)*

Die Ladengestaltung i. w. S. setzt sich zusammen aus:

- Fassadengestaltung,
- Schaufenstergestaltung,
- Ladengestaltung i. e. S. (Layout, Boden-, Treppen-, Deckengestaltung, Möblierung, Dekoration, Beleuchtung, Hintergrundmusik, Raumklima) und Warenpräsentation (= Visual Merchandising) sowie
- Kassenorganisation. *(4 Punkte)*

Bei der Platzierung der Waren auf der Verkaufsfläche ist zu klären, an welcher/n Stelle/n innerhalb der gesamten Verkaufsfläche welche Waren in welchem Umfang positioniert werden sollen. Bei der Anordnung der Ware lässt sich eine Vielzahl von Kriterien anwenden, wie z.B. Warengliederungen nach Materialien, Größen, Farben, Preislagen, Marken bzw. Herstellern, Zielgruppen, Bedarfskreisen, Saisoncharakter, Aktionscharakter, technischen Merkmalen, Herkunft usw.. *(2 Punkte)*

Flankierend gilt es ins Kalkül zu ziehen, dass die Platzierung der Ware die Wegführung des Kunden und umgekehrt beeinflussen kann. Schließlich muss zwischen einer Einmal- und einer Zweit- bzw. Mehrfachplatzierung entschieden werden. *(2 Punkte)*

Hinsichtlich der Platzierung von Waren innerhalb der Warenträger hat sich eine vertikale Positionierung in Sicht- bzw. Griffhöhe als optimal herausgestellt, wohingegen die Bückzone grundsätzlich vergleichsweise geringe Abverkaufszahlen aufweist. Erweiternd sollten jedoch auch die Schwere (bzgl. leichterer Entnahme) und Stabilität der Waren (bzgl. Bruchgefahr) sowie die Auffälligkeit der jeweiligen Verpackung berücksichtigt werden. Grundsätzlich lassen sich schlechtere vertikale Positionierungen durch breitere horizontale Anordnungen kompensieren. *(2 Punkte)*

Neben dem Regalplatz müssen die Regalvolumina festgelegt werden. Hierbei gilt es:

- Facing (= Platzierungsmenge, die ein einzelner Artikel an der Front des Regals einnimmt),
- Front (= vertikaler Abstand zu anderen Artikeln) und
- Bestandsmenge im Regal

unter artikelspezifischen Rohertrags- und Deckungsbeitragsgesichtspunkten zu optimieren. *(3 Punkte)*

Lösungen Aufgabe 5: Betriebstypen des Handels
(siehe Abschn. 9.3.3 Gatekeeper Handel)

Unternehmen	Betriebstyp
Metro-Cash&Carry, Handelshof, Fegro	*... Cash&Carry-Großhandel ...* *(1 Punkt)*
Real, E center, Eurospar, E neukauf, Extra	*... SB-Warenhaus/Verbrauchermarkt ...* *(1 Punkt)*
Media Markt, Schlecker	*... Fachmarkt ...* *(1 Punkt)*
Galeria Kaufhof, Karstadt	*... Warenhaus ...* *(1 Punkt)*
Aldi, Lidl, Netto, Plus, Penny	*... Discounter ...* *(1 Punkt)*
Kaiser's, Tengelmann, Spar, Rewe	*... Supermarkt ...* *(1 Punkt)*

Rhein-Neckar-Zentrum, CentrO/Oberhausen	... Einkaufszentrum ...	*(1 Punkt)*
Onkel Mehmet-, Tante Emma-Laden	... Nachbarschaftsladen ...	*(1 Punkt)*
C&A	... Kaufhaus ...	*(1 Punkt)*

Lösung Aufgabe 6: Konzentration im Handel
(siehe Abschn. 9.3.3 Gatekeeper Handel)

Konzentration im Handel bezeichnet das Phänomen, das zum einen ein starker Rückgang bei Geschäften unter 400 qm und damit bei Bedienungs-, Selbstbedienungs- und Fachgeschäften und zum anderen eine zunehmende Bedeutung großflächiger Betriebstypen (SB-Warenhäuser und Verbrauchermärkte) zu beobachten ist. Diese Entwicklungen führen zu einer erheblichen Firmenauslese und damit zu einer Unternehmens- sowie Umsatzkonzentration. So vereinen die Top 5 des Lebensmitteleinzelhandels in Deutschland (angeführt von der *Edeka*-Gruppe, gefolgt von *Rewe*-Gruppe, *Metro*-Gruppe, *Schwarz*-Gruppe und *Aldi*-Gruppe) rund ein Drittel des Umsatzes auf sich, die Top 30 zeichnen für rund 98 % des Umsatzes verantwortlich (Stand: 2009). *(3 Punkte)*

Wesentliche **Ursachen** für den Konzentrationsprozess im Handel sind:

- **Fortschreitende Ballung der Bevölkerung** *(1 Punkt)*

- **Bequemlichkeit der Kunden**, was sich in dem Bedürfnis niederschlägt, „alles unter einem Dach" in Warenhäusern oder SB-Warenhäusern zu erwerben bzw. tiefe Sortimente auf großen Flächen in Fachmärkten präsentiert zu bekommen. Verstärkt wird der Trend zum „One-Stop-Shopping" (= Deckung des gesamten Bedarfs an Waren und damit verbundenen Dienstleistungen in einem einzigen Geschäft bzw. Einkaufszentrum) durch die steigende Mobilität der Bevölkerung sowie die zunehmende Berufstätigkeit der Frau. *(1 Punkt)*

- **Steigende Kapitalintensität im Einzelhandel**, da die Umstellung auf moderne Verkaufsmethoden wie Selbstbedienung, Vorwahl etc. und Techniken wie Scanning dazu führen, dass Personal durch sachliche Betriebsmittel substituiert wird. *(1 Punkt)*

- **Steigende Wettbewerbsintensität** und **Kostendruck** erfordern die Erlangung von Kostenvorteilen durch Erfahrungskurveneffekte (Economies of Large Scale). Verschärft wird der Wettbewerbsdruck durch die sinkenden Ausgaben der Konsumenten für Lebensmittel. Mussten die Deutschen 1970 noch rund ein Viertel ihrer gesamten Konsumausgaben für Essen und Trinken ausgeben, sind es heute gerade einmal 14 %. Während die Einkommen gestiegen sind, blieb das Preisniveau bei Lebensmitteln lange Zeit vergleichsweise stabil. *(1 Punkt)*

- Übernahme von kleinen Einzelhandelsunternehmen infolge des **Generationenwechsels** *(1 Punkt)*

- Nutzung mehrerer Absatzwege durch Großbetriebstypen (**Multi-Channeling**; etwa Versandhandel: Warenhausfilialen, Electronic Shopping) *(1 Punkt)*

- **Notwendigkeit zur Internationalisierung** *(1 Punkt)*

Lösungen Aufgabe 7: Entwicklungen in der Handelsstruktur
(siehe Abschn. 9.3.3 Gatekeeper Handel)

- **Handelsware**
Hier ist eine grundsätzliche Ausbreitung des Warenangebotes zu beobachten. Dies ist zunächst auf sog. „Me-too"-Konzepte der Industrie zurückzuführen, bei denen erfolgreiche Markenartikel der Konkurrenz kopiert oder variiert werden. Dies sowie die zunehmende Anzahl unausgereifter Produktinnovationen führen u. a. zu einer erheblichen Steigerung der Floprate. Des Weiteren diversifiziert der Lebensmittelhandel zunehmend in den Non-Food-Bereich, was den Kampf der Industrie um knappe Regalplatzfläche noch verschärft. Schließlich strebt der Handel danach, sich durch leistungsfähige Handelsmarken im Premiumsegment zu profilieren und damit Kunden an die Geschäftsstätten zu binden. *(3 Punkte)*

- **Betriebsformen und -typen**
Hier lässt sich ein Trend hin zu preisaggressiven Betriebstypen (große Zuwächse bei [Fach-]Discountern und Fachmärkten) feststellen. Außerdem ist eine Vervielfältigung von Geschäfts- und Betreibungskonzepten (= Multiplikationseffekt) zu beobachten, was an der Zunahme von Franchisekonzepten und Filialbetrieben deutlich wird. Nicht zuletzt entstehen neue Organisationsformen (z.B. POS-Banking, Integrierte Warenwirtschaftssysteme, Just-in-Time-Belieferung, virtuelle Marktplätze) und Vertriebstechniken (etwa Factory Outlets, E-Commerce einschließlich Versteigerungen via Internet). *(3 Punkte)*

- **Handelsstandorte**
Auf der einen Seite üben Innenstädte eine zunehmende Anziehungskraft auf Filialisten aus. Auf der anderen Seite gewinnt die „grüne Wiese" als Standort an Attraktivität, weil der Verbraucher infolge der durch die Liberalisierung des Ladenschlussgesetzes verlängerten Öffnungszeiten dorthin tendiert. Hinzu kommen räumliche Dekonzentrationstendenzen hin zu Vorstädten sowie Versorgungslücken in kleineren Städten und Dörfern. *(3 Punkte)*

- **Machtstrukturen**
Angesichts der skizzierten Dynamik verwundert es nicht, dass sich die Machtverhältnisse radikal verändert haben bzw. permanent verändern. Auf der horizontalen Ebene sind deutliche Bestrebungen der Filialisten zu beobachten, mittelständische Unternehmen zu übernehmen. Diese Bedrohung des Mittelstandes ruft Reaktionen von Herstellern in Form von Franchisesystemen sowie von Händlern in Gestalt der Vertragssysteme von Handelskooperationen hervor.

Auf der vertikalen Ebene hat sich das Machtübergewicht bereits seit geraumer Zeit zugunsten des Handels verlagert. Ausschlaggebend hierfür war und ist die zunehmende Konzentration auf Seiten der Absatzmittler, was deren Position gegenüber der Industrie als Gatekeeper zum Kunden gestärkt hat bzw. weiterhin stärkt. *(3 Punkte)*

Lösung Aufgabe 8: „Push-and-Pull"-Strategie
(siehe Abschn. 1.1 Entwicklungsstufen des Marketingansatzes)

Bei der „Push-and-Pull"-Strategie, setzt der Hersteller an zwei Hebeln an. Zum einen drückt er die Ware in den Absatzkanal, indem er auf die Wünsche sowie Vorstellungen des Handels eingeht und diesem spezielle Anreize bietet (Push-Effekt). *(2 Punkte)* Zum anderen umwirbt er mittels stufenübergreifender Media-Werbung den Endverbraucher und schafft somit einen Nachfragesog, der den Handel zwingt, die Ware zu listen (Pull-Effekt). *(2 Punkte)*

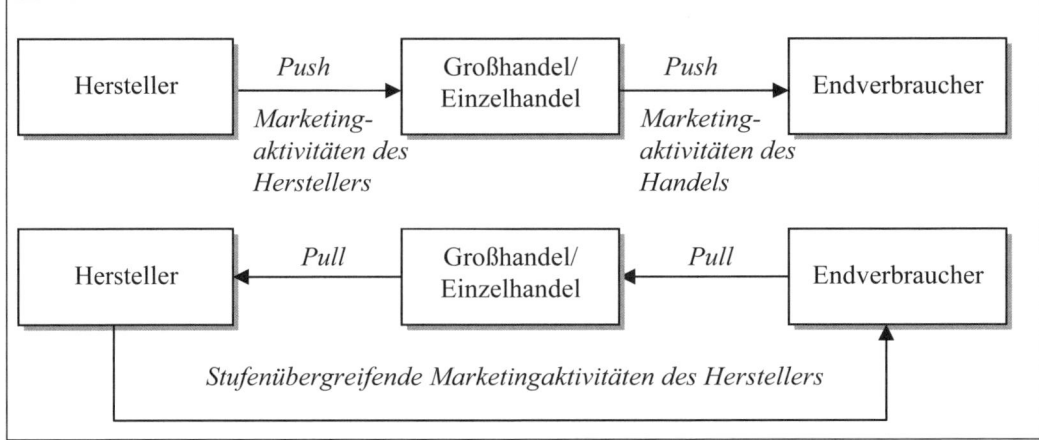

(4 Punkte)

Lösung Aufgabe 9: Handelsmarke sowie Gattungsmarke
(siehe Abschn. 7.2.3 Markierung)

(a) Handelsmarken (englisch: Private Brand, Store Brand, Distributor Brand, Private Label) sind Waren- oder Firmenkennzeichen, mit denen Handelsbetriebe Waren versehen oder versehen lassen, wodurch sie als Eigner oder Dispositionsträger (= Disposition über die Gestaltung der Marke) der Marke auftreten. Konsequenterweise verfügen Handelsmarken über einen auf das jeweilige Handelsunternehmen oder die Handelsgruppe begrenzten Distributionsgrad. Häufig – wie auch hier – werden die Begriffe „Handelsmarke" und „Eigenmarke" sowie „Hausmarke" synonym verwendet. Während Haus- und Eigenmarken jedoch i. d. R. zu einem einzelnen Unternehmen gehören, können Handelsmarken auch die Schöpfung von großen Handelsgruppen sein. *(2 Punkte)*

Typische Vertreter von Handelsmarken sind *Tandil* (*Aldi Süd*), *Mibell* (*Edeka*), *AS* (*Schlecker*), *Tip* (*Real, Extra*), *Aro* (*Metro Cash & Carry*) und *Erlenhof* (*Rewe*). **(2 Punkte)**

Das **Spektrum** der Handelsmarken reicht von der Premium-Handelsmarke (etwa *Feine Welt* von *Rewe*, *Feine Kost* von *Penny* oder *Selection* von *Edeka*) über die klassische Handelsmarke bis zur Discount-Handelsmarke. *(3 Punkte)*

(b) Aus Sicht der einzelnen Marktteilnehmer erfüllen Handelsmarken nach *Bruhn* folgende **Funktionen**:

- **Herstellersicht**
  – Auslastung von Überkapazitäten durch zusätzliche Produktion von Handelsmarken
  – Möglicher Vertrieb über Discounter, da Unternehmen wie beispielsweise *Aldi* weitgehend keine Herstellermarken führen
  – Mögliche Mehrproduktstrategie: So kann die Herstellermarke beispielsweise im Premium- und die für den Handel produzierte Marke im Preissegment positioniert werden
  – Risikoreduzierung durch Schaffung eines „zweiten Standbeins"
  – Erweiterung des Absatzpotenzials
  – Fixkostendegression und Realisierung von Erfahrungskurveneffekten, da die insgesamt produzierte Menge erhöht werden kann
  – Verbesserung der Verhandlungsposition im Rahmen der Hersteller-Handels-Beziehung *(7 Punkte)*

- **Handelssicht**
  – Dokumentation der preislichen Leistungsfähigkeit und des eigenständigen Sortimentsprofils
  – Profilierung gegenüber Wettbewerbern
  – Spannensicherung und Ertragssteigerung
  – Solidarisierung im Handelsverbund
  – Möglichkeit der Entwicklung eigener innovativer Produkte
  – Schutz eigener Warenzeichen
  – Erhöhung der Kundenbindung
  – Synchrone Preisgestaltung in stationärem und Online-Handel *(8 Punkte)*

- **Konsumentensicht**
  – Erwerb von Produkten mit einem günstigen Preis/Leistungsverhältnis
  – Möglichkeit preisgünstiger Probierkäufe
  – Ergänzung der vorhandenen Auswahlmöglichkeiten und dadurch Steigerung des Einkaufserlebnisses
  – Vereinfachung der Geschäftsstättentreue, da bestimmte Herstellermarken nicht in allen Handelsbetrieben gelistet sind
  – Möglichkeit der Substitution von klassischen Markenartikeln *(5 Punkte)*

(c) Für eine **zunehmende Diffusion** von Handelsmarken sprechen folgende **Argumente**:

- Hybride Konsumenten („Nerzmanteltragende *Porsche*-Fahrerin kauft bei *Aldi* ein.")

- Sinkende Markentreue (höhere Wechselbereitschaft)

- Geringe Kaufkraft/wachsende Preissensibilität: Grundsätzlich lässt sich beobachten, dass in rezessiven Zeiten der Handelsmarkenanteil deutlich wächst, wohingegen er in Aufschwungzeiten leicht fällt. Per saldo ist die Tendenz jedoch steigend.

- Zunehmend kritische Haltung gegenüber der Werbung

- Steigendes Umwelt- und Gesundheitsbewusstsein (, da weniger aufwendige Verpackung der Handelsmarke)

- Expansion der Discounter

- Konzentration und Internationalisierung der Handelsunternehmen *(7 Punkte)*

Als **Gegenargumente** lassen sich ins Feld führen:

- Fehlende Akzeptanz bei High-Involvement-Produkten und damit bei Premium-Handelsmarken
- Fehlendes Vertrauen beim Verbraucher
- Schnellere Innovationszyklen bei Herstellermarken
- Zum Teil noch geringe Distributionsdichte
- Heterogenität der Betriebstypen in einem Konzern (Erscheinungsbild, Qualität) *(5 Punkte)*

(d) Gattungsmarken (No Names, No Frills, Weiße Marken) sind markenlose Produkte und gelten als Spezialform der Handelsmarke. Sie wurden Mitte der 70er Jahre geschaffen und dienen der Abwehr der Discounter, weshalb sie fast ausschließlich im Lebensmittelhandel anzutreffen sind. Typische Vertreter sind die *Sparsamen* von *Spar, A&P* von *Tengelmann, Tip* von *Real* und *Extra, Gut& Günstig* von *Edeka* und *ja!* von *Rewe. (3 Punkte)*

Kennzeichen von Gattungsmarken, deren Marketing von Handelsunternehmen bzw. Handelsgruppen konzipiert und gesteuert wird, sind:

- Einfache Verpackung, die nur die Produktbezeichnung trägt und Preiswürdigkeit signalisieren soll
- Nach der Einführung schwache Werbung, um Kosten gering zu halten
- Hohe bis mittlere sowie gleich bleibende Qualität
- Günstiger Preis *(4 Punkte)*

Lösungen Aufgabe 10: Begriffe aus dem Handelsmarketing

Mischkalkulation *(siehe Abschn. 8.4.2 Kostenorientierte Preisfindung)*

In der Unternehmenspraxis sieht man sich häufig mit dem Problem konfrontiert, dass es nicht sinnvoll bzw. möglich ist, Produkte zu kostendeckenden Preisen zu veräußern (sog. Kostendeckungsprinzip). In solchen Fällen agiert man nach dem Tragfähigkeitsprinzip. Hierbei werden die Preise bestimmter Produkte (sog. Ausgleichsträger) so kalkuliert, dass sie die Verluste anderer Produkte (sog. Ausgleichsnehmer) zumindest kompensieren *(2 Punkte)*:

Grundsätzlich lassen sich **zwei Formen** des kalkulatorischen Ausgleichs unterscheiden:

- **Sukzessivausgleich**
  Hierunter versteht man die dynamische Variante des kalkulatorischen Ausgleichs. Dabei werden die Preise eines/r bestimmten Produktes bzw. Dienstleistung so kalkuliert, dass sie die anfänglichen oder später auftretenden Verluste des/r gleichen oder eines/r mit ihm/r verbundenen Produktes/Dienstleistung (etwa Auto mit Wartung/Reparatur) zumindest kompensieren. Unternehmen nutzen den Sukzessivausgleich beispielsweise in Form der „Foot-in-the-door"-Technik: Hierzu werden dem Kunden zunächst günstige Angebote verkauft, die im Regelfall nicht profitabel sind. Ist der Kunde im Laufe der Zeit an das

Unternehmen gebunden, werden die Preise angeboten und das Unternehmen gelangt so im Zeitablauf in die Gewinnzone. *(2 Punkte)*

- **Simultanausgleich**
  Bei der statischen Form subventionieren Artikel kritische Sortimentsteile (z. B. Sonderangebote, Dauerniedrigpreisartikel). Bei letzteren handelt es sich Regelfall um sog. Prestigeartikel, d. h. um Markenartikel, die im Zentrum der (Prospekt-)Werbung des Handels stehen. Eine solche sog. Mischkalkulation kann aus zwei Gründen erfolgen: Im Falle einer defensiven Strategie ist ein Unternehmen gezwungen, auf die Preissenkungen der Wettbewerber zu reagieren. Bei der offensiven Variante hingegen will ein Unternehmen aktiv seine Preiswürdigkeit demonstrieren. *(2 Punkte)*

Rückwärtsintegration *(siehe Abschn. 6.2.1 Marktfeldstrategien)*

Im Zuge einer vertikalen Diversifikation wird das Leistungsangebot auf vor- bzw. nachgelagerte Wertschöpfungsstufen ausgedehnt. Erwirbt beispielsweise ein Hersteller einen Zulieferbetrieb, spricht man von Rückwärtsintegration (etwa Autohersteller, der nun auch Reifen und Batterien produziert). *(2 Punkte)*

Als **Gründe** für eine Rückwärtsintegration sind u. a. zu nennen:

- Streben nach Absicherung von Zulieferungen
- Erhöhung der Wertschöpfung *(2 Punkte)*

Nachfragemacht *(siehe Abschn. 1.1 Entwicklungsstufen des Marketingansatzes)*

Nachfragemacht ist eine Form der Marktmacht, bei der einzelne oder wenige Abnehmer in der Lage sind, bei den Lieferanten ihre Konditionen durchzusetzen. Abnehmer mit Nachfragemacht verfügen in der Regel über einen hohen Marktanteil, wodurch die Lieferanten sich gegenüber diesem Abnehmer in einem Abhängigkeitsverhältnis befinden. Wettbewerbsrechtlich verboten ist die missbräuchliche Nutzung einer marktbeherrschenden Stellung. *(3 Punkte)*

Handelsspanne *(siehe Abschn. 9.3 Bestimmung der Absatzwege)*

Die **Handelsspanne** ist die Differenz zwischen Einkaufs- oder Einstandspreisen und Verkaufspreisen der abgesetzten Waren eines Handelsbetriebes. Mit dieser sollen die Handlungskosten (z. B. Personal-, Miet-, Werbekosten und Abschreibungen) gedeckt und Gewinne erzielt werden; wobei auch Warenverluste (z. B. Diebstahl, Verderb) berücksichtigt werden. *(2 Punkte)*

Die Handelsspanne wird in unterschiedlicher Weise differenziert bzw. aggregiert. Die Artikelspanne bezieht sich auf einen einzelnen Artikel, also entweder auf ein einzelnes Stück (Stückspanne) oder auf die während einer Periode von diesem Artikel abgesetzten Stückzahlen. Die Warengruppenspanne fokussiert auf eine Warengruppe. Betriebsspanne bzw. Betriebshandelsspanne konzentriert sich auf die Gesamtheit aller von einem Betrieb abgesetzten Artikel. Sie ergibt sich aus der Differenz zwischen dem Umsatz zu Verkaufspreisen, vermindert um die gewährten Preisnachlässe und die Mehrwertsteuer, und dem Wareneinsatz ohne Vorsteuer. Der Wareneinsatz ergibt sich seinerseits aus der Summe der Einkaufsrechnungen (zuzüglich der Bezugskosten, abzüglich der Lieferantenskonti sowie sonstiger Preisnachlässe der Lieferanten) und der Lagerbestandsveränderungen. Die Branchenspanne bezieht sich auf die von einer Branche abgesetzten Waren. *(4 Punkte)*

Handelsspannen können absolut (Betragsspanne, Rohertrag) oder relativ im Verhältnis zum Verkaufspreis bzw. Umsatz oder Einstandspreis (Prozentspanne, Marge) ausgewiesen werden. Konkret lassen sich **drei Formen** unterscheiden:

- Betragsspanne (in €)

  = Umsatz – Wareneinstandspreis (jeweils ohne Mehrwertsteuer)

- Abschlagspanne (in %):

$$= \frac{\text{Betragsspanne}}{\text{Umsatz abzüglich Umsatzsteuer}} \times 100\,\%$$

- Aufschlagspanne (in %; auch Kalkulationsauf- oder -zuschlag):

$$= \frac{\text{Betragsspanne}}{\text{Wareneinstandspreis abzüglich Vorsteuer}} \times 100\,\%$$

Beispielsweise will ein Getränkeeinzelhändler die Betragsspanne für eine Flasche Bier berechnen. Hierzu subtrahiert er den Netto-Einkaufspreis (0,45 €) vom Netto-Verkaufspreis (0,65 €) und erhält eine Betragsspanne von 0,20 €. Dies entspricht einer Abschlagspanne von 30,8 % (= [0,20 € : 0,65 €] x 100 %) und einer Aufschlagspanne von 44,4 % (= [0,20 € : 0,45 €] x 100 %). *(4 Punkte)*

Betriebsform und –typ *(siehe Abschn. 9.3.3 Gatekeeper Handel)*

Betriebsform charakterisiert die Stellung des Handelsbetriebs in der Distributionskette (= vertikale Perspektive). Konsequenterweise lassen sich hier Groß- und Einzelhandel differenzieren. Für den EU-Binnenmarkt wurde 1990 die Systematisierung der Betriebsformen des Handels harmonisiert. Diese Systematik untergliedert den Handel in Kraftfahrzeughandel, Handelsvermittlung und Großhandel sowie Einzelhandel; letzterer wird noch weiter differenziert (z. B. in „in" und „nicht in" Verkaufsräumen stattfindenden Einzelhandel). *(2 Punkte)*

Der **Betriebstyp** bezeichnet eine Variante von Handelsbetrieben, die auf einer Wirtschaftsstufe auftritt und sich durch gleichen oder ähnliche Kombinationen von Merkmalen auszeichnet, die über einen längeren Zeitraum beibehalten werden. (= horizontale Perspektive). Bei der Wahl des Betriebstyps handelt es sich um eine strategische Entscheidung, bei der ein Handelsbetrieb seine Struktur, sein Leistungsspektrum und seinen Marktauftritt festlegt. *(2 Punkte)*

Gebrochene Preise *(siehe Abschn. 8.3.2 Einflussfaktoren der Wahrnehmung)*

Anbieter versuchen auf vielfältige Weise, dem Verbraucher **Preisgünstigkeit** zu suggerieren. In diesem Zusammenhang zielt die Preispsychologie darauf ab, den Preis günstiger erscheinen zu lassen als er es tatsächlich ist. Auf diese Weise steigt die Kaufwahrscheinlichkeit und der Kunde kauft eventuell sogar mehr, als er ursprünglich beabsichtigt hat. In diesem Zusammenhang sind die sog. gebrochenen Preise (Odd Pricing) zu nennen, die sich im Gegensatz zu glatten Preisen (Even Pricing; z. B. 1 €, 100 €) dadurch auszeichnen, dass sie knapp unter der nächst höheren Dezimalstufe (etwa 0,99 €, 49,90 €) liegen. *(2 Punkte)*

Eine solche Preisgestaltung basiert auf der Hypothese, dass der Verbraucher beispielsweise einen Preis von 9,99 € eher dem 9 €-Bereich als dem 10 €-Bereich zuordnet. Konsequenterweise nehmen Verbraucher einen Preis von 9,99 € deutlich günstiger wahr als einen solchen von 10,00 €, obwohl es sich tatsächlich im Verhältnis zum Gesamtpreis um eine nahezu marginale Preisdifferenz handelt. Verantwortlich für diese Übertreibung – der Fachmann spricht von Kontrastierung – ist ein einfacher Vereinfachungsmechanismus in unserem Gehirn: der sog. **Primacy-Effekt** (Primus bedeutet lateinisch der erste.) Um Informationen schneller verarbeiten zu können, konzentrieren wir uns auf die erste uns dargebotene Information. Bei einem Preis von 9,99 € ist das die 9, so dass wir den Preis dieser Kategorie zuordnen. Was dahinter kommt, blenden wir quasi aus. Und genauso wird es mit dem Preis von 10,00 € gemacht. Den Schritt von 10,00 € zu 9,99 € bezeichnet man als Preisschwelle. Überschreitet man diese Schwelle von oben nach unten, dann steigt der Absatz wesentlich stärker an als bei Preissenkungen über dieser Preisschwelle. Hebt man den Preis hingegen von 9,99 € auf 10,00 € an, bricht der Absatz erheblich ein. Denn der Verbraucher empfindet diese Preiserhöhung stärker als sie tatsächlich ist – er kontrastiert. Die verkaufsfördernde Wirkung gebrochener Preise konnte bislang nicht eindeutig belegt werden. *(4 Punkte)*

5.4 Klausur „Marketing-Forschung"

4. Semester Bachelor-Studium; Dauer: 90 Minuten; erlaubte Hilfsmittel: keine

5.4.1 Aufgabenstellung

Insgesamt werden 90 Punkte vergeben!

Aufgabe 1: Schriftliche Befragung

Welche Vor- und Nachteile sind mit der schriftlichen Befragung verbunden? **(9 Punkte)**

Aufgabe 2: Stichprobenziehung

Welche Verfahren der Stichprobenziehung bieten sich für die Marketing-Forschung an?
(15 Punkte)

Aufgabe 3: Multivariate Analyseverfahren

Welches multivariate Analyseverfahren eignet sich für die Beantwortung der folgenden Fragen? Und welches Skalenniveau müssen jeweils die unabhängige/n Variable/n sowie die abhängige/n Variable/n aufweisen? **(12 Punkte)**

(1) Inwieweit lässt sich die Absatzmenge eines Produktes auf Preis und eingesetztes Werbebudget zurückführen?

(2) Wie wirken sich alternative Verpackungen (Glas- versus Plastikflasche) und Positionierungen (z. B. Einmal- versus Zweitplatzierung) auf den Absatz eines Produktes aus?

(3) Lassen sich Käufer und Nichtkäufer eines bestimmten Produktes anhand Alter, Einkommen und Haushaltsgröße unterscheiden?

(4) Inwieweit lassen sich Kauf bzw. Nicht-Kauf eines Produktes auf Wohnort und Beruf einer Person zurückführen?

Und welches multivariate Analyseverfahren eignet sich jeweils für die Beantwortung der folgenden Fragen? **(6 Punkte)**

(5) Lässt sich die Vielzahl der in einer Befragung erhobenen Eigenschaften eines Produkts (Qualität, Geschmack, Preis/Leistungs-Verhältnis, Design etc.) auf wenige zentrale Beurteilungsdimensionen verdichten?

(6) Lassen sich in Bezug auf die in einer Befragung erhobenen Eigenschaften eines Produkts (Qualität, Geschmack, Preis/Leistungs-Verhältnis, Design etc.) Kundensegmente identifizieren, die ein ähnliches Urteil abgeben?

Aufgabe 4: Preisexperiment

Der Gebietsleiter eines Discounters will überprüfen, ob eine Preiserhöhung zu einer Steigerung oder Verringerung des Umsatzes führen würde. Zu diesem Zweck führt er ein **Preisexperiment** durch. Hierbei wird in zwei aufeinander folgenden Wochen in einer Filiale im Stadtzentrum der Preis für Butter von 1,05 Euro (Woche 1) auf 1,15 Euro (Woche 2) angehoben. Als Kontrollgröße wird eine Filiale am Stadtrand herangezogen, bei der die Preise unverändert bleiben. Während des Experiments wurden die in der folgenden aufgeführten Umsatzzahlen gemessen.

Befunde eines Preisexperiments

	Testmarkt: durchschnittlicher Umsatz *(in Euro)*	Kontrollmarkt: durchschnittlicher Umsatz *(in Euro)*
Woche 1	2.100,00	1.890,00
Woche 2	2.012,25	1.837,50

(a) Berechnen Sie anhand der Umsatzwerte den **prozentualen Nettoeffekt**. Um welche Art von **Untersuchungsdesign** handelt es sich? **(6 Punkte)**

(b) Welche **Störgrößen** können bei der skizzierten Versuchsanlage auftreten? Und welche **zusätzlichen Informationen** benötigt der Gebietsleiter, um die Wirkungen der Preiserhöhung fundiert beurteilen zu können? *(5 Punkte)*

Aufgabe 5: Skalenniveaus

Vermitteln Sie einen Überblick über verschiedene Skalenniveaus sowie deren zentrale Charakteristika und Nutzungsmöglichkeiten. Welche Rechenoperationen sind jeweils erlaubt? Gehen Sie auch auf den Aspekt der Datentransformation ein. **(23 Punkte)**

Aufgabe 6: Begriff und Arten der Prognose

Erläutern Sie Begriff und Arten der Prognose. **(14 Punkte)**

Viel Erfolg!!

5.4.2   Lösungsskizze

Lösungen Aufgabe 1: Schriftliche Befragung
(siehe Abschn. 4.5.4 Datengewinnung)

Die grundsätzlichen Vor- und Nachteile der schriftlichen Befragung sind der folgenden Tabelle zu entnehmen.

Vorteile	Nachteile

• Schnelle Auskunft von vielen Auskunftspersonen
• Befragte haben ausreichend Zeit zum Nachdenken
• Da keine Interviewer benötigt werden,
  – ist die Befragung leichter zu organisieren,
  – entfällt der Interviewer-Einfluss (= „Interviewer bias") und damit (nahezu vollständig) die Gefahr sozial erwünschter Antworten,
  – entstehen vergleichsweise geringe Kosten, was insbesondere in großen Befragungsgebieten zu Buche schlägt.
(5 Punkte)
	• Die Teilnahmebereitschaft der Auskunftspersonen sinkt bei längeren Fragebogen bzw. bei heiklen Fragen (z. B. Einkommen).
	• Abfrage spontaner Antworten nicht möglich
	• Geringe Möglichkeit zur Stichprobenkontrolle (= keine Sicherheit, ob der Adressat selbst antwortet)
	• Tendenziell eher geringe Rücklaufquoten (u. a. abhängig vom Thema der Befragung)
	(4 Punkte)

Lösung Aufgabe 2: Stichprobenziehung
(siehe Abschn. 4.5.3 Stichprobenziehung)

Führt man eine **Vollerhebung** durch, d. h. will man die vollständige Grundgesamtheit erfassen, oder beschränkt man sich auf eine **Teilerhebung**? Eine Vollerhebung empfiehlt sich bei einer überschaubaren Grundgesamtheit. *(1 Punkt)*

Zeit- und Kostengründe zwingen aber häufig dazu, nicht alle Kunden zu befragen, sondern sich auf einen Teil der Klientel zu konzentrieren. Nach welchen Kriterien aber soll eine solche Stichprobe ausgewählt werden? Hierzu bietet sich eine ganze Reihe sog. **Stichprobenverfahren** an, von denen im Folgenden nur die für die Unternehmenspraxis leicht handhabbaren und demnach weit verbreiteten vorgestellt werden.

Nichtzufallsgesteuerte Auswahl

Die **nichtzufallsgesteuerten Auswahlverfahren** lassen sich in eine willkürliche und eine bewusste Auswahl unterscheiden. Bei der **willkürlichen Auswahl** liegt kein Erhebungsplan vor, sondern man geht aufs Geratewohl vor. Ein Beispiel dafür ist die Befragung von Kunden, die zu einer bestimmten Stunde ein Geschäft betreten. Je nach Tageszeit wird man dann in der Mehrzahl Berufstätige, Rentner, Schüler oder Studierende antreffen, deren Angaben aber keinesfalls die Meinung sämtlicher Kunden widerspiegeln. Folglich sind solche Befunde praktisch nahezu wertlos. *(2 Punkte)*

Basiert die Teilerhebung hingegen auf der Kenntnis über die Struktur einer Grundgesamtheit, spricht man von einer **bewussten Auswahl**. Hierbei unterscheidet man zwei Verfahren:

- **Quota-Verfahren**, d. h. dem Interviewer werden befragungsrelevante Merkmalsquoten als Auswahlvorgaben vorgegeben. *(1 Punkt)*
- **Cut-Off-Verfahren**, d. h. nur die wichtigsten Elemente (beispielsweise Kunden ab einem bestimmen Auftragsvolumen) werden in die Stichprobe einbezogen. Dieses Verfahren hat sich insbesondere im Investitionsgütermarketing und im Handelsmarketing bewährt. *(1 Punkt)*

Zufallsgesteuerte Auswahl

Zufallsgesteuerte Auswahlverfahren basieren auf der Grundidee, dass jedes Element eine berechenbare, von Null verschiedene Wahrscheinlichkeit haben muss, in die Stichprobe zu gelangen. Dies setzt ein vollständiges Verzeichnis der Grundgesamtheit (beispielsweise eine Kundendatei) voraus. *(1 Punkt)* Hierbei unterscheidet man **drei Verfahren**:

- **Lotterieauswahl**, d. h. die Ziehung von Zetteln o. ä. aus einem Behälter. Für große Stichproben ist dieses Verfahren zu aufwendig. *(1 Punkt)*
- **Verwendung von Zufallszahlen**, d. h. jedem Element wird eine Zahl zugeordnet und die Elemente werden in einem zweiten Schritt nach einem Zufallsgenerator ausgewählt. Auch dieses Verfahren ist in der Regel zu aufwendig und damit wenig praktikabel. *(1 Punkt)*
- **Systematische Auswahl mit Zufallsstart** (sog. Herausgreifen des n-ten Falls): Dieses Verfahren, das als leicht handhabbar gilt, soll an einem Beispiel vorgestellt werden: Ein Unternehmen verfügt über eine alphabetisch geordnete, 5.000 Adressen umfassende Kundendatei. Man will eine Stichprobe von 1.000 Personen ziehen. Dann wählt man jede fünfte Adresse aus (Herausgreifen des n-ten sprich fünften Falles). *(1 Punkt)*

Komplexe Formen der Stichprobenziehung

Hier werden im Wesentlichen **drei Spielarten** unterschieden:

- **Geschichtete Auswahl**
  Bei diesem Verfahren müssen Kriterien gefunden werden, welche die heterogene Grundgesamtheit in möglichst homogene Schichten aufspalten. Beispielsweise werden die Kun-

den je nach Auftragsvolumen in A-, B- und C-Kunden aufgeteilt. Sodann stellt sich die Frage, ob diese drei Segmente gleichstark in der Stichprobe vertreten sein sollen (sog. proportionale Stichprobe) oder ob die A-Kunden überproportional stark vertreten sein sollen (sog. disproportionale Stichprobe). *(2 Punkte)*

- **Mehrstufige Auswahl**
  Sind Grundgesamtheiten hierarchisch aufgebaut (etwa Verkaufsregion, einzelner Vertreter in dieser Region, Kunden der jeweiligen Vertreter), kann man sich die mehrstufige Auswahl zunutze machen. Beispielsweise zieht man zunächst eine Stichprobe der Verkaufsregionen, sodann eine Stichprobe aus den jeweiligen Vertretern und schließlich eine Stichprobe unter den jeweiligen Kunden. Als Vorteil ist die Kostenersparnis zu nennen, die im Wesentlichen auf eine technische Vereinfachung der Erhebungsarbeit (räumliche Konzentration, bessere Kontrolle der Interviewer) zurückzuführen ist. Dem steht das Problem einer exakten Berechnung der Auswahlchancen der Einzelelemente gegenüber, auf die aber im vorliegenden Zusammenhang nicht weiter eingegangen werden soll. *(2 Punkte)*

- **Klumpenverfahren**
  Dabei muss die Grundgesamtheit in Untergruppen aufgeteilt werden. Aus diesen werden dann zufällig oder systematisch einzelne Gruppen ausgewählt, die ihrerseits vollständig in die Untersuchung eingehen. Folgendes Beispiel soll die Vorgehensweise verdeutlichen: Anstatt sämtliche Filialen eines Großbäckers in die Befragung einzubeziehen, werden alle Filialen in einer Stadt analysiert. Auch hier liegt der Vorteil wiederum in der Kosten- und Zeitersparnis. Gefahren liegen im sog. Klumpeneffekt, d. h. die Kunden in Stadt A haben vielleicht andere Vorstellungen als in Stadt B oder der ländlichen Region X. *(2 Punkte)*

Lösung Aufgabe 3: Multivariate Analyseverfahren
(siehe Abschn. 4.5.6 Datenanalyse)

(1) Mit Hilfe der Regressionsanalyse lässt sich Richtung und Stärke des Zusammenhangs zwischen einer abhängigen (hier Absatz des Produkts) und einer oder mehreren unabhängigen Variablen (hier Preis und eingesetztes Werbebudget) analysieren. Die Voraussetzung für die Anwendung dieses Verfahrens, dass sämtliche Variablen zumindest metrisches Skalenniveau besitzen, ist erfüllt. *(3 Punkte)*

(2) Hier weisen die unabhängigen Variablen (alternative Verpackungen [Glas- versus Plastikflasche] und Positionierungen [z. B. Einmal- versus Zweitplatzierung]) nominales und die abhängige Variable (Absatz des Produkts) metrisches Skalenniveau auf. Demnach kommt die Varianzanalyse zum Einsatz. *(3 Punkte)*

(3) Die abhängige Variable ist im vorliegenden Fall die nominal skalierte Gruppenzugehörigkeit (Käufer und Nichtkäufer eines Produkts). Die unabhängigen Variablen (Alter, Einkommen und Haushaltsgröße) hingegen weisen metrisches Skalenniveau auf, so dass die Diskriminanzanalyse eingesetzt wird. *(3 Punkte)*

(4) Sowohl abhängige (Kauf bzw. Nicht-Kauf eines Produktes) als auch unabhängige Variable/n (Wohnort und Beruf einer Person) sind nominal skaliert, so dass die Kontingenzanalyse eingesetzt werden muss. *(3 Punkte)*

(5) Konkret soll hier die Frage beantwortet werden, inwieweit zahlreiche Merkmale, die zu einem Sachverhalt erhoben wurden (hier die Vielzahl der in einer Befragung erhobenen Eigenschaften eines Produkts wie Qualität, Geschmack, Preis/Leistungs-Verhältnis, Design etc.) auf wenige zentrale Eigenschaften zurückgeführt werden können. Demnach empfiehlt sich hier die Faktorenanalyse, die auf eine Reduktion bzw. Bündelung von Variablen abzielt. *(3 Punkte)*

(6) Immer wenn es um die Bündelung von Objekten (hier die Zusammenfassung von Käufern zu Kundensegmenten) geht, kommt die Clusteranalyse zum Einsatz. Dabei werden die Kunden so gruppiert, dass die Kunden in einer Gruppe hinsichtlich der in Bezug auf die in einer Befragung erhobenen Eigenschaften eines Produkts (Qualität, Geschmack, Preis/Leistungs-Verhältnis, Design etc.) möglichst ähnlich und die Gruppen untereinander möglichst unähnlich geurteilt haben. *(3 Punkte)*

Lösung Aufgabe 4: Preisexperiment
(siehe Abschn. 4.5.4 Datengewinnung)

Lösung Aufgabenteil (a)

- Experimentalgruppe: 2.012,25 Euro − 2.100,00 Euro = −87,75 Euro, das entspricht −4,2 % von 2.100,00 Euro

- Kontrollgruppe: 1.837,50 Euro − 1.890,00 Euro = −52,50 Euro, das entspricht −2,8 % von 1.890,00 Euro

- Prozentualer Nettoeffekt: −4,2 % − (−2,8 %) = −1,4 % von 2.100 Euro = −29,40 Euro *(4 Punkte)*

- Es handelt sich um ein EBA-CBA-Design (Experimental Group Before After − Controll Group Before After). *(2 Punkte)*

Lösung Aufgabenteil (b)

Mögliche **Störgrößen** können in der unzureichenden Gleichartigkeit von Kontroll- und Testfiliale bzgl. Größe, Kundenstruktur, Wettbewerbsumfeld etc. liegen. *(2 Punkte)*

Im Wesentlichen bedarf es **zusätzlicher Informationen** über die erwirtschafteten Deckungsbeiträge, weil die ausschließliche Betrachtung von Umsätzen die (variablen) Kosten außen vor lässt. Bei einer tiefer greifenden Analyse wären u. a. folgende Informationen interessant: Kundenfrequenz, durchschnittlicher Einkaufsbetrag, Verbundkäufe und damit Ansatzpunkte für eine Mischkalkulation, (Preis-)Image. *(3 Punkte)*

Lösung Aufgabe 5: Skalenniveaus
(siehe Abschn. 4.5.2 Messung)

Die Ausprägungen einer Eigenschaft werden auf einer Skala abgetragen. Beispielsweise lässt sich ein Begriff wie Körpergröße durch die Anweisung „Messen mittels Meterstab" oder durch die Anweisung „Aufstellen in einer Reihe geordnet nach der Körpergröße" operationalisieren sprich messen. Hierbei unterscheidet man die in der folgenden Abb. sowie Tabelle aufgeführten **vier Skalenniveaus**, die sich sowohl hinsichtlich des Informationsgehalts der Daten als auch bezüglich der Anwendbarkeit von Rechenoperationen von links nach rechts steigern.

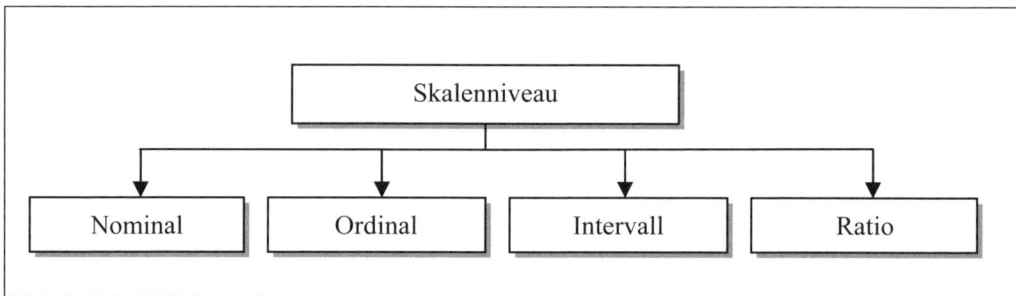

Die Skalenniveaus im Überblick

Der Einsatz der **Nominalskala** stellt die einfachste Form des Messens dar. Beispiele für Nominalskalen sind Geschlecht (männlich – weiblich), Familienstand (ledig – verheiratet – verwitwet – geschieden) sowie Kundenstatus (Neukunde – Stammkunde). Nominalskalen sind demnach Klassifizierungen qualitativer Eigenschaftsausprägungen, mit deren Hilfe man Objekte Gruppen zuordnet. Daten auf Nominalskalenniveau lassen sich lediglich auf ihre (Un-)-Gleichheit hin untersuchen.

Um die Verarbeitung solcher Daten per EDV zu erleichtern, werden die Ausprägungen von Eigenschaften in der Regel durch Zahlen ausgedrückt (z. B. männlich = 0, weiblich = 1). Hierbei handelt es sich lediglich um einen Kodierung der Merkmalsausprägungen, d. h. an die Stelle von Zahlen könnte man durchaus auch andere Symbole setzen. Demnach sind arithmetische Operationen (etwa Addition, Subtraktion, Multiplikation und Division) mit auf diese Weise genutzten Zahlen unzulässig. Lediglich durch Zählen der Merkmalsausprägungen bzw. der sie repräsentierenden Zahlen lassen sich Häufigkeiten ermitteln (z. B. 60 % Männer, 40 % Frauen). *(5 Punkte)*

Auf dem nächst höheren Messniveau ist die **Ordinalskala** angesiedelt, mittels derer Objekte in eine Rangordnung gebracht werden. Beispielsweise stufen Kunden Produkt B qualitativ besser ein als Produkt C und qualitativ schlechter als Produkt A. Die Rangfolge sagt jedoch nichts über die Abstände zwischen den Objekten aus. An der Ordinalskala kann demnach nicht abgelesen werden, um wie viel Produkt A qualitativ besser eingeschätzt wird als Produkt B. Dies hat zur Konsequenz, dass auch hier keine arithmetischen Operationen durchgeführt werden dürfen. Neben Häufigkeiten sind hier nur statistische Maße wie beispielsweise Median und Quantile zulässig. Während der Median die untere Hälfte aller Werte von der oberen trennt, bringt die Quantile zum Ausdruck, welcher Anteil aller Untersuchungseinheiten maximal einen zu bestimmenden Wert aufweist. *(5 Punkte)*

Auf der darüber liegenden Messebene befindet sich die **Intervallskala**, die gleichgroße Abschnitte ausweist. Ein hierfür typisches Beispiel ist die zur Temperaturmessung eingesetzte *Celsius*-Skala, die den Abstand zwischen Gefrier- und Siedepunkt des Wassers in einhundert gleichgroße Abschnitte untergliedert. Im Gegensatz zu nominalen und ordinalen Daten erlauben intervallskalierte Daten demnach Aussagen über Differenzen bzw. Abstände (z. B. großer versus kleiner Temperaturunterschied).

Infolge der Annahme gleicher Skalenabstände dürfen intervallskalierte Daten subtrahiert werden. Ergänzend zu den bereits angeführten statistischen Maßen können hier auch Mittelwert (= arithmetisches Mittel) und Standardabweichung (= Streuungsmaß, das definiert ist als positive Quadratwurzel aus der Varianz), nicht aber die Summe berechnet werden. *(5 Punkte)*

Die **Ratio- oder Verhältnisskala** repräsentiert das höchste Messniveau: Im Vergleich zur Intervallskala existiert hier ein natürlicher Nullpunkt, der sich dahingehend interpretieren lässt, dass das betreffende Merkmal nicht vorhanden ist. Das ist z. B. bei der angeführten *Celsius*-Skala nicht der Fall, weil auch bei Null Grad eine bestimmte Temperatur gegeben ist. Die Kelvinskala hingegen ist eine Ratioskala, da hier die Temperatur von 0 dem absoluten Nullpunkt entspricht, d. h. es ist keine Temperatur mehr vorhanden. Damit sind 40 Kelvin doppelt so warm wie 20 Kelvin. Die meisten physikalischen (z. B. Länge, Gewicht, Geschwindigkeit) und ökonomischen Merkmale (etwa Einkommen, Kosten, Preis, Umsatz, Absatz) verfügen über einen natürlichen Nullpunkt.

Aufgrund der Fixierung des Nullpunktes besitzt bei verhältnisskalierten Daten nicht nur die Differenz, sondern auch der Quotient bzw. das Verhältnis (Ratio) Aussagekraft. Neben der Anwendung sämtlicher arithmetischer Operationen erlauben ratioskalierte Daten zusätzlich zu den bisher angeführten statistischen Maßen die Berechnung des geometrischen Mittels sowie des Variationskoeffizienten (= relatives Streuungsmaß, das definiert ist als Quotient aus der Standardabweichung und dem arithmetischen Mittelwert). *(5 Punkte)*

Nominal- und Ordinalskala werden als nichtmetrische Skalen, Intervall- und Ratioskala als metrische Skalen bezeichnet. Die folgende Tabelle vermittelt einen zusammenfassenden Überblick über verschiedene Skalenniveaus sowie deren zentrale Charakteristika und Nutzungsmöglichkeiten. Zusammenfassend kann festgehalten werden: Je höher das Skalenniveau, desto größer ist der Informationsgehalt der betreffenden Daten und desto mehr Rechenoperationen und statistische Maße lassen sich auf die Daten anwenden. Dabei ist es generell möglich, Daten von einem höheren auf ein niedrigeres Skalenniveau zu transformieren, nicht aber umgekehrt. Eine solche **Datentransformation** kann sinnvoll sein, wenn es darum geht, die Übersichtlichkeit der Daten zu verbessern und/oder deren Analyse zu vereinfachen. Beispiele hierfür sind die häufig in Fragebögen anzutreffende Bildung von Einkommens-

oder Preisklassen. Daran wird aber auch deutlich, dass die Transformation auf ein niedrigeres Skalenniveau mit einem Verlust an Information einhergeht. *(3 Punkte)*

Messniveaus und Messwerteigenschaften

		Messniveau	Mathematische Eigenschaften der Messwerte	Beschreibung der Messwerteigenschaften	Beispiele
Zunahme des Informationsgehaltes	Nicht-metrische Daten	**Nominal-niveau**	$A = A \neq B$	*Klassifikation:* Die Messwerte zweier UEn sind identisch oder nicht identisch.	*Zweiklassig*: Geschlecht (männlich/weiblich) *Mehrklassig*: Betriebstyp (Discounter/Verbrau- chermarkt/Supermarkt)
		Ordinal-niveau	$A > B > C$	*Rangordnung:* Messwerte lassen sich auf einer MD als klei- ner/größer/gleich ein- ordnen.	*Präferenz- und Urteils- daten:* z. B. „Marke X gefällt mir besser/gleich gut/ weniger als Marke Y."
	Metrische Daten	**Intervall-niveau**	$A > B > C$ und $A - B = B - C$	*Rangordnung und Abstandsbestimmung:* Die Abstände zwi- schen Messwerten können angegeben werden.	Kalenderzeit Temperatur (etwa *Celsius*-Skala)
		Rationiveau (Verhältnis-skala)	$A = x \cdot B$	*Absoluter Nullpunkt:* Neben Abstandsbe- stimmung können auch Messwertverhältnisse berechnet werden.	Alter Jahresumsatz

Legende: UE = Untersuchungseinheit, MD = Merkmalsdimension

Lösung Aufgabe 6: Begriff und Arten der Prognose
(siehe Abschn. 4.5.7 Prognose)

Eine Prognose ist eine auf Erfahrung bzw. Beobachtungen oder theoretischen Erkenntnissen beruhende Aussage über künftige Ereignisse. Man unterscheidet zwischen **Entwicklungsprognose**, bei der eine Zeitreihe in die Zukunft verlängert wird, ohne dass die Unternehmung den zu prognostizierenden Sachverhalt beeinflussen könnte oder wollte (z. B. die Entwicklung der Einwohnerzahl im Absatzgebiet), und **Wirkungsprognose**, bei der die voraussichtliche Konsequenz einer getroffenen Maßnahme (z. B. Erfolg von Produktinnovation, neuer Verpackung, Werbekampagne) ermittelt wird. *(3 Punkte)*

Des Weiteren lassen sich quantitative und qualitative Prognoseverfahren differenzieren. **Quantitative Prognoseverfahren** basieren auf mathematischen Kalkülen und zielen auf eine numerische Ermittlung der zu prognostizierenden Größen ab. Sie modellieren einen mathematischen Zusammenhang zwischen der vorherzusagenden Größe und den zur Prognose herangezogenen Einflussgrößen. *(0,5 Punkte)* Wichtige Vertreter sind:

- **Trendextrapolation**
  Hier wird die langfristige Entwicklungsrichtung einer Zeitreihe (= Trend) über den Beobachtungszeitraum hinaus als unverändert gültig erachtet und fortgeschrieben. Diesem Verfahren liegt demnach die Annahme zu Grunde, dass die in der Vergangenheit festgestellte Regelmäßigkeit, z. B. ein Trend, sich auch in der Zukunft fortsetzen wird. Hierbei bieten sich zwei Optionen: Zum einen die Schätzung bzw. Hochrechnung einer unbekannten Variablen aus zwei oder mehr bekannten Variablen, zum anderen die Fortschreibung der in einer Datenreihe enthaltenen, auf die Vergangenheit bezogenen Werte in die Zukunft. Stieg beispielsweise der Absatz eines Produktes in den vergangenen zehn Jahren um durchschnittlich 4 % p. a., so wird sich das auch in der Zukunft fortsetzen. *(2 Punkte)*

- **Exponentielle Glättung**
  Im Gegensatz zur Trendextrapolation wird bei diesem Verfahren ein Gewichtungsfaktor verwendet. Dem Verfahren, das eine Verallgemeinerung der Methode der gleitenden Durchschnitte darstellt, liegt die Vorstellung zu Grunde, dass die Zeitreihenwerte mit wachsender zeitlicher Entfernung vom Prognosezeitraum an Bedeutung verlieren. Konsequenterweise werden die aktuellen Zeitreihenwerte bei der exponentiellen Glättung höher gewichtet als die weiter zurückliegenden Werte, d. h. die Gewichtungskoeffizienten nehmen mit wachsender zeitlicher Entfernung geometrisch ab. Auf diese Weise wird der Einfluss jüngerer Beobachtungswerte für die Vorhersage relativ stärker berücksichtigt als der Einfluss weiter zurückliegender Werte. Dadurch trägt man der evolutionären Entwicklung des Marktgeschehens Rechnung. Dieses Verfahren eignet sich in erster Linie zur Ermittlung kurzfristiger Vorhersagen. *(2 Punkte)*

Qualitative Prognoseverfahren liefern auf der Basis von Erfahrung und Intuition Zukunftseinschätzungen *(0,5 Punkte)*. Hierzu zählen:

- **Szenario Technik**
  Dieses Verfahren zielt darauf ab, in sich konsistente Zukunftsbilder (= Szenarien) zu entwickeln. Auf der Basis der gegenwärtigen Situation wird versucht, den Endzustand des Prognosegegenstandes unter verschiedenartigen Rahmenbedingungen zu antizipieren und

davon ausgehend mögliche Auswirkungen auf das Untersuchungsfeld abzuleiten. Bei-spielsweise wird versucht vorauszusagen, wie sich der Absatz von Pkws im Falle unter-schiedlicher Kraftstoffpreise im nächsten Jahr entwickeln wird (etwa Preis für 1 Liter Su-perbenzin: Szenario 1 = 1,50 €, Szenario 2 = 1,75 €, Szenario 3 = 2 €). *(3 Punkte)*

- **Delphi-Methode**
  Hierbei handelt es sich um ein qualitatives Prognoseverfahren, das darauf abzielt, mittels der Intensivbefragung von Experten deren Know-how für die Formulierung von Progno-sen zu nutzen. Dabei werden die Experten in mehreren Befragungswellen über den Unter-suchungsgegenstand schriftlich und anonym befragt.

  Im Normalfall wird jeder Befragte zunächst darum gebeten, schriftlich eine möglichst dif-ferenzierte und begründete Prognose über einen Sachverhalt abzugeben. Die Ergebnisse werden sodann analysiert und in der nächsten Befragungswelle unter Wahrung der Ano-nymität der Probanden den Experten in Form von Durchschnittswerten und Streuungen erneut zugeleitet. Diese Form der Rückkoppelung gilt als eigentliches Spezifikum der Delphi-Methode.

  Nunmehr werden die Experten mittels stärker spezifizierten Fragen gebeten, ihre vorheri-ge Prognose zu überprüfen und zu begründen, weshalb sie in der zweiten Befragung ihre erste Prognose revidiert bzw. beibehalten haben. Dieser Prozess wird idealtypischerweise so lange fortgesetzt, bis sich eine klare Mehrheit herausgebildet hat oder die befragten Experten keine Bereitschaft mehr zeigen, ihre Prognosen zu revidieren.

  Grundgedanke des Verfahrens ist es, durch Rückkoppelung allmählich Konsenses zu er-zielen und dabei gleichzeitig den Konformitätsdruck, der von Gruppendiskussionen häu-fig ausgeht, zu vermeiden. Es existieren allerdings berechtigte Zweifel, ob das wirklich gelingt, da ein Mitläufereffekt durch Orientierung der Experten am Gruppenurteil zumin-dest nicht ausgeschlossen werden kann.

  Das Verfahren wurde 1959 von *O. Helmer* und *P. Rescher* von der RAND-Corporation entwickelt und findet heute vor allem in Konstellationen Anwendung, in denen es an ob-jektiven Erfahrungsdaten fehlt und die subjektiven Einschätzungen von Experten eine sinnvolle Prognosebasis darstellen. Anwendungsfälle sind beispielsweise Absatzprogno-sen für neue Produkte sowie die Einschätzung der Wirksamkeit neue *(3 Punkte)*

5.5   Klausur „Käuferverhalten"

6. Semester Bachelor-Studium; Dauer: 80 Minuten; erlaubte Hilfsmittel: keine

5.5.1   Aufgabenstellung

Insgesamt werden 80 Punkte vergeben!

Aufgabe 1: Modelle zur Erklärung des Konsumentenverhaltens

Grenzen Sie die Black Box-Modelle sowie die Strukturmodelle zur Erklärung des Konsumentenverhaltens voneinander ab. Skizzieren Sie hierbei die zentralen Eigenschaften des jeweiligen Ansatzes und gehen Sie auch auf konkrete Vertreter beider Modelle ein. **(16 Punkte)**

Aufgabe 2: Ablauf einer Kaufentscheidung

Erläutern Sie anhand eines von Ihnen gewählten Beispiels, wie ein Konsument vom Available Set zum Evoked Set gelangt. Veranschaulichen Sie Ihre Ausführungen anhand einer Graphik. **(8 Punkte)**

Aufgabe 3: Theorien des Konsumentenverhaltens

Erläutern Sie die folgenden theoretischen Ansätze zur Erklärung des Konsumentenverhaltens und zeigen Sie auf, wie die jeweiligen Ansätze im Marketing genutzt werden können. **(21 Punkte)**

- Risikotheorie
- Lerntheorien
- Assimilations-Kontrast-Theorie

Aufgabe 4: Phasen des Beschwerde-Management

Nennen Sie die einzelnen Phasen des Beschwerdemanagement und erläutern Sie, welche Aufgaben jeweils anfallen. **(8 Punkte)**

Aufgabe 5: Beschwerden und Kundenzufriedenheit

Nehmen Sie zu folgender These kritisch Stellung: „Beschwerden vermitteln einen repräsentativen Überblick über die Zufriedenheit der Kunden." **(12 Punkte)**

Aufgabe 6: Buying-Center-Konzept

Stellen Sie das Buying-Center-Konzept vor, und veranschaulichen Sie Ihre Ausführungen anhand eines Beispiels. Worin liegt das Nutzenpotential dieses Ansatzes für das Marketing von Anbietern? **(15 Punkte)**

Viel Erfolg!!

5.5.2   Lösungsskizze

Lösungen Aufgabe 1: Modelle zur Erklärung des Konsumentenverhaltens
(siehe Abschn. 2.3 Erklärungsansätze des Konsumentenverhaltens/2.3.1 Grundmodelle)

Grundsätzlich lassen sich zwei unterschiedliche Ansätze zur Erklärung des Konsumenten-verhaltens unterscheiden: Auf der einen Seite stehen die naturwissenschaftlich geprägten **Black-Box- bzw. Stimulus-Response-Modelle.** Diese basieren auf der psychologischen Forschungsrichtung des **Behaviorismus,** der auf der Annahme gründet, dass sich objektive Erkenntnisse über die Bestimmungsfaktoren des Verhaltens ausschließlich über beobachtbare Reiz-Reaktions-Prozesse gewinnen lassen, und damit bewusst innere Vorgänge ausklammert. Zu den wichtigsten Vertretern der Black-Box-Modelle gehören die **regressionsanalytische Modelle** sowie die **stochastischen Prozessmodelle.**

Auf der anderen Seite finden sich die sozialpsychologisch geprägten **Stimulus-Organism-Response-Modelle,** die vom **Neobehaviorismus** ausgehen und sog. intervenierende Variablen (aktivierende Prozesse: Emotion, Motivation, Einstellung, Zufriedenheit; kognitive Prozesse: Informationsaufnahme, -verarbeitung, -speicherung) in die Betrachtung einbeziehen. Diese lassen sich ihrerseits nach dem jeweiligen Komplexitätsgrad in **Partial-** und **Totalmodelle** gruppieren.

Black-Box-Modelle

Die Black-Box-Modelle zeichnen sich dadurch aus, dass sämtliche Prozesse, die in der Psyche des Verbrauchers ablaufen, als unzugänglicher „schwarzer Kasten" betrachtet und damit aus der Betrachtung ausgeklammert werden. Vielmehr konzentriert man sich ganz im Sinne **naturwissenschaftlicher Forschungstradition** auf beobachtbare und damit unmittelbar messbare Variablen. Dies sind zum einen die sog. Stimuli, d.h. die Reize, die auf den Verbraucher wirken und die von den Marketingaktivitäten der Anbieter, der Situation und/oder vom sozialen Umfeld ausgehen. Zum anderen betrachtet man die Response, d.h. die Reaktion des Verbrauchers auf die wahrgenommenen Reize. Hierzu zählen der Kauf eines Produktes, der Wechsel zu einem anderen Anbieter etc. *(4 Punkte)*

Zu den bekanntesten Vertretern des Black-Box-Ansatzes zählen regressionsanalytische Modelle sowie stochastische Prozessmodelle. Im Falle der **regressionsanalytischen Modelle** werden Stimulus (= unabhängige Variable) und Response (= abhängige Variable) mathematisch miteinander verknüpft. Das Spektrum reicht von linear-additiven über multiplikative bis hin zu mathematisch komplexeren Modellen. Zur Veranschaulichung dient das folgende Beispiel, bei dem der Einfluss von Marketingaktivitäten (z.B. Veränderung von Produkt, Preis, Distributionsquote, Werbebudget) auf die Höhe des Absatzes analysiert wird:

- Linear-additives Modell:
  y = k – aP + bW + cQ + dD

- Multiplikatives Modell:
  y = k•a•P•b•W•c•Q•d•D

Legende:

y =   Absatzvolumen
k =   Konstante
P, W, Q, D =   Marketing-Instrumente (P = Preis, W = Werbebudget, Q = Qualität, D = Dist-
                  ributionsquote)
a, b, c, d =   Regressionskoeffizienten, welche die Stärke des Einflusses abbilden

Die wesentlichen **Vorteile** des regressionsanalytischen Ansatzes sind am angeführten Beispiel unmittelbar nachvollziehbar:

- Die Modelle überzeugen durch ihre methodische Pragmatik, da sie universell einsetzbar
  sind.

- Die Variablen sind praxisnah.

- Die Operationalisierungs- und Datenbeschaffungsprobleme sind als vergleichsweise
  gering einzustufen. *(4 Punkte)*

Die **stochastischen Prozessmodelle** ihrerseits verstehen die Kaufentscheidung als Zufallsmechanismus. Konsequenterweise fokussieren sie sich auf die spezifische Wahrscheinlichkeit, mit der ein Verbraucher auf einen Stimulus reagiert. Als Reaktionen kommen z.B. die
Wahl von Marken, Einkaufsstätten, Kaufzeitpunkt u. ä. in Betracht. Von besonderer Bedeutung sind in diesem Kontext die Fluktuationsmodelle, die auf eine Transparenz von Wieder-
kaufrate bzw. Markenloyalität sowie Markenwechsel („Brand Switching") abzielen.
(4 Punkte)

Strukturmodelle

Im Gegensatz zu den Black-Box-Modellen brechen die Struktur- bzw. SOR-Modelle den
„schwarzen Kasten" auf und versuchen, einen Einblick in das Bewusstsein des Konsumenten
zu ermöglichen. Dabei stellen die sog. **Partialmodelle** ein zentrales hypothetisches Konstrukt in den Mittelpunkt der Betrachtung. Hierzu zählen u. a. Einstellungen (Images), kognitive Dissonanz, Motive, subjektiv empfundener Produktnutzen sowie wahrgenommenes
Kaufrisiko.

Die **Totalmodelle** hingegen, als deren bekannteste Vertreter die Modelle des Konsumentenverhaltens von *Howard/Sheth* (1969), *Nicosia* (1966) sowie *Engel/Blackwell/Miniard* (2000)
gelten, zielen darauf ab, einen umfassenden Einblick in die Struktur psychischer Kaufentscheidungsprozesse zu vermitteln. Aufgrund der hieraus resultierenden Komplexität ver-

schließen sich diese Modelle weitgehend einem empirischen Zugang, was ihre Praxisrelevanz erheblich einschränkt. *(4 Punkte)*

Lösungen Aufgabe 2: Ablauf einer Kaufentscheidung
(siehe Abschn. 2.4 Determinanten des Konsumentenverhaltens/2.4.1 Interne Faktoren)

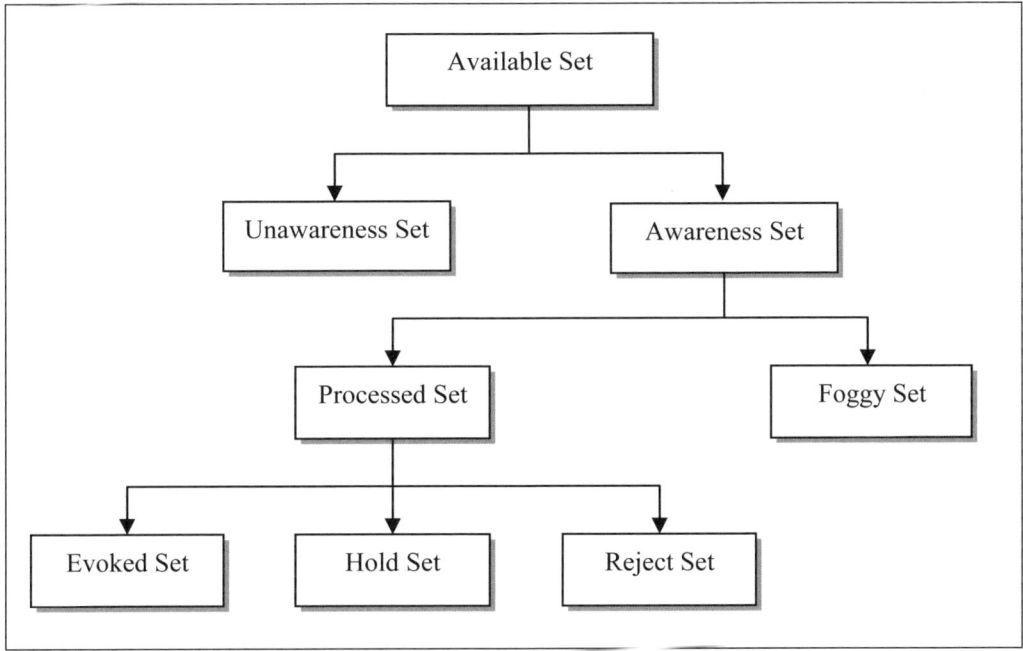

Ein Modell zur selektiven Markenauswahl von Konsumenten nach Brisoux/Laroche

(4 Punkte)

Beim sog. Awareness handelt es sich um den Teil der erhältlichen Produkte, die dem Verbraucher bekannt sind (= Available Set abzüglich Unawareness Set). Das Awareness Set wird um diejenigen Produkte reduziert, die dem Kunden nicht näher vertraut und damit für die weitere Kaufentscheidung unwichtig sind (= Foggy Set). Das verbleibende Processed Set wird nun weiter differenziert. Zum Reject Set gehören die Produkte, mit denen der Verbraucher bereits negative Erfahrungen gesammelt hat und die er deshalb ablehnt. Das Hold Set bilden diejenigen Produkte, die mit Hilfe einfacher Entscheidungsregeln ausgesondert, aber noch in der Hinterhand gehalten werden. Für die eigentliche Kaufentscheidung relevant ist lediglich das Evoked Set. *(4 Punkte)*

Lösungen Aufgabe 3: Theorien des Konsumentenverhaltens
(siehe Abschn. 2.3 Erklärungsansätze des Konsumentenverhaltens/2.3.2 Ausgewählte neobe-havioristische Theorien)

Risikotheorie

Dieser von *Bauer* (1960) begründete Ansatz geht davon aus, dass sich jeder Konsument beim Erwerb eines Produktes mit Risiken konfrontiert sieht, da er nur über unvollständige Informationen verfügt und demnach die Konsequenzen seiner Handlung nicht umfassend abschätzen kann. Dabei unterscheidet man folgende **Risiken:**

- **Funktionales Risiko**: Das erworbene Produkt erfüllt seine Aufgabe nicht.

- **Soziales Risiko**: Durch den Kauf des Produkts verstößt man gegen soziale Normen oder erhält nicht die erwartete Anerkennung seiner Umgebung.

- **Finanzielles Risiko**: Das gleiche Produkt hätte man einem anderen Ort und/oder zu einem anderen Zeitpunkt günstiger erwerben können.

Der Verbraucher versucht mittels bestimmter **Strategien**, die geschilderten Risiken zu vermindern bzw. ganz abzubauen. Hierzu zählen u. a. der Kauf:

- von bekannten, vertrauten (= Markentreue) oder verbreiteten Marken.

- kleiner Mengen eines Produktes.

- des billigsten Produktes, wodurch das finanzielle Risiko vermindert wird.

- des teuersten Produkts, wodurch der Verbraucher das funktionelle Risiko eines Produktes verringern will. Hier fungiert der Preis als Indikator für Qualität.

Des weiteren lassen sich Risiken dadurch verringern, dass man sich im Vorfeld umfangreich informiert (, was sämtliche Risiken betrifft), Garantieleistungen der Anbieter beachtet bzw. erwirbt (etwa Mobilitätsgarantien im Kfz-Bereich, „Bei-Unzufriedenheit-zurück"-Garantien, Preis-Garantien) und/oder sich an Meinungsführern orientiert (= Abbau sozialer Risiken). *(4 Punkte)*

Lerntheorien

Hier lassen sich **vier grundsätzliche Ansätze** unterscheiden:

- **Lernen durch klassische Konditionierung (*Pawlow'scher Hund*)**
  Klassische Konditionierung bezeichnet das Lernen durch Kopplung von Stimuli. Als Begründer dieses Ansatzes gilt *Pawlow*. In seinen bekannten Hundeexperiment koppelte er einen neutralen Stimulus (= Ertönen einer Glocke) an einen unbedingten Stimulus (= Präsentation von Futter), der seinerseits einen unbedingten Reflex (= Speichelabsonderung) auslöste. Nach mehrmaligem Wiederholungen stellte sich ein Lerneffekt dergestalt ein, dass der nunmehr durch Erfahrung bedingte Stimulus (= Glocke) auch ohne Futterabgabe zum nunmehr bedingten Reflex (= Speichelabsonderung) führte, wobei die Wirkung im Zeitablauf bis zur vollständigen „Löschung" nachließ.

Kroeber-Riel griff diese Erkenntnisse in seinem *Hoba*-Experiment auf und verdeutlichte damit das Nutzenpotential der klassischen Konditionierung für den Marketingbereich. Er verband einen neutralen Stimulus, nämlich das Kunstwort *Hoba*-Seife, mit einem unbedingten Stimulus (= Präsentation einer nackten Frau in einem Werbespot), der seinerseits bei den männlichen Versuchspersonen einen unbedingten Reflex (= sexuelle Erregung) auslöste. Nach einer angemessenen Wiederholung der Kopplungen löste alleine das ursprüngliche nichtssagende Wort *Hoba* bei den Probanden sexuelle Erregung aus, auch wenn nunmehr keine erotischen Bilder mehr gezeigt wurden. *(4 Punkte)*

- **Lernen durch operante (= instrumentelle) Konditionierung**
  Während sich die klassische Konditionierung bei der Entstehung von Stimulus-Response Verknüpfungen auf die Stimuluskomponente fokussiert, rückt die operante Konditionierung die Response-Komponente in den Vordergrund, indem sie Lernen als Konsequenz des Verhaltens interpretiert. Individuen werden tendenziell eher das Verhalten wiederholen, für das sie belohnt wurden, und das Verhalten vermeiden, für das sie bestraft wurden. Eine der in diesem Zusammenhang bekanntesten Versuchsanordnungen ist die *Skinner*-Box. Hierbei handelt es sich um einen Käfig, in dem die Versuchstiere lernen, auf einen bestimmten Hebel zu drücken, um eine Belohnung zu erhalten (z.B. Futter) bzw. eine Bestrafung zu vermeiden (etwa Elektroschock). Im Marketing werden diese Erkenntnisse dergestalt genutzt, dass in der Werbung gezeigt wird, dass ein bestimmtes Produkt geeignet ist, Belohnungen zu erlangen (z.B. gelungenes Familienfest durch Kredenzen einer bestimmten Kaffee-Marke) bzw. Bestrafungen zu vermeiden (durch Kaugummi kein Mundgeruch und damit keine soziale Ächtung). *(4 Punkte)*

- **Lernen am Modell**
  Hier wird Lernen als Nachahmung anderer Personen durch bloßes Beobachten verstanden. Diese Form des Lernens tritt bereits im frühkindlichen Stadium auf, wenn Kinder ihre Eltern sowie Geschwister beobachten und deren Verhalten imitieren. Wird beispielsweise eine Hausfrau wegen ihrer blütenweißen Wäsche von ihrem Mann gelobt, lernt der Betrachter, dass das entsprechende Waschmittel mit Belohnungen verbunden ist, und wird dieses Verhalten gegebenenfalls imitieren. Das Lernen am Modell tritt umso intensiver auf, je höher Prestige sowie soziale Macht der beobachteten Person und je geringer Selbstschätzung und die zum Modell bestehende Distanz des Beobachters ausgeprägt sind. *(3 Punkte)*

- **Kognitives Lernen**
  Diese Ansätze gehen von der Annahme aus, dass Lernen aufgrund des Erkennens der jeweiligen Zusammenhänge und damit durch Aufspüren von Mittel-Zweck-Beziehungen erfolgt. Die Werbung nutzt diesen Ansatz dann, wenn dem Verbraucher die Wirkung komplexer Produkte durch simple Analogien nahegebracht werden. Beispielsweise verdeutlichte *BMW* die Funktion seines intelligenten Allradsystem *xDrive* mittels eines Hampelmanns (engl. „Jumping Jack"). *xDrive* verteilt die Kraft auf die vier angetriebenen Räder, und zwar nicht nur unabhängig zwischen Vorder- und Hinterachse, sondern auch zwischen den einzelnen Rädern, je nachdem, wo die Kraft gerade benötigt wird. Das Hauptmotiv der Kampagne, ein animierter Hampelmann, visualisierte auf einfache Art und Weise die Funktionalität der neuen Allrad-Technologie. In Analogie zum System

bewegte er seine Arme und Beine. Erst streckte der Hampelmann alle vier von sich, dann zwei Füße, dann zwei Hände, dann diagonal eine Hand und ein Bein und am Schluss alle Gliedmaßen separat. Und die Produzenten von *Elmex Sensitive*, einer Zahncreme für empfindliche Zähne, nutzen folgenden Vergleich: „Wenn ein Baum keine Rinde mehr hat, ist er schutzlos der Witterung ausgesetzt. Genauso ist es bei Zähnen, wenn die Zahnhälse freiliegen. Das ist der wunde Punkt." *(2 Punkte)*

Assimilations-Kontrast-Theorie

Diese Kombination aus Konsistenz- und Kontrasttheorie basiert auf den Überlegungen von *Sherif/Hovland* (1961). Ausschlaggebend für die kognitive Reaktion des Menschen ist die Größe der Diskrepanz zwischen zwei Kognitionen: Bei einer kleinen Dissonanz werden die Kognitionen im Sinne der Konsistenztheorie einander angeglichen sprich assimiliert, d. h. dem Adaptionsniveau angenähert. Bei großen Abweichungen und damit ab einer bestimmten Schwelle hingegen werden Diskrepanzen kontrastiert und damit überbetont, d. h. die beiden Eindrücke werden als unterschiedlicher angesehen, als es den objektiven Gegebenheiten entspricht. Abb. 2.8 verdeutlicht diesen Zusammenhang graphisch.

Die Assimilations-Kontrast-Theorie findet im Marketing u. a. folgende **Anwendungsbereiche**:

- **Preisreaktionen**: Vor dem Hintergrund der gemachten Erfahrungen bilden Verbraucher für jedes Qualitätsniveau und jede Produktkategorie einen Referenzpreis. Dieser dient als Grundlage für die Beurteilung von Preisforderungen. Liegt eine Preisforderung in unmittelbarer Nähe zum Referenzpreis, wird sie assimiliert, d. h. in der Wahrnehmung in Richtung des Ankers verschoben. In diesem sog. Akzeptanzbereich werden Preisdifferenzen nicht wahrgenommen oder unterschätzt, auf jeden Fall aber toleriert. Überschreitet die Diskrepanz zwischen Referenzpreis und Ankerpreis hingegen eine bestimmte Grenze, wird die Abweichung in der Wahrnehmung noch vergrößert (= Kontrastbereich).

- **Kundenzufriedenheit bzw. Nachkaufevaluation**: Liegt eine Leistung in unmittelbarer Nähe zu den Erwartungen, wird sie assimiliert, d. h. in der Wahrnehmung in Richtung des Ankers verschoben. In diesem sog. Akzeptanzbereich werden Abweichungen nicht wahrgenommen, der Kunde ist zufrieden. Überschreitet die Diskrepanz zwischen Erwartung und Leistung hingegen eine bestimmte Grenze, wird die Abweichung in der Wahrnehmung kontrastiert. In dem einen Fall ist man zutiefst enttäuscht, im anderen Fall begeistert. *(4 Punkte)*

Lösung Aufgabe 4: Phasen des Beschwerde-Management
(siehe Abschn. 13.4.5 Zufriedenheit rentabler Kunden als zentrales Anliegen)

Ein erfolgreiches Beschwerdemanagement umfasst **vier Phasen**:

- **Beschwerdestimulierung** und -kanalisierung zielen darauf ab, Beschwerdebarrieren abzubauen und Unmutsäußerungen an die betreffenden Stellen zu leiten. *(2 Punkte)*

- Die **Beschwerdebearbeitung** hat zur Aufgabe, auf kürzestem Wege eine für alle Beteiligten zufriedenstellende Lösung zu finden. *(2 Punkte)*

- Die **Beschwerdeanalyse** dient dazu, die Beschwerdefälle anhand einer Prüfliste zu dokumentieren, auszuwerten und damit zukünftiger Unzufriedenheit vorzubeugen. *(2 Punkte)*

- Die **Beschwerdenutzung** schließlich gewährleistet die Weiterleitung der gewonnen Erkenntnisse an die betroffenen internen und externen Stellen, wo spezifische Problemlösungen erarbeitet werden. *(2 Punkte)*

Lösung Aufgabe 5: Beschwerden und Kundenzufriedenheit
(siehe Abschn. 13.4.5 Zufriedenheit rentabler Kunden als zentrales Anliegen)

Im Unternehmensalltag beschwert sich nur ein begrenzter, keineswegs repräsentativer Ausschnitt der Abnehmer. Dies führt zwangsläufig dazu, dass Beschwerden lediglich die „Spitze des Eisbergs" Unzufriedenheit bilden. Ob es bei Unzufriedenheit zu einer Beschwerde kommt oder nicht, hängt im Wesentlichen von **drei Faktoren** ab:

- Unzufriedene Kunden wägen ab, ob der mit einer Beschwerde voraussichtlich verbundene Erfolg (Wiederherstellung der Funktionsfähigkeit des erworbenen Produktes, Ersatz der Ware, Rückerstattung oder nachträgliche Minderung des Kaufpreises, in der Kritik an einem Mitarbeiter liegende Befriedigung etc.) den damit einhergehenden Aufwand (z.B. Telefon-, Porto- und Fahrtkosten; physische und psychische Anstrengungen) rechtfertigt. Ist dies nicht der Fall, verzichtet man auf die Beschwerde. In diesem Zusammenhang wurde festgestellt, dass sich unzufriedene Kunden häufig von dem hohen zeitlichen und finanziellen Einsatz, dem Fehlen einer Erfolgsgarantie und dem mit der Äußerung einer Beschwerde verbundenen Ärger abschrecken lassen. *(4 Punkte)*

- Käufer beschweren sich um so eher, je bedeutsamer ihnen ein Problem erscheint, je klarer es sich um einen offenkundigen Mangel handelt und je genauer die Ursache der Unzufriedenheit eingegrenzt werden kann. Konsequenterweise beziehen sich Unmutsäußerungen überwiegend darauf, dass neue Produkte Mängel aufweisen oder bereits in Gebrauch befindliche nicht sachgemäß repariert bzw. gewartet wurden. *(4 Punkte)*

- Neben soziodemographischen Größen wie Alter, Geschlecht, Bildung und Beruf sind es vor allem psychische Faktoren, die das Beschwerdeverhalten von Verbrauchern beeinflussen. Es leuchtet ein, dass sich eher solche Menschen beschweren, die Selbstvertrauen besitzen, als Meinungsführer fungieren und über fundierte Produktkenntnisse sowie einschlägige Informationen und Erfahrungen im Umgang mit Kontrahenten verfügen. *(4 Punkte)*

Lösung Aufgabe 6: Buying-Center-Konzept
(siehe Abschn. 3.4.2 Webster-Wind-Modell)

Buying-Center (= Einkaufsgremium) = Gruppe von Personen innerhalb einer Organisation, die für die Beschaffung (Einkauf) zuständig ist. Die Mitglieder eines solchen Buying-Center sind:

- **Gate-Keeper**, dessen Aufgabe es ist, entscheidungsrelevante Informationen zu sammeln und vorzusortieren. Diese Rolle übernimmt häufig der Assistent oder die Assistentin des Deciders. *(2 Punkte)*

- **Decider**: Er übernimmt vom Gate-Keeper die Informationen und verarbeitet diese weiter. Bei ihm liegt letztlich die Entscheidung, ob ein Objekt erworben wird oder nicht. Demzufolge nimmt er eine exponierte Stellung innerhalb des Buying-Centers ein. Die Funktion des Deciders übernimmt in kleineren Unternehmen bzw. ab einem bestimmten Beschaffungsvolumen häufig der Geschäftsführer. *(2 Punkte)*

- **Buyer**: Er ist für die Überwachung des gesamten Kaufprozesses verantwortlich. Damit fallen ihm die Aufgaben zu,
  - potentielle Partner aufzufordern, ihre Angebote abzugeben,
  - den Kaufvertrag abzuschließen,
  - Nachverhandlungen im Detail zu führen,
  - die Kaufabwicklung zu überwachen und
  - evtl. Reklamationen in die Wege zu leiten.
  Diese Funktion übt zumeist der Chefeinkäufer aus. *(2 Punkte)*

- **User**: Das ist die Person, die das anzuschaffende Objekt letztlich benutzen wird und damit die Leistungsanforderungen am besten spezifizieren kann. *(2 Punkte)*

- **Influencer**: Er unterstützt durch seine Fachkompetenz die Beurteilung der Objekte und damit auch die Kaufentscheidung. Diese Funktion übernehmen externe Berater (z.B. Unternehmensberater) oder Mitarbeiter einer internen Serviceabteilung (z.B. Rechenzentrum). *(2 Punkte)*

- **Approver**: Hierbei handelt es sich um diejenigen Personen, welche die Empfehlungen der Decider autorisieren, nach dem sie die Bedenken der Influencer und User überdacht haben. *(2 Punkte)*

Nunmehr wird nachvollziehbar, dass die Mitglieder des Buying-Centers zwar allesamt derselben Organisation angehören, aber verschiedene Ziele verfolgen, die Realität unterschiedlich wahrnehmen und/oder nicht die gleichen Mittel einsetzen, um ein Gesamtziel zu erreichen. Während beim Decider etwa technische Aspekte im Vordergrund stehen und beim Approver Kosten/Nutzen-Überlegungen dominieren, trifft der User seine Wahl unter Gesichtspunkten wie Prestige, Bequemlichkeit und Ästhetik. Für einen Lieferanten ist es deshalb wichtig zu analysieren, wer dem Buying-Center eines potenziellen Kunden angehört, welche Rolle/n er spielt sowie welchen Einfluss er dort ausübt und welches Informationssowie Entscheidungsverhalten ihn charakterisiert. Für den externen Betrachter erweist es sich jedoch gemeinhin als problematisch zu identifizieren, welche Personen welche Funktionen ausüben und wie hoch deren Anteil an der Entscheidungsfindung ist. *(3 Punkte)*

5.6   Klausur „Marketing-Management"

2. Semester Master-Studium; Dauer: 180 Minuten; erlaubte Hilfsmittte: keine

5.6.1   Aufgabenstellung

Insgesamt werden 180 Punkte vergeben!

Aufgabe 1: Marketing-Ziele

(a) Zeigen Sie auf, welche Arten von Marketing-Zielen es grundsätzlich gibt. **(9 Punkte)**

(b) Eine Brauerei formuliert folgendes Ziel: „Erreichung eines Bekanntheitsgrads von 50 % für das Bier-Mix-Getränk ‚Roter Räuber'!" Inwieweit erfüllt das Unternehmen die formalen Anforderungen, die an Ziele gestellt werden sollten? **(4,5 Punkte)**

Aufgabe 2: Balanced Scorecard

Erläutern Sie den grundsätzlichen Aufbau einer Balanced Scorecard und nennen Sie für jede Ebene beispielhaft eine Kennzahl (mit entsprechender Erläuterung). Wo liegen die Vorteile der Balanced Scorecard im Vergleich zu klassischen Kennzahlensystemen? **(23 Punkte)**

Aufgabe 3: Gap-Analyse

Stellen Sie die Gap-Analyse anhand einer Graphik vor. Gehen Sie dabei auch auf die Beziehung zwischen Gap-Analyse und den Marktwachstums- bzw. Marktfeldstrategien von *Ansoff* ein. **(7,5 Punkte)**

Aufgabe 4: Benchmarking

Stellen Sie Begriff, Arten und Gefahren des Benchmarking vor. **(15 Punkte)**

Aufgabe 5: SWOT-Analyse

Erläutern Sie anhand eines Schaubildes den Aufbau einer SWOT-Analyse? **(8 Punkte)**

Aufgabe 6: Portfolio-Analyse

Als Assistent der Geschäftsleitung sollen Sie eine Informationsgrundlage zur Portfolio-Analyse erarbeiten. Stellen Sie zu diesem Zweck das Konzept des *BCG*-Portfolios. Bedienen Sie sich hierzu einer Graphik. Gehen Sie auch auf die Fragen ein, wie sich das *BCG*-Portfolio theoretisch und empirisch begründen lässt und welche Stärken und Schwächen das *BCG*-Portfolio aufweist. **(23 Punkte)**

Aufgabe 7: Marktfeldstrategien

Erläutern Sie die Marktfeldstrategien nach *Ansoff*. Veranschaulichen Sie Ihre Ausführungen jeweils anhand eines Beispiels. Wo liegen die Grenzen dieses Ansatzes? **(27 Punkte)**

Aufgabe 8: Marktstimulierungsstrategien

In Ihrer Funktion als Assistent der Geschäftsleitung müssen Sie sich intensiv mit dem Thema Marketing-Strategien auseinandersetzen. In Publikationen lesen Sie immer wieder, dass sich zahlreiche Unternehmen in einer „Stuck-in-the-Middle"-Position befinden. Zeigen Sie auf, auf welchem Strategiekonzept diese Überlegungen basieren. Veranschaulichen Sie Ihre Ausführungen anhand eines Schaubildes sowie an entsprechenden Beispielen aus der Unternehmenspraxis. Gehen Sie hierbei auch auf die sog. Outpacing-Strategie ein. **(22 Punkte)**

Aufgabe 9: Internationalisierung

Als Assistent/in der Geschäftsleitung sollen Sie eine Entscheidungsgrundlage für die Internationalisierung Ihres Unternehmens schaffen. Zeigen Sie auf, welche Entscheidungen im Rahmen einer solchen Marktarealstrategie getroffen werden müssen. **(12 Punkte)**

Aufgabe 10: Kundenbeziehungs-Lebenszyklus

Stellen Sie den Kundenbeziehungs-Lebenszyklus vor und erläutern Sie dessen einzelne Phasen. **(25 Punkte)**

Aufgabe 11: Reaktionen auf (Un-)Zufriedenheit des Kunden, Variety-Seeking und Instrumente der Kundenbindung

(a) Skizzieren Sie mögliche Reaktionen des Kunden auf Zufriedenheit und auf Unzufriedenheit in einem Schaubild. Gehen Sie hierbei auch auf das Phänomen des Variety-Seeking ein. **(9 Punkte)**

(b) Zeigen Sie auf, wie man Kunden trotz Variety-Seeking bzw. Unzufriedenheit an das Unternehmen binden kann. Gehen Sie dabei insbesondere auf die Instrumente der Kundenbindung ein, und veranschaulichen Sie Ihre Ausführungen jeweils anhand eines Beispiels. **(8 Punkte)**

Viel Erfolg!

5.6.2   Lösungsskizze

Lösung Aufgabe 1: Marketing-Ziele
(siehe Kap. 5 Marketing-Ziele/Abschn. 5.1 Begriff, Ausprägungen und Aufgaben sowie 5.3 Operationalisierung)

(a) Grundsätzlich lassen sich Ziele anhand folgender, nicht ganz überschneidungsfreier **Kriterien** systematisieren:

- **Inhalt**: ökonomische (z. B. Umsatz-, Gewinnziele; Wachstums-, Marktanteils- und Kostenziele) versus außerökonomische bzw. psychographische Ziele (Steigerung des Bekanntheitsgrads, Veränderung des Images, Steigerung der Kundenzufriedenheit). Dabei wird eine Mittel-Zweck-Beziehung dergestalt konstatiert, dass psychographische Ziele der Erreichung ökonomischer Ziele dienen, da sie darauf abzielen, den Verbraucher zum Erwerb einer Unternehmensleistung zu bewegen. Konsequenterweise fungieren psychographische Größen häufig als Frühindikatoren für ökonomische (Miss-)Erfolge. *(3 Punkte)*

- **Bewertungsmaßstab**: monetäre (= in Geldeinheiten bewertete) versus nicht-monetäre Ziele. Während es sich beim Umsatz um eine monetäre Zielgröße handelt, repräsentiert die Erhöhung des Absatzes um 10 % ein nicht-monetäres Ziel. *(2 Punkte)*

- **Hierarchie**: Ober-, Zwischen- und Unterziele. Dabei gilt es zum einen, die Oberziele des Unternehmens über die Hierarchieebenen hinweg in Zwischen- und Unterziele für die einzelnen Unternehmensbereiche und Mitarbeiter „herunterzubrechen" (Top-Down-Ansatz). Zum anderen müssen die Unterziele über die Unternehmensebenen nach oben verdichtet werden (Bottom-Up-Ansatz). Angesichts des offensichtlichen Spannungsfeldes werden beide Verfahren in der Unternehmenspraxis im Zuge des Gegenstromverfahrens kombiniert. *(2 Punkte)*

- **Zeitlicher Horizont**: Hier lassen sich strategische (= langfristiger Horizont), taktische (= mittelfristiger Charakter) und operative Ziele (= kurzfristige Perspektive) unterscheiden. *(2 Punkte)*

(b) Hierbei handelt es sich um ein psychographisches Ziel. *(1 Punkt)*

Damit Ziele ihre Funktion erfüllen können, müssen sie bestimmten **formalen Anforderungen** entsprechen: Hierzu zählen:

- Zielinhalt (was?): Im Beispiel Bekanntheitsgrad
- Objektbezug (womit?): Im Beispiel die Marke „Roter Räuber"
- Zielausmaß (wie viel?): Im Beispiel 50 %
- Zeitbezug (wann?): Keine Aussage
- Segmentbezug (wo?): Keine Aussage *(2,5 Punkte)*

Damit ist die psychographische Zielsetzung nicht operational. Außerdem müsste geklärt werden, ob es sich um den gestützten oder ungestützten Bekanntheitsgrad handelt. *(1 Punkt)*

Lösung Aufgabe 2: Balanced Scorecard
(siehe Abschn. 12.4 Balanced Scorecard als integrativer Controlling-Ansatz)

Die von *Kaplan/Norton* (1997) entwickelte Balanced Scorecard (= ausbalanciertes Kennzahlensystem) ist eine Management-Methode, mit deren Hilfe sich ein Unternehmen mittels weniger, aber entscheidender Kennzahlen flexibel und effizient steuern lässt.

Die Balanced Scorecard hat ihren Ausgangspunkt an der Kritik am traditionellen Umgang mit Kennzahlen. Die meisten Unternehmen nutzen bereits seit geraumer Zeit Kennzahlen, die sie über die eigene Entwicklung informieren sollen. In der überwiegenden Mehrzahl handelt es sich hierbei um Finanzkennzahlen wie Umsatz, Gewinn oder Rendite (Return on Investment). Derartige Kennzahlen weisen jedoch zwei zentrale Nachteile auf:

Bei Finanzkennzahlen handelt sich im Regelfall um sog. Spätindikatoren, d.h. um Kennzahlen, die erst mit erheblicher zeitlicher Verzögerung Hinweise über die Richtigkeit einer Entscheidung geben. Nachvollziehbar wird dies am Zusammenhang zwischen Kundenzufriedenheit und Gewinn. Die (Un-)Zufriedenheit der Kunden (= Frühindikator) schlägt sich erst nach geraumer Zeit im Gewinn (= Spätindikator) nieder. Die Balanced Scorecard tritt dieser Gefahr entgegen, indem sie das Augenmerk des Management verstärkt auf **Frühindikatoren** lenkt und so Fehlentwicklungen aufdeckt, bevor sie sich in den finanziellen Größen ausgewirkt haben.

Finanzkennzahlen geben keine Auskunft über die Ursachen für eine bestimmte Entwicklung und bieten damit keine Ansatzpunkte für etwaig durchzuführende Maßnahmen. Deshalb interessiert man sich bei der Balanced Scorecard auch für diejenigen Prozesse, die für die Entwicklung der Finanzkennzahlen verantwortlich sind. *(4 Punkte)*

Aufbau

Die Balanced Scorecard basiert auf dem Prinzip, dass der wirtschaftliche Erfolg eines Unternehmens von Einflussfaktoren abhängt, die hinter den rein finanziellen Zielgrößen stehen, diese aber stark beeinflussen. Dabei wird folgender Zusammenhang unterstellt: fähige und motivierte Mitarbeiter → verbesserte Geschäftsprozesse → zufriedene Kunden → finanzieller Erfolg.

Konsequenterweise integriert die Balanced Scorecard folgende **Perspektiven**:

- **Finanzperspektive**
  Diese Dimension umfasst die klassischen finanziellen Kennzahlen über die Vermögens-, Finanz- und Ertragslage eines Unternehmens. Typische Vertreter dieser Kategorie sind Deckungsbeitrag, Gewinn, Return on Investment sowie Umsatz. *(3 Punkte)*

- **Kunden- und Marktperspektive**
  Hier wird die Positionierung eines Unternehmens im Konkurrenzumfeld sowie gegenüber dem Kunden betrachtet. Exemplarisch können aus diesem Bereich Marktanteil, Kundenzufriedenheit sowie Kundenbindungsgrad genannt werden. *(3 Punkte)*

- **Interne Prozessperspektive (Aufbau- und Ablauforganisation)**
  Diese Kennzahlen umschreiben, wie gut bzw. schlecht die internen Prozesse ablaufen. Im vorliegenden Zusammenhang erscheint es sinnvoll, in einer leichten Abwandlung vom klassischen Konzept diese Perspektive auf die Marketingprozesse sprich das Marketing-Mix zu richten. Nach diesem Verständnis geht es im Wesentlichen um die Effizienz des Produkt- bzw. Sortimentsmanagement, des Kontrahierungsmanagement, des Distributionsmanagement sowie des Kommunikationsmanagement. Floprate, Preiselastizität der Nachfrage, Distributionsquote und Response sind Vertreter dieser Kategorie. *(3 Punkte)*

- **Lern- und Entwicklungsperspektive (Mitarbeiter und Human Ressources)**
  Mit Hilfe dieser Kennzahlen beleuchtet man die Motivation und Qualifikation der Mitarbeiter. Im Vordergrund stehen dabei für unsere Zwecke die Marketing- und Vertriebsmitarbeiter. Beispiele für diese Kategorie sind Eigenkündigungsquote, Krankenquote sowie Verbesserungsvorschlagsquote. *(3 Punkte)*

Der Vollständigkeit halber sei erwähnt, dass es durchaus zweckmäßig sein kann, neben den vorgestellten Perspektiven noch weitere Bereiche einer Analyse zu unterziehen (z.B. Kreditgeber, Lieferanten, Zulieferer, Versicherungen, Forschung und Entwicklung, Unternehmensethik, interne Unternehmenskommunikation, Öffentlichkeit, Politik und Gesellschaft, Internationalität und Kooperationen). *(2 Punkte)*

Mit Hilfe der Balanced Scorecard können Ursache-Wirkungsketten erstellt und damit Querverbindungen zwischen sowie Abhängigkeiten von Kennzahlen aufgedeckt werden. Die Finanzkennzahlen stehen also nicht isoliert, sondern werden aus den anderen drei Kategorien abgeleitet. *(1 Punkt)*

Beispiel

Ein Beispiel soll die Vorgehensweise verdeutlichen: In der Lern- und Entwicklungsperspektive wird das Ziel erreicht, die Verbesserungsvorschläge pro Mitarbeiter und Jahr von zwei auf vier zu erhöhen. Dadurch steigt die Qualität der Produkte, was sich wiederum an der sinkenden Floprate zeigt (= interne Prozessperspektive). Die resultierende Erhöhung der Kundenzufriedenheit (= Kunden- bzw. Marktperspektive) steigert ihrerseits schließlich Umsatz und Gewinn (= Finanzperspektive). *(4 Punkte)*

Lösung Aufgabe 3: Gap-Analyse
(siehe Abschn. 6.6.2 Gap-Analyse)

Die Gap-Analyse (= Lückenanalyse) wurde von *Ansoff* entwickelt und basiert methodisch auf der Trendextrapolation. Sie repräsentiert ein klassisches Instrument der Strategischen Planung und dient zur Früherkennung strategischer Probleme. *(1 Punkt)*

Hierbei werden **zwei Entwicklungslinien** gezeichnet:

- Die gewünschte Entwicklung, welche die Zielvorstellungen hinsichtlich eines Beurteilungskriteriums (etwa Gewinn oder Umsatz) zum Ausdruck bringt (= Sollgröße) *(2 Punkte)*
- Die erwartete Entwicklung, die eintreten wird, wenn alles wie bisher läuft (= Istgröße) *(2 Punkte)*

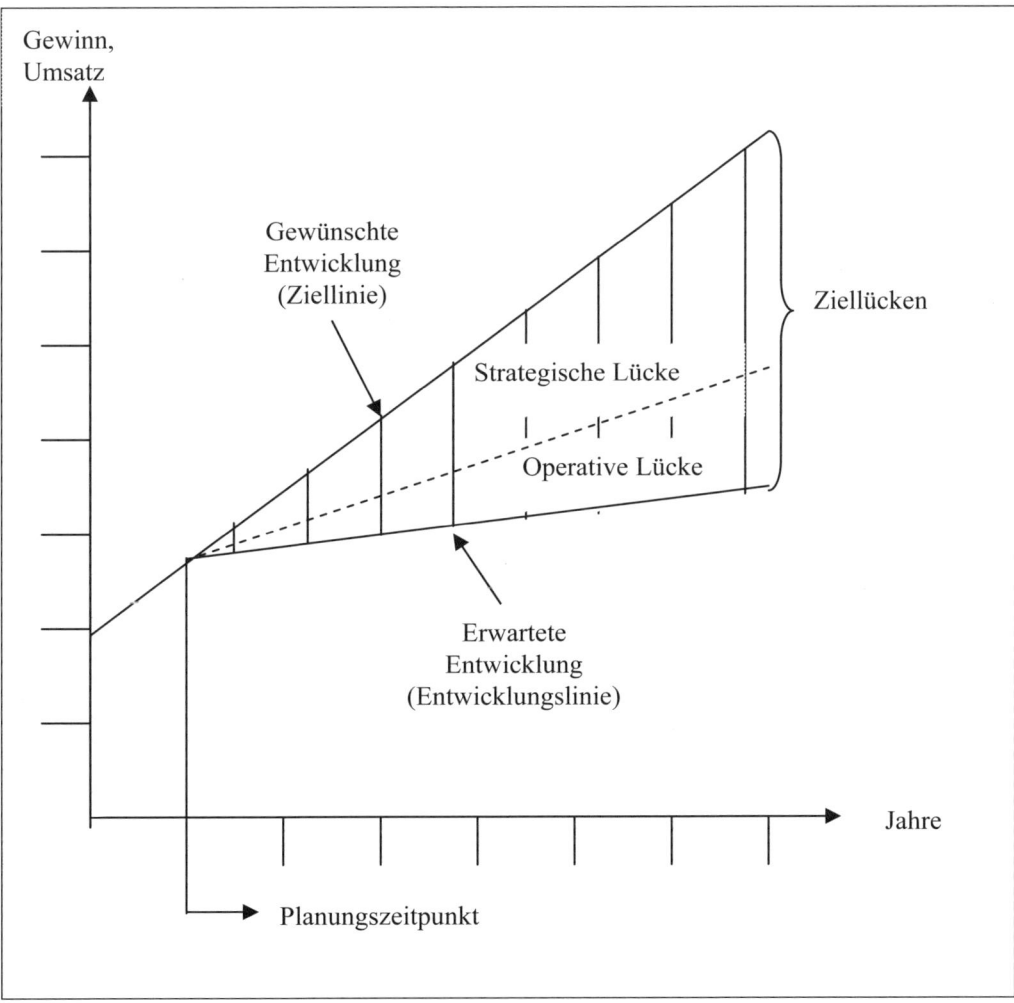

Die Gap-Analyse

Tritt zwischen gewünschter und erwarteter Entwicklung eine sog. **Ziellücke** (= Gap) auf, weist diese darauf hin, dass sich die Ziele des Unternehmens mit den bisherigen Strategien (= Strategische Lücke) und operativen Maßnahmen (= Operative Lücke) nicht erreichen lassen. Will man die Ziele nicht nach unten korrigieren, müssen entsprechende Maßnahmen auf der Handlungsebene eingeleitet werden. Oftmals reicht es nicht aus, lediglich Veränderungen beim Marketing-Mix vorzunehmen. Vielmehr kann es geboten sein, in Abhängigkeit von Größe und Zusammensetzung der Ziellücke neue Strategien zu implementieren. *(1,5 Punkte)*

Die Gap-Analyse bildet häufig die Grundlage für weitere Planungsverfahren. Beispielsweise lässt sich mit Hilfe der Produkt-Markt-Matrix von *Ansoff* der strategische Handlungsspielraum zur Schließung einer aufgetretenen Ziellücke identifizieren. *(1 Punkt)*

Lösungen Aufgabe 4: Benchmarking
(siehe Abschn. 5.4 Benchmarking)

Begriff und Funktion

Der Begriff Benchmarking stammt aus dem Englischen und hat seinen Ursprung in der **Landvermessung**. Unter Benchmarks versteht man die höchsten Punkte in der Umgebung, die der Bestimmung des eigenen Standortes dienen. **(1 Punkt)**

Übertragen auf das Marketing bzw. Management charakterisiert Benchmarking die Fähigkeit, die eigenen Leistungen und Prozesse mit überlegenen Lösungen anderer Einheiten bzw. Unternehmen (sog. **„Best Practices"**) zu vergleichen und daraus Verbesserungsmaßnahmen für den eigenen Verantwortungsbereich abzuleiten. Im Unterschied zum traditionellen **Betriebsvergleich** wird hier nicht mit Durchschnitts-, sondern mit Spitzenkennziffern operiert. **(1 Punkt)**

Inhaltlich handelt es sich bei Benchmarking um ein Konzept zur Schaffung von Vergleichsstandards hinsichtlich der Effizienz in:
- Produktivität,
- Qualität und
- Prozessgestaltung einschließlich des Zeitmanagement.

Im Vordergrund steht dabei weniger der quantifizierbare Unterschied zu anderen Unternehmen als vielmehr das „How to Do" („Wie macht das der andere?"). **(1 Punkt)**

Arten

Hierbei muss zunächst eine Grundsatzentscheidung gefällt werden: Soll ein **internes Benchmarking**, d.h. ein Leistungs- und Prozessvergleich mit anderen Abteilungen bzw. Unternehmensteilen durchgeführt werden? Oder richtet sich das Augenmerk auf den Vergleich mit Unternehmen und Einrichtungen außer Haus (= **externes Benchmarking**)? **(2 Punkte)**

In letzterem Fall bieten sich folgende **Benchmarking-Partner** an:
- Direkte wichtigste Konkurrenten
- Indirekte wichtigste Konkurrenten (etwa Anbieter von Substitutionsgütern)
- Unternehmen aus vor- und nachgelagerten Branchen (z.B. Lieferanten, gewerbliche Abnehmer)
- Unternehmen und Institutionen aus anderen Wirtschaftszweigen und Branchen (*4 Punkte*)

Als Meßlatten bieten sich entweder der Marktführer in der eigenen oder einer anderen Branche oder der Beste hinsichtlich eines bestimmten Prozesses (etwa der Pharma-Großhandel bei der Logistik, Versandhäuser beim Database-Marketing, Banken beim Rechnungswesen) an. (*1 Punkt*)

Gefahren

Bei allen Stärken von Benchmarking sollten folgende Aspekte nicht aus den Augen verloren werden:
- Benchmarking birgt die Gefahr in sich, die Innovationskraft zu behindern, da die Leistung anderer Unternehmen zum Ausgangspunkt von Aktivitäten gemacht wird. In diesem Fall würde Benchmarking zum Instrument für **Nachahmer**, das nur zu geringfügig besseren Produkten und Praktiken führt, während innovative Unternehmen auf der Überholspur vorbeiziehen.
- Häufig nehmen Benchmark-Untersuchungen mehrere Monate in Anspruch, was die Gefahr in sich birgt, dass in der **Zwischenzeit** an anderer Stelle bessere Praktiken aufgetaucht sind.
- Benchmarking kann Unternehmen dazu verleiten, den Blick zu stark auf die Konkurrenten zu konzentrieren, währenddessen die Orientierung an den **Bedürfnissen der Kunden** verloren geht.
- Benchmarking kann von der Verbesserung der **Kernkompetenzen** des Unternehmens, die selbst in einer Führungsrolle entwickelt werden müssen, ablenken.
- Beim Benchmarking ist nie ganz auszuschließen, dass **„Schlendrian mit Schlendrian"** verglichen wird. (*5 Punkte*)

Lösung Aufgabe 5: SWOT-Analyse
(siehe Abschn. 4.2 Objekte [der Marketing-Forschung])

Im Zuge der **Chancen/Risiken-Analyse** gilt es, die in der Makro- und Mikro-Umwelt angesiedelten Chancen (z. B. Wachstumsmöglichkeiten, ungenutzte Vertriebskanäle, Bedarf für neue Produkte) und Risiken (z. B. Preisverfall, neue Wettbewerber, Substitutionsprodukte, Produktimitationen und -piraterie, Preissteigerungen bei Rohstoffen, gesetzliche Regelungen) zu erkennen, zu analysieren und zu bewerten. *(2 Punkte)*

Im Innenbereich fällt der Marketing-Forschung die Aufgabe zu, Informationen über andere Unternehmensfunktionen bzw. –bereiche (etwa Forschung & Entwicklung, Leistungserstellung, Personalwesen) zu gewinnen. Aufgabe ist es hier, eine sog. **Stärken-Schwächen-Analyse** durchzuführen. Dabei werden die Ressourcen eines Unternehmens in Relation zu den bzw. dem wichtigsten Konkurrenten untersucht und bewertet. *(2 Punkte)*

Die Befunde der Stärken-Schwächen- (= unternehmensintern) und Chancen/Risiko-Analyse (= unternehmensextern) müssen schließlich in einer **SWOT-Analyse** (Strengths, Weaknesses, Opportunities, Threats) zusammengeführt werden. In einem weiteren Analyseschritt werden die Ressourcen eines Unternehmens (interne Perspektive) und die Umweltentwicklung (externe Perspektive) in einer **Key-Issue-Matrix** (Schlüsselbefunde-Matrix) zusammengeführt.

	Unternehmensstärken	Unternehmensschwächen
Marktchancen	Ausbauen	Aufholen
Marktrisiken	Absichern	Meiden

Der Aufbau einer Key-Issue-Matrix bzw. SWOT-Analyse (4 Punkte)

Lösung Aufgabe 6: Portfolioanalyse
(siehe Abschn. 6.6.4 Portfolio-Analyse)

Das bekannteste Portfolio-Modell ist die *BCG*-Matrix. Die von der *Boston Consulting Group*, einem renommierten und weltweit tätigen Beratungsunternehmen entwickelte *BCG*-Matrix dient zur Bewertung Strategischer Geschäftseinheiten anhand der **Maßstäbe**:

- **relativer Marktanteil** (horizontale Achse, begründet mit dem Erfahrungskurveneffekt) und

- **prozentuales Marktwachstum** (vertikale Achse, begründet mit dem Produktlebenszykluskonzept). *(2 Punkte)*

Im Folgenden findet sich ein Beispiel für ein Marktanteils-Marktwachstums-Portfolio der *Boston Consulting Group* zu entnehmen. Jeder der abgebildeten Kreise steht für eine Strategische Geschäftseinheit (= SGE), wobei die Fläche des jeweiligen Kreises das dort erzielte Umsatzvolumen und die Schattierung eine weitere, vom Entscheider zu wählende Zielgröße (etwa Deckungsbeitrag) repräsentieren. Die Position im Portfolio zeigt die Markt- und Wettbewerbssituation der jeweiligen SGE an. *(4 Punkte)*

Auf der horizontalen Achse ist der **Marktanteil** in **Relation** zum **Marktführer** abgetragen. Die Trennlinie zwischen kleinem und großem relativen Marktanteil wird üblicherweise bei dem Wert 1 gezogen. Eine SGE, die sich genau auf der vertikalen Achse befindet, besitzt demnach den gleichen Marktanteil wie der stärkste Wettbewerber. *(1 Punkt)*

Die vertikale Achse repräsentiert das jährliche **Wachstum des Marktes**, auf dem die jeweilige SGE tätig ist. Als Trennlinie zwischen geringem und starkem Zuwachs wählt man in der Regel den Branchendurchschnitt der vergangenen Jahre. *(1 Punkt)*

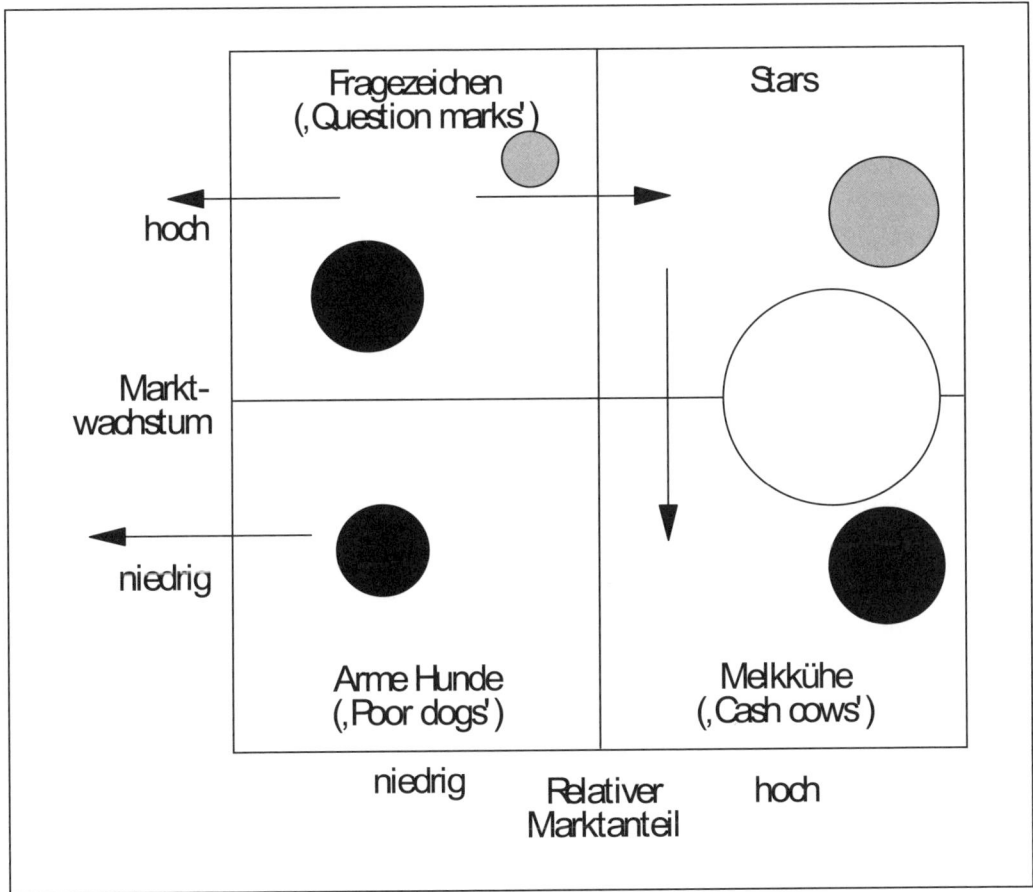

Beispiel für ein Marktanteils-Marktwachstums-Portfolio der Boston Consulting Group

Die *BCG*-Matrix ist in die folgenden **vier Felder** eingeteilt, für die jeweils Normstrategien vorgeschlagen werden:

- **Fragezeichen („Question Marks")** zeichnen sich durch einen geringen relativen Markt-anteil, aber ein hohes Marktwachstum aus. In Fragezeichen sollte das Unternehmen in-vestieren, um am Marktwachstum zu partizipieren und den Anschluss an den Marktführer nicht zu verlieren. Gelingt dies nicht, sollte desinvestiert werden (etwa durch Verkauf). *(2 Punkte)*

- **Stars („Stars")** verfügen über einen hohen relativen Marktanteil und ein starkes Markt-wachstum. In Stars sollte das Unternehmen in der Regel weiter investieren. *(2 Punkte)*

- **Milchkühe („Cash Cows")** sind durch einen hohen relativen Marktanteil und ein gerin-ges Marktwachstum charakterisiert. Das Unternehmen sollte die Größenvorteile seiner Milchkühe nutzen, um seine Marktmacht aufrechtzuerhalten. Des Weiteren sollten hier ausschließlich Rationalisierungs- sowie Ersatzinvestitionen getätigt und die überschüssi-gen Mittel in andere SGE (Stars und gegebenenfalls Question Marks) investiert werden. *(2 Punkte)*

- **Arme Hunde („Poor Dogs")** weisen einen geringen relativen Marktanteil und ein gerin-ges Marktwachstum auf. Das Unternehmen sollte überlegen, ob es sich aus diesem Feld zurückzieht. Optionen sind der Verkauf oder die Stilllegung von Anlagen. *(2 Punkte)*

Als **Stärken** des *BCG*-Portfolios sind zu nennen:

- Einfache Handhabbarkeit, da die beiden Erfolgsfaktoren relativer Marktanteil und Markt-wachstum mit überschaubarem Aufwand zu erfassen sind
- Unmittelbare Vorgabe von Normstrategien
- Hohe Anschaulichkeit und damit leichte Kommunizierbarkeit *(3 Punkte)*

Als **Nachteile** gelten:

- Konzentration auf die stärksten Konkurrenten und damit Gefahr, dass junge, aufstrebende Unternehmen zu spät erkannt werden
- Fokussierung auf zwei Erfolgsfaktoren und damit Vernachlässigung weiterer wichtiger Einflussgrößen (gemäß PIMS-Studien z.B. Produktqualität, Marketingaufwendungen, In-vestitionsintensität)
- Grobstrukturige Vereinfachung der Realität infolge Dichotomisierung der beiden Achsen in „hoch" und „niedrig" *(3 Punkte)*

Lösung Aufgabe 7: Marktfeldstrategien
(siehe Abschn. 6.2.1 Marktfeldstrategien)

Die Marktfeldstrategie fixiert, welche (gegenwärtigen bzw. neuen) Produkte ein Unterneh-men auf welchen (gegenwärtigen bzw. neuen) Märkten anbieten wird, um Wachstum zu erzielen. Anhand der von *Ansoff* (1966), der als Vater des unternehmerischen Strategiebe-griffs gilt, entwickelten **Produkt-Markt-Matrix** lassen sich vier Wachstumsstrategien un-terscheiden:

Märkte Produkte	Gegenwärtig	Neu
Gegenwärtig	Marktdurchdringung	Marktentwicklung
Neu	Produktentwicklung	Diversifikation

Die Marktfeldstrategien im Überblick   **(4 Punkte)**

Im Zuge der **Marktdurchdringung** strebt ein Unternehmen an, ein bereits bestehendes Produkt auf einem angestammten Markt häufiger abzusetzen. Dies geschieht durch eine Intensivierung der Marketingbemühungen, die darauf abzielen,:

- Nicht-Käufer in Käufer umzuwandeln, indem diese von den Vorteilen des jeweiligen Produkts überzeugt werden.
- neue Zielgruppen im selben Markt zu gewinnen. Beispielsweise spricht *Ferrero* (u. a. Anbieter von Kinderschokolade) mit seinen Produkten zunehmend auch Erwachsene an.
- Kunden der Konkurrenz abzuwerben. **(3 Punkte)**

Des Weiteren lässt sich das Marktvolumen durch eine Steigerung der Nutzungsintensität bei bisherigen Kunden vergrößern. Dies kann u. a. erreicht werden durch:

- Senkung des Preises,
- Vergrößerung der Packungseinheiten,
- frühzeitige Veralterung der Produkte sowie
- Aufzeigen neuer Einsatzmöglichkeiten für das Produkt. **(1 Punkt)**

Bei der **Marktentwicklung** bietet ein Unternehmen ein bestehendes Produkt auf einem neuen Markt an. Hierbei kann es sich zum einen um die Ansprache neuer Zielgruppen im derzeitigen Absatzgebiet handeln. Dies wäre der Fall, wenn die Restaurantkette *McDonald's* das Catering für die Reisenden bei der *Deutschen Bundesbahn* übernehmen würde. Zum anderen bietet sich die Möglichkeit, im Zuge einer Internationalisierung geographisch neue Märkte zu erschließen, um auf diese Weise den Sättigungstendenzen im heimischen Absatzgebiet zu entgehen. **(3 Punkte)**

Die **Produktentwicklung** zeichnet sich dadurch aus, dass ein Unternehmen ein neues Produkt auf einem angestammten Markt offeriert. Hierbei bieten sich **zwei Optionen**:

- Bei der **Produktmodifikation** wird ein vorhandenes Produkt verändert, wobei zwei Spielarten unterschieden werden. Während bei der **Produktvariation** ein Produkt im Zeitablauf verändert wird und damit das bisherige Erzeugnis ersetzt (z.B. das neue *Persil* mit optimierter Wirkformel), bleibt im Falle der **Produktdifferenzierung** die Ausgangsvariante auch weiterhin bestehen und es werden eine oder mehrere veränderte Versionen zusätzlich angeboten (etwa *Coca Cola* classic, *Coca Cola* light, *Coca Cola* koffeinfrei).

- Bei der **Produktinnovation** handelt es sich um die Entwicklung eines neuen Erzeugnisses. Im Falle einer Marktneuheit besteht diese aus einer bislang für alle Marktteilnehmer unbekannten Problemlösung. Eine Betriebsneuheit hingegen ist zwar für das Unternehmen neu, existiert aber in ähnlicher Form bereits auf dem Markt. *(3 Punkte)*

Im Zuge der **Diversifikation** werden neue Produkte auf neuen Märkten angeboten. Hierbei lassen sich **drei Formen** unterscheiden:

- Bei der **horizontalen Diversifikation** erweitert ein Unternehmen das Leistungsspektrum auf der gleichen Wirtschaftsstufe durch verwandte Produkte. Ein solcher Fall liegt vor, wenn eine Brauerei ihr Angebot um alkoholfreie Getränke erweitert.

- Im Zuge einer **vertikalen Diversifikation** wird das Leistungsangebot auf vor- bzw. nachgelagerte Wertschöpfungsstufen ausgedehnt. Erwirbt beispielsweise ein Hersteller einen Zulieferbetrieb, spricht man von **Rückwärtsintegration**. Gründet er hingegen ein Factory Outlet, handelt es sich um eine Form der **Vorwärtsintegration**.

- Bei der **lateralen Diversifikation** schließlich besteht keinerlei Beziehung zum bisherigen Leistungsangebot. Dies ist beispielsweise der Fall, wenn ein Röhrenhersteller nunmehr auch im Telekommunikationssektor aktiv wird. *(3 Punkte)*

Als **Gründe** für eine Diversifikation sind u. a. zu nennen:

- Ausbrechen aus stagnierenden Märkten
- Auslastung vorhandener Kapazität
- Erzielung eines synergetischen Effektes
- Streben nach Absicherung von Zulieferungen oder Absatzmöglichkeiten
- Erhöhung der Wertschöpfung
- Risikostreuung
- Ausnutzung eines steuerlichen Vorteils
- Ausübung eines Hobbys *(8 Punkte)*

Für die Produkt-Markt-Matrix von *Ansoff* sprechen deren Einfachheit und Plausibilität sowie die Möglichkeit, unmittelbare Handlungsanweisungen abzuleiten. Die Grenzen dieses Ansatzes finden sich in dem zugrunde liegenden situativen Kontext: Während in den sechziger Jahren nahezu alle Branchen hohe Wachstumsraten verzeichneten, stellt dies heutzutage eher einen Ausnahmefall dar. *(2 Punkte)*

Lösungen Aufgabe 8: Marktstimulierungsstrategien
(siehe Abschn. 6.2.2 Marktstimulierungsstrategien)

Das Konzept der Marktstimulierungsstrategien wurde von *Michael E. Porter* (1986) begründet und von *Gilbert/Strebel* (1985) modifiziert. Das Konzept basiert auf der Überlegung, dass sich jedes Produkt anhand von Leistung und Preis in einem zweidimensionalen Raum positionieren lässt. Angesichts heutiger Marktsstrukturen gestaltet sich die Mittellagenstrategie zunehmend problematischer, da ein solches Produkt sich weder durch eine hervorragende Leistung noch durch einen besonders günstigen Preis auszeichnet (sog. „**Stuck-in-the-Middle"-Position**). *(2 Punkte)*

Um der Gefahr zu entgehen, dass ein Produkt „zwischen den Stühlen sitzt" und deshalb im „Bermuda-Dreieck der Markenführung" untergeht, gilt es, dieses neu zu positionieren. Hierfür stehen grundsätzlich **vier Optionen** zur Verfügung:

- **Option I: Übervorteilungs-Strategie**
  Hier wird dem Kunden ein minderwertiges Produkt angeboten, dessen hoher Preis dem Kunden eine vermeintlich hohe Qualität signalisieren soll (sog. Qualitätsbezogenheit der Preisinformation). Allerdings ist davon auszugehen, dass der Kunde schnell bemerkt, dass er übervorteilt wird. Eine solche Strategie macht nur Sinn, wenn ein Unternehmen entweder eine Monopolstellung innehat oder seinen Marktanteil reduzieren bzw. einen Markt verlassen will. *(3 Punkte)*

- **Option II: Präferenz-Strategie**
  Hier wird das Produkt hochwertig positioniert, d.h. für eine herausragende Leistung wird ein hoher Preis verlangt. Dazu muss ein Unternehmen eine Premiummarke aufbauen. Hierunter versteht man einen Markenartikel, der eine hohe Qualität und einen hohen Zusatznutzen (z.B. Prestige, Image) aufweist, mit einem hohen Preis ausgestattet ist und der exklusiv (= Wahl nur eines bestimmten Absatzmittlers) oder zumindest selektiv (= Beschränkung auf eine Zahl von Absatzmittlern, die nach bestimmten Kriterien wie beispielsweise Image, Qualifikation ausgewählt werden) vertrieben wird. *(3 Punkte)*

- **Option III: Preis/Mengen-Strategie**
  Dabei wird das Produkt zu einem geringen Preis angeboten, um große Mengen absetzen und dadurch Kosteneinsparungen aufgrund von Erfahrungskurveneffekten realisieren zu können. *(3 Punkte)*

- **Option IV: Vorteils-Strategie**
  Eine letzte Möglichkeit besteht darin, eine herausragende Leistung günstig anzubieten. Da sich ein solches Produkt aber nur bedingt kostengünstig produzieren lässt, birgt eine solche Positionierung die Gefahr von Verlusten in sich. Die Vorteils-Strategie bietet sich demnach in erster Linie bei zeitlich begrenzten Verkaufsförderungsaktionen an. Außerdem ist sie geeignet, um Wettbewerber mit Präferenz-Positionierung anzugreifen. *(3 Punkte)*

Nach *Porter* existieren demnach nur zwei längerfristig sinnvolle Marktstimulierungsstrategien, nämlich die Präferenz- und die Preis/Mengen-Strategie. *Gilbert/Strebel* modifizieren diesem Konzept durch die sog. **Outpacing-Strategie**, die auf der nicht für alle Märkte zutreffenden Annahme basiert, dass letztlich alle Kunden höchste Qualität zu niedrigsten Preisen präferieren. Der größte Erfolg wird demnach Produkten beschieden sein, die hohe Qualität zu einem niedrigen Preis bieten. Unternehmen, die eine Wettlaufstrategie verfolgen, werden demnach zunächst die Qualität ihrer Produkte steigern und anschließend Kosteneinsparungen anvisieren oder aber in umgekehrter Reihenfolge agieren. *(3 Punkte)*

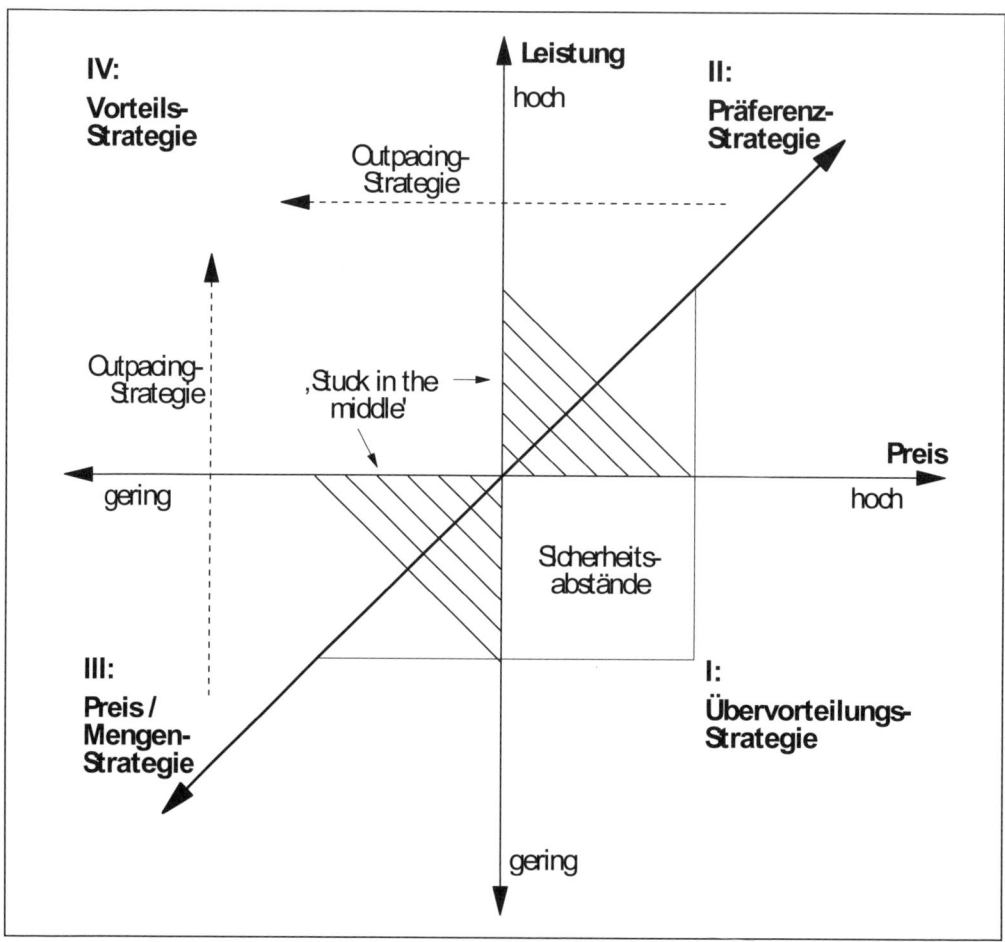

Optionen von Marktstimulierungsstrategien vor dem Hintergrund des „Stuck-in-the-Middle"-Phänomens
(5 Punkte)

Lösung Aufgabe 9: Internationalisierung
(siehe Abschn. 6.2.4 Marktarealstrategien)

Die Marktarealstrategie legt fest, welcher **geographische Raum** bearbeitet werden soll. Das Spektrum der Optionen reicht hier von der lokalen, regionalen und nationalen Marktbearbeitung über internationale und multinationale Strategien bis hin zur vollständigen Abdeckung des Weltmarktes Im Zuge eines „Going-International" fallen folgende **Entscheidungstatbestände** an:

- **Marktauswahl**: Welcher Markt bzw. welche Märkte sollen bearbeitet werden? Kern-, Hoffungs-, Abstinenz-, Gelegenheitsmärkte *(3 Punkte)*
- **Marktbearbeitung**: Mit welcher Strategie soll auf den Märkten agiert werden? Standardisierung versus Differenzierung *(3 Punkte)*
- **Timing**: Wann soll in einen ausländischen Markt eingetreten werden, und wie soll bei mehreren Märkten die länderspezifische Abfolge der Eintritte vonstatten gehen? First-Mover- versus Follower-Strategie; Wasserfalls versus Sprinklerstrategie *(3 Punkte)*
- **Markteintritt**: Mit welcher Organisationsform soll in den ausländischen Markt eingetreten werden? Spektrum von Export bis Gründung von Tochtergesellschaften *(3 Punkte)*

Lösung Aufgabe 10: Kundenbeziehungs-Lebenszyklus
(siehe Abschn. 13.4.1 Kundenbeziehungslebenszyklus als theoretischer Ausgangspunkt)

Der auch als ‚**Customer life cycle'** bezeichnete Kundenbeziehungs-Lebenszyklus beschreibt eine ganzheitliche Perspektive: Er basiert auf Analogien zum Leben von Organismen und betrachtet die Beziehungen zum Kunden im Zeitablauf.

Vergleichbar mit dem Produkt-Lebenszyklus durchlaufen Unternehmen in ihrer Beziehung zum Kunden (idealtypische) Phasen, welche die Grundlage für eine differenzierte Kundenbearbeitung bilden. Dabei werden folgende **Annahmen** getroffen:

- Die Beziehung zu den Kunden ist zeitlich begrenzt, was aber nur zum Teil mit deren Ableben erklärt werden kann.
- Die Entwicklung der Kundenbeziehung folgt einem S-förmigen Verlauf. Deren Intensität erreicht einen gewissen Höhepunkt und nimmt anschließend ab. Dieser Entwicklung entgegen zu wirken ist Aufgabe des Marketing.
- Bestimmte Phasen des Lebenszyklus lassen sich abgrenzen und anhand bestimmter Punkte der Kurve (z.B. Wendepunkte, Krümmungsverhalten) beschreiben:
  - Anbahnung (= Kundenakquise),
  - Sozialisation, Wachstum, Reife und Degeneration (= Kundenbindung),
  - Kündigung, Abstinenz und Revitalisierung (= Kundenrückgewinnung).
- Die jeweilige Position des Kunden im Kundenbeziehungs-Lebenszyklus beeinflusst den Einsatz der Marketing-Instrumente unmittelbar. *(4 Punkte)*

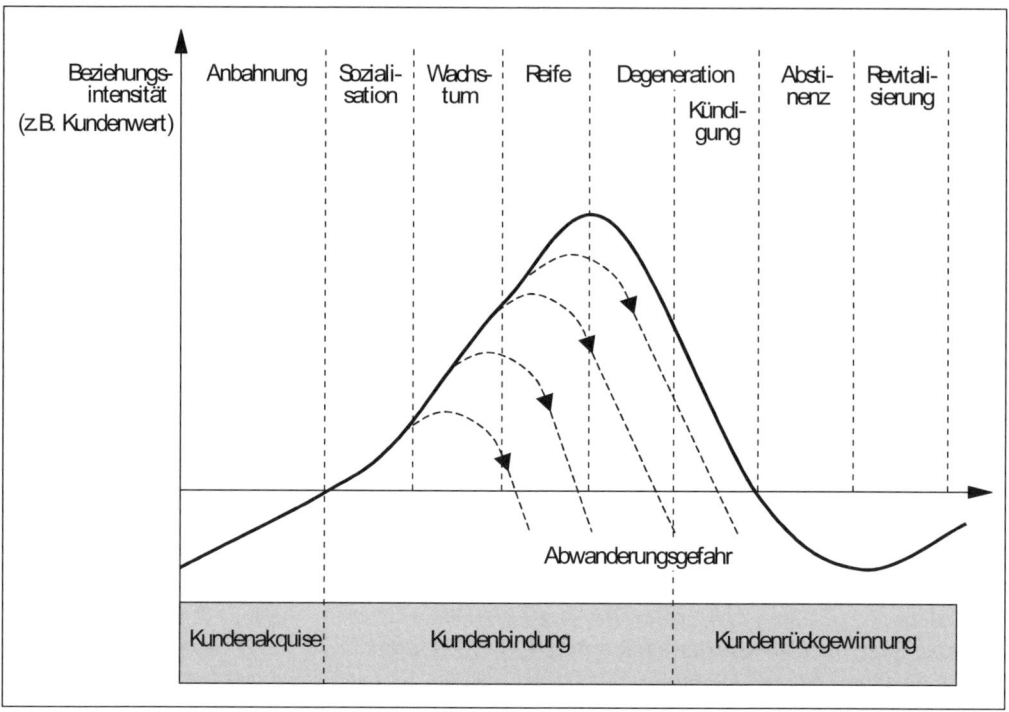

Der Kundenbeziehungs-Lebenszyklus nach Stauss   *(12 Punkte)*

(1) Kundenakquise

Ein Unternehmen tritt in dieser Phase erstmals mit potentiellen Kunden in Kontakt, zu denen insbesondere Erstverwender sowie Kunden der Wettbewerber gehören. Entscheidend dabei ist es, attraktive Kundensegmente, d.h. Kunden mit einem großen „Kundenwert" zu identifizieren und mit Hilfe des Marketing als Kunden zu gewinnen. *(3 Punkte)*

(2) Kundenbindung

Unternehmen sollten ihre attraktiven Kunden möglichst langfristig an sich binden, indem sie rentable Kundenbeziehungen stabilisieren und nicht rentable abbauen, bspw. durch Ausgrenzung (z.B. Annahme einer Bestellung erst ab einem bestimmten Auftragsvolumen) oder eine Passivstrategie. *(3 Punkte)*

(3) Kundenrückgewinnung

Trotz aller gut gemeinten Anstrengungen und Bemühungen wird ein Unternehmen einen Teil seiner Kunden verlieren. Ziel dieser Phase ist es deshalb, durch gezielte Marketingmaßnahmen jene Kunden, die attraktiv sind, die aber ihre Beziehung zum Unternehmen

• ruhen lassen (= Revitalisierungsmanagement),
• abbrechen möchten (= Kündigungspräventionsmanagement) bzw.
• abbrechen (= Kündigungsmanagement),

zu identifizieren und zurück zu gewinnen. *(3 Punkte)*

Lösung Aufgabe 11: Reaktionen auf (Un-)Zufriedenheit des Kunden, Variety-Seeking und Instrumente der Kundenbindung

(siehe Abschn. 13.4.5 Zufriedenheit rentabler Kunden als zentrales Anliegen)

(a) Ist der Kunde zufrieden, stellt dies die Basis für Kundenbindung bzw. Kundentreue (Wiederholungskauf, abnehmende Preissensibilität, Cross-Selling) sowie positive Mund-zu-Mund-Werbung im sozialen Umfeld und die damit verbundene Diffusion positiver Erfahrung dar. *(4 Punkte)*

Bei **Unzufriedenheit** hingegen fallen beim betroffenen Unternehmen neben Aufwendungen für die Befriedigung gelegentlich auftretender Regressansprüche insbesondere Opportunitätskosten im Sinne entgangener Erlöse an. Verantwortlich dafür sind:

- Abwanderung, d.h. der Kunde wechselt das Unternehmen bzw. die Marke,

- negative Mund-zu-Mund-Werbung, d.h. er bringt seine Unzufriedenheit mit den Leistungen des Unternehmens in seinem sozialen Umfeld zum Ausdruck, sowie

- Beschwerden gegenüber Unternehmen und/oder Dritten wie z.B. Verbraucherschutzeinrichtungen, Schiedsstellen und Medien. In den vergangenen Jahren haben sog. ‚Hate sites' sowie Internet-Meinungsforen (z.B. *Ciao.com, Dooyoo, Hitwin, Vocatus, Epinion*) an Bedeutung gewonnen. Auf diese Weise werden negative Erlebnisse unzufriedener Kunden um ein Vielfaches potenziert. *(3 Punkte)*

Gleichwohl löst nicht jedes negative Erlebnis eine Verhaltensreaktion aus. Unternimmt ein Kunde trotz Verärgerung nichts, besteht die Gefahr, dass sich ein Unternehmen der mangelnden Bedürfnisgerechtigkeit des Angebots nicht oder zu spät bewusst wird und das Ausbleiben von Kritik fälschlicherweise als Zustimmung interpretiert.

In der Realität begegnet man nicht selten dem Fall, dass Kunden trotz Zufriedenheit die Marke bzw. den Anbieter wechseln. Dieses Phänomen bezeichnet man als **Variety-Seeking**, also als Suche nach Abwechslung im Konsum aufgrund von Langweile bzw. Neugier.

Variety-Seeking tritt insbesondere bei Produkten auf, deren Erwerb in den Augen des Verbrauchers ein nur geringes Risiko in sich birgt und schwerpunktmäßig von geschmacklichen Aspekten bestimmt wird. Eine dauerhafte Beziehung zu den Kunden lässt sich in diesem Fall nicht durch die Optimierung von Kundenzufriedenheit erzielen. Vielmehr müssen Maßnahmen, die entweder den Kunden technisch, ökonomisch, juristisch, psychisch und/oder sozial binden, so dass die Bindung den Wunsch nach Abwechslung überlagert, oder auf Abwechslung in den Augen des Kunden ausgerichtet sind. *(2 Punkte)*

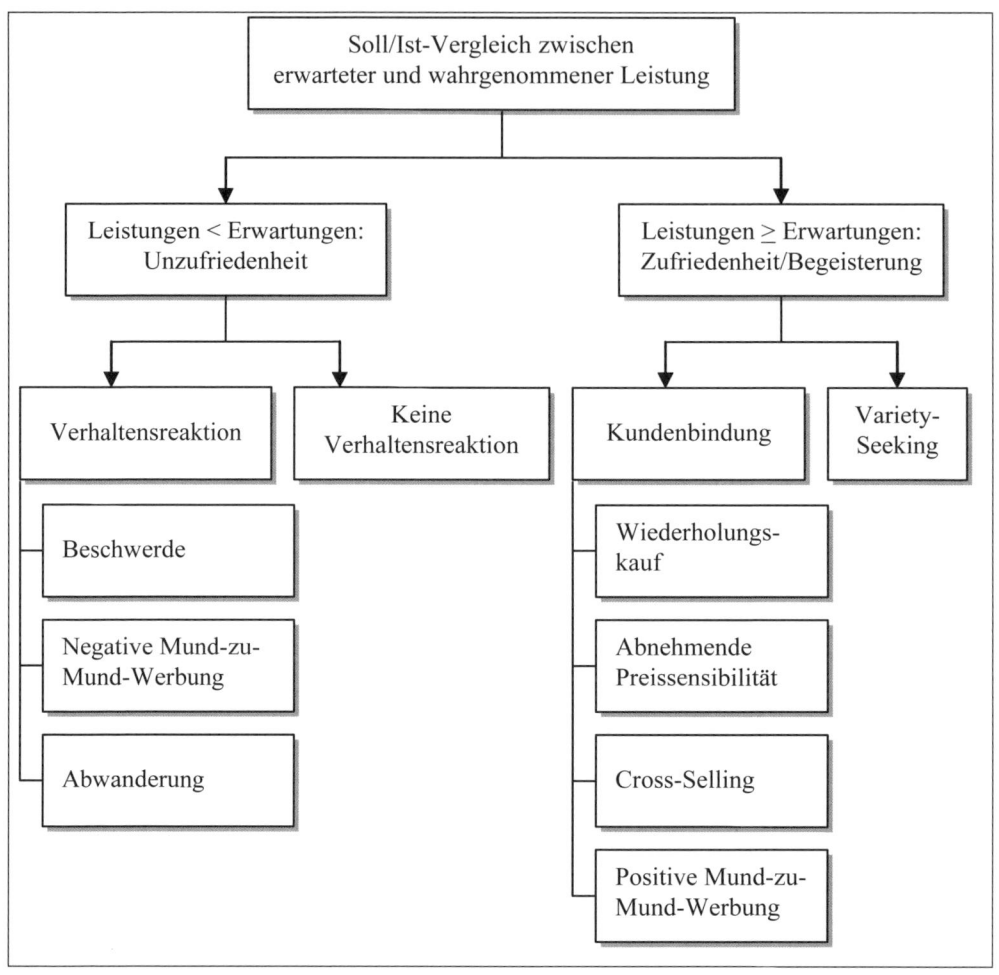

Die Reaktionen des Kunden auf (Un-)Zufriedenheit im Überblick

(b) In der Realität begegnet man nicht selten dem Fall, dass Kunden trotz Zufriedenheit die Marke bzw. den Anbieter wechseln. Dieses Phänomen bezeichnet man als **Variety-Seeking**, also als Suche nach Abwechslung im Konsum aufgrund von Langeweile bzw. Neugier. Variety-Seeking tritt insbesondere bei Produkten auf, deren Erwerb in den Augen des Verbrauchers ein nur geringes Risiko in sich birgt und schwerpunktmäßig von geschmacklichen Aspekten bestimmt wird. Eine dauerhafte Beziehung zu den Kunden lässt sich in diesem Fall nicht durch die Optimierung von Kundenzufriedenheit erzielen. Vielmehr müssen Maßnahmen, die entweder den Kunden technisch, ökonomisch, sozial und/oder juristisch binden, so dass die Bindung den Wunsch nach Abwechslung überlagert, oder auf Abwechslung in den Augen des Kunden ausgerichtet sind.

Zum einen besteht bei manchen Gütern die Möglichkeit, die Kunden über ein System **technisch** zu binden und auf dieser Basis eine langfristige Beziehung aufzubauen (= technische Kundenbindung). Dies gilt beispielsweise für Kaffee-Kapsel-Systeme. *(2 Punkte)* Eine solche technische Verbindung zwischen Anbieter und Kunde ist allerdings in vielen Branchen, insbesondere bei kurzlebigen Konsumgütern, nicht realisierbar. Hier besteht die Möglichkeit, zufriedene, aber wechselfreudige Kunden mit der Gewährung von **ökonomischen Anreizen** an sich zu ketten (= ökonomische Kundenbindung). Das in Deutschland an Beliebtheit gewinnende System der Bonuspunkte ist nur eine Form davon. Sehr häufig werden klassische Mengenrabatte eingesetzt. *(2 Punkte)* Weitaus häufiger und gerade in jüngster Zeit beliebtes Mittel zur Stammkundenpflege bildet jedoch die **soziale Integration** des Kunden (= soziale Kundenbindung). Diese wird beispielsweise über die Bildung von Kundenclubs oder die Einrichtung von Kundenbeiräten hergestellt. *(2 Punkte)* Schließlich bietet sich die Möglichkeit, den Kunden **juristisch** zu binden. Beispiele hierfür sind Leasingverträge, Vertragsbindungen etc. *(2 Punkte)*

5.7   Benotungsschema

In der folgenden Tabelle findet sich ein Benotungsschema, das grundsätzlich dem Standard der Notenfindung entspricht und dazu dient, eine Zensur für die bearbeiteten Übungsklausuren zu berechnen sowie damit den eigenen Leistungsstand zu überprüfen. Bei Klausuren, deren Bearbeitungszeit über bzw. unter 60 Minuten liegt, lässt sich die Note mittels eines **Dreisatzes** berechnen. Zur Veranschaulichung dient folgendes Beispiel: Bearbeitungsdauer = 90 Minuten; erreichte Punktzahl = 51; Note: 51 Punkte : 90 Minuten x 60 Minuten = 40 Punkte = 3,0 = befriedigend.

Punkte	Note	
60	1,0	
59	1,1	
58	1,2	**sehr gut**
57	1,3	
56	1,4	
55	1,5	
54	1,6	
53	1,7	
52	1,8	
51	1,9	
50	2,0	**gut**
49	2,1	
48	2,2	
47	2,3	
46	2,4	
45	2,5	
44	2,6	
43	2,7	
42	2,8	
41	2,9	
40	3,0	**befriedigend**
39	3,1	
38	3,2	
37	3,3	
36	3,4	
35	3,5	
34	3,6	
33	3,7	
32	3,8	**ausreichend**
31	3,9	
30	4,0	
29	4,1	
28	4,2	
27	4,3	
26	4,4	
25	4,5	**nicht ausreichend**
24	4,6	
23	4,7	
22	4,8	
21	4,9	
0–20	5,0	

Literaturverzeichnis

Deutscher Brauer-Bund: Die Deutsche Brauwirtschaft in Zahlen, Berlin 2007, auf: http://www.brauer-bund.de/index1.html.

Helm, R../Gierl, H.: Marketing Arbeitsbuch. Aufgabenstellung und Prüfungsvorschläge, 4., überarbeitete Aufl., Stuttgart/Jena 2005.

Höfner, K./Paul, H./Stroschein, F.-R..: Marketing, 3. Aufl., Landsberg am Lech 1996.

Kaapke, A./Froböse, M.: Fallstudien zum Handelsmanagement, Stuttgart/Berlin/Köln 1999.

Meffert, H./Burmann, Ch./Kirchgeorg, M.: Marketing Arbeitsbuch, Aufgaben – Fallstudien – Lösungen, 10. Aufl., Wiesbaden 2008.

Meffert, H.: Marketingforschung und Käuferverhalten, 2., vollständig überarbeitete und erweiterte Aufl., Wiesbaden 1992.

Nieschlag, R../Dichtl, E./Hörschgen, H.: Marketing, 19. Aufl., Berlin 2002.

Olympia-Verlag/Kicker-Sport-Magazin (Hrsg.): Der Biermarkt. Marktentwicklung, Zielgruppen, Medien, Anzeigenverkauf kicker-sportmagazin im September 2000, Nürnberg 2000, auf: http://www.olympia-verlag.de/kicker/Download/Bier2000.pdf.

SevenOne Media: Wirtschaftsreport – Monitoring: Wirtschaft und Werbemarkt Herbst 2006, auf: http://appz.sevenonemedia.de/download/publikationen/WirtschaftsReport20Herbst202006%5B1%5D.pdf.

Stender-Monhemius, K.: Marketing – Grundlagen mit Fallstudien, München/Wien 2002.

Uhe, G./Griesenbruch, M.: Technisch orientiertes Marketing/Marktforschung, Übung 1: Strategisches Marketing, auf: http://tbw.verbundstudium.de/faecher/strat-marketing/sm-ue1.pdf.

Uhr, W./Müller, S. (Hrsg.): BWL Lernsoftware Interaktiv: Marketing, Stuttgart 1998.

Wöhe, G./Kaiser, H./Döring, U.: Übungsbuch zur Einführung in die Allgemeine Betriebswirtschaftslehre, 13. Aufl., München 2010.

www.baden-online.de.

www.badische-zeitung.de.

www.becks.de.

www.bitburger.de.

www.krombacher.de.

www.morgenweb.de.

www.riegeler.de.

www.rnz.de.

www.tucherbraeu.de.

www.warsteiner.de

Mit Kundenorientierung profitieren

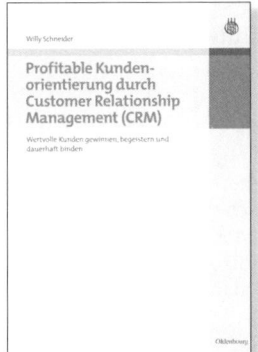

Willy Schneider
Profitable Kundenorientierung durch Customer Relationship Management (CRM)
Wertvolle Kunden gewinnen, begeistern und dauerhaft binden
2008 | 161 S. | gebunden
€ 27,80 | ISBN 978-3-486-58745-6

Angesichts der Vielzahl an Publikationen zum Thema »Kundenorientierung« ist einer Neuerscheinung nur dann Erfolg beschieden, wenn sie in einer Marktlücke ansiedelt ist. Die Positionierung des vorliegenden Buches lässt sich an folgenden Punkten festmachen: (a) wissenschaftlich fundierte Aufarbeitung des »State of the Art« auf des Gebiet des CRM, (b) ohne dabei die technische Seite überzubetonen und die Marketingperspektive zu vernachlässigen, (c) starker Bezug zur Praxis durch Veranschaulichung der theoretischen Ausführungen anhand konkreter Fallbeispiele und Fragebogenauszüge, (d) konkrete, kompakte und übersichtliche Darstellung.

Das Buch wurde für Wissenschaft und Praxis geschrieben. Zielgruppen sind Praktiker aus Marketing, Vertrieb, Service und Marktforschung, die sich mit Kundenbeziehungsmanagement beschäftigen, Consultants und Marktforscher, die Unternehmen beim Thema Kundenorientierung begleiten, Studierende und Dozenten an Universitäten, Fachhochschulen und Berufsakademien.

Prof. Dr. Willy Schneider lehrt an der Berufsakademie Mannheim.

Oldenbourg

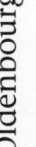

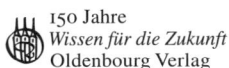
150 Jahre
Wissen für die Zukunft
Oldenbourg Verlag

Bestellen Sie in Ihrer Fachbuchhandlung oder direkt bei uns: Tel: 089/45051-248, Fax: 089/45051-333
verkauf@oldenbourg.de

Marketing is everything

Willy Schneider
Marketing und Käuferverhalten

3., überarbeitete und erweiterte Auflage 2009
606 Seiten | gebunden | € 39,80
ISBN 978-3-486-58775-3

Die Positionierung dieses Buches lässt sich an folgenden Punkten festmachen:
- Fokussierung auf das Wesentliche,
- Nachvollziehbare Strukturierung und Visualisierung,
- Veranschaulichung durch konkrete Fallbeispiele.

Der Aufbau dieses Buches orientiert sich am entscheidungstheoretischen Ansatz und hat sich in der Vorlesungspraxis bewährt.

Das einleitende Kapitel ist den Grundlagen des Marketing gewidmet und führt den Leser über einen historischen Rückblick in die Materie ein. Es schließen sich zwei Abschnitte zum privaten und gewerblichen Käuferverhalten an, da diese den Ausgangspunkt einer jeglichen Marketingentscheidung bilden. Den Stufen der Marketingplanung entsprechend folgen: Marketing-Forschung, Marketing-Ziele, Marketing-Strategien, Marketing-Mix, Marketing-Kontrolle sowie Marketing-Organisation.

An vielen Stellen werden die Ausführungen durch Praxisbeispiele und Fallstudien angereichert.

Das Buch richtet sich an Studierende und Dozenten an Universitäten (Grundstudium und Nebenfachstudierende), Fachhochschulen und Berufsakademien.

Prof. Dr. Willy Schneider lehrt an der Berufsakademie Mannheim.

Bestellen Sie in Ihrer Fachbuchhandlung oder direkt bei uns: Tel: 089/45051-248, Fax: 089/45051-333
verkauf@oldenbourg.de

Oldenbourg